21世纪高等教育网络工程规划教材

21st Century University Planned Textbooks of Network Engineering

计算机网络管理

（第2版）

Network
Management (2nd Edition)

雷震甲◎编著

人民邮电出版社

北京

图书在版编目（ＣＩＰ）数据

计算机网络管理 / 雷震甲编著. -- 2版. -- 北京：
人民邮电出版社，2016.9（2024.7重印）
21世纪高等教育网络工程规划教材
ISBN 978-7-115-41696-4

Ⅰ．①计… Ⅱ．①雷… Ⅲ．①计算机网络管理—高等
学校—教材 Ⅳ．①TP393.07

中国版本图书馆CIP数据核字(2016)第036374号

内 容 提 要

　　本书根据网络管理课程教学大纲的要求，以 SNMP 为基础讨论了网络管理系统的体系结构、管理功能域、协议操作规范、管理信息库组成、远程网络监视，以及网络管理系统的安全机制。本书还介绍了网络管理的实用技术，包括 Windows 中的网络管理工具以及广泛使用的网络分析软件。最后本书讨论了网络测试和网络性能评价的标准、方法和工具。

　　本书适用于高等学校计算机和通信专业本科生学习，也可供相关专业人员参考。

◆ 编　著　雷震甲
　　责任编辑　刘　博
　　责任印制　沈　蓉　彭志环
◆ 人民邮电出版社出版发行　　北京市丰台区成寿寺路 11 号
　　邮编　100164　电子邮件　315@ptpress.com.cn
　　网址　http://www.ptpress.com.cn
　　北京天宇星印刷厂印刷
◆ 开本：787×1092　1/16
　　印张：14.5　　　　　　　　2016 年 9 月第 2 版
　　字数：378 千字　　　　　2024 年 7 月北京第 14 次印刷

定价：39.80 元
读者服务热线：(010)81055256　印装质量热线：(010)81055316
反盗版热线：(010)81055315

第 2 版前言

本书自 2009 年出版以来得到了读者的青睐，经多次重印，一直在许多高校作为网络管理课程的教材。

这次再版主要做了如下三项修订：一是删去了原书的第 7 章和第 8 章，这些内容可以在其他课程或进一步的研究工作中学习。二是把原来第 5 章中介绍 SNMPc 软件的内容改换成了当前更常用的科来网络分析系统。最主要的是第三项改进，就是根据有关网络管理课程教学大纲的要求，新编了第 7 章网络测试和性能评价，其中对网络测试的基本概念，网络测试的标准、方法和工具都进行了详细论述，也比较完整地讨论了网络设备和网络系统的性能评价指标和评价方法。

通过这些修改，本书的内容更加切合当前网络管理工作的实际要求，为学生进一步学习和考研提供更多的帮助。

本书第 1~2 章由雷震甲编写，第 3 章由严体华编写，第 4 章由雷英编写，第 5 章由王斌宁编写，第 6 章由高振江编写，第 7 章由景为编写。

编　者

2015 年 11 月

第 1 版前言

　　在人们的日常生活和商业活动日益依赖互联网的情况下，对计算机网络的性能、安全和效率提出了更高的要求。研究网络管理技术和开发适用的网络管理工具无疑是计算机专业技术人员的重要职责，使用统一的网络管理标准和适用的网络管理工具，就可以对计算机网络实施有效的管理，减少停机时间，改进响应时间，提高设备的利用率，还可以减少运行的费用。本书就是围绕这些方面展开讨论的。

　　第 1 章讲述网络管理系统的体系结构和管理功能域，并简要介绍了网络管理标准制定和使用情况；第 2 章介绍网络管理信息库的结构和组成，以此为线索回顾了计算机网络方面的基础知识；第 3 章介绍简单网络管理协议 SNMP 的基本理论和操作技术，对 SNMP 的三个版本都有详细的论述；第 4 章讲述 RMON 管理信息库，以及在局域网管理方面的应用；第 5 章在前述内容的基础上，以 SNMPc 软件为例，综合讲述实际的网络管理技术；第 6 章介绍了一些常用的网络管理工具，适用于各种流行的网络操作系统；第 7 章介绍 Windows 环境下的网络配置和服务器管理技术；最后一章介绍网络管理技术的发展和研究方向，供读者进一步研究时参考。

　　本书是作为计算机相关专业的专业课教材编写的，也可以供通信类专业的本科生参考。由于作者的水平有限，书中难免出现错误之处，敬请读者不吝指正。

编　者

2009 年 2 月

目 录

第 1 章 网络管理概论 ·············1

1.1 网络管理的基本概念 ·············1
1.2 网络管理系统的体系结构 ·········2
  1.2.1 网络管理系统的层次结构 ·····2
  1.2.2 网络管理系统的配置 ········2
  1.2.3 网络管理软件的结构 ········4
1.3 网络监控系统 ··················5
  1.3.1 管理信息库 ·············5
  1.3.2 网络监控系统的配置 ········6
  1.3.3 网络监控系统的通信机制 ·····7
1.4 网络监视 ·····················7
  1.4.1 性能监视 ··············7
  1.4.2 故障监视 ·············12
  1.4.3 计费监视 ·············12
1.5 网络控制 ····················13
  1.5.1 配置控制 ·············13
  1.5.2 安全控制 ·············15
1.6 网络管理标准 ·················18
习题 ···························19

第 2 章 管理信息库 MIB-2 ·······20

2.1 SNMP 的基本概念 ·············20
  2.1.1 TCP/IP 协议簇 ··········20
  2.1.2 TCP/IP 网络管理框架 ······21
  2.1.3 SNMP 体系结构 ·········23
2.2 MIB 结构 ···················24
  2.2.1 MIB 中的数据类型 ·······26
  2.2.2 管理信息结构的定义 ·······27
2.3 标量对象和表对象 ·············28
  2.3.1 对象实例的标识 ·········29
  2.3.2 词典顺序 ·············30
2.4 MIB-2 功能组 ················31
  2.4.1 系统组 ··············32
  2.4.2 接口组 ··············32

  2.4.3 地址转换组 ············36
  2.4.4 ip 组 ···············36
  2.4.5 icmp 组 ·············39
  2.4.6 tcp 组 ··············40
  2.4.7 udp 组 ·············42
  2.4.8 egp 组 ·············42
  2.4.9 传输组 ·············43
习题 ···························44

第 3 章 简单网络管理协议 ·······45

3.1 SNMP 的演变 ················45
  3.1.1 SNMPv1 ·············45
  3.1.2 SNMPv2 ·············46
  3.1.3 SNMPv3 ·············47
3.2 SNMPv1 协议数据单元 ·········48
  3.2.1 SNMPv1 支持的操作 ······48
  3.2.2 SNMP PDU 格式 ········48
  3.2.3 报文应答序列 ··········49
  3.2.4 报文的发送和接收 ·······50
3.3 SNMPv1 的操作 ··············50
  3.3.1 检索简单对象 ··········50
  3.3.2 检索未知对象 ··········52
  3.3.3 检索表对象 ···········52
  3.3.4 表的更新和删除 ········53
  3.3.5 陷入操作 ·············55
3.4 SNMP 功能组 ················55
3.5 实现问题 ····················56
  3.5.1 网络管理站的功能 ·······56
  3.5.2 轮询频率 ·············56
  3.5.3 SNMPv1 的局限性 ·······57
3.6 SNMPv2 管理信息结构 ·········58
  3.6.1 对象的定义 ···········58
  3.6.2 表的定义 ·············60
  3.6.3 表的操作 ·············62
  3.6.4 通知和信息模块 ········65

3.6.5　SNMPv2 管理信息库 ················· 65

3.7　SNMPv2 协议数据单元 ················· 69

　　3.7.1　SNMPv2 报文 ····················· 70

　　3.7.2　SNMPv2 PDU ····················· 70

　　3.7.3　管理站之间的通信 ············· 73

3.8　SNMPv3 ································· 75

　　3.8.1　SNMPv3 管理框架 ············· 75

　　3.8.2　SNMP 引擎 ······················ 75

　　3.8.3　应用程序 ························· 77

　　3.8.4　SNMP 管理站和代理 ·········· 77

　　3.8.5　基于用户的安全模型（USM）····· 77

　　3.8.6　基于视图的访问控制（VACM）
　　　　　模型 ···························· 85

习题 ··· 88

第 4 章　远程网络监视 ················· 89

4.1　RMON 的基本概念 ··················· 89

　　4.1.1　远程网络监视的目标 ········· 90

　　4.1.2　表管理原理 ····················· 90

　　4.1.3　多管理站访问 ·················· 93

4.2　RMON 的管理信息库 ················· 93

　　4.2.1　以太网的统计信息 ············· 94

　　4.2.2　警报 ····························· 102

　　4.2.3　过滤和通道 ···················· 103

　　4.2.4　包捕获和事件记录 ··········· 106

4.3　RMON2 管理信息库 ················· 108

　　4.3.1　RMON2 MIB 的组成 ········· 108

　　4.3.2　RMON2 增加的功能 ········· 109

4.4　RMON2 的应用 ····················· 112

　　4.4.1　协议的标识 ···················· 113

　　4.4.2　协议目录表 ···················· 114

　　4.4.3　用户定义的数据收集机制 ···· 115

　　4.4.4　监视器的标准配置法 ········· 115

习题 ·· 117

第 5 章　网络管理工具 ················ 118

5.1　Wnidows 管理命令 ·················· 118

　　5.1.1　ipconfig ·························· 118

　　5.1.2　ping ····························· 120

　　5.1.3　arp ······························ 121

5.1.4　netstat ··························· 122

5.1.5　tracert ··························· 124

5.1.6　pathping ························· 125

5.1.7　route ····························· 127

5.1.8　netsh ····························· 129

5.1.9　nslookup ························· 132

5.1.10　net ······························ 137

5.2　网络监视工具 ······················· 138

　　5.2.1　网络监听原理 ·················· 138

　　5.2.2　网络嗅探器 ···················· 139

　　5.2.3　Sniffer 软件的功能和使用方法 ··· 139

5.3　网络管理平台 ······················· 141

　　5.3.1　HP OpenView ·················· 141

　　5.3.2　IBM Tivoli NetView ··········· 142

　　5.3.3　CiscoWorks for Windows ······ 144

第 6 章　网络分析系统 ················ 147

6.1　科来网络分析系统简介 ············· 147

　　6.1.1　科来网络分析系统的特性 ···· 147

　　6.1.2　科来网络分析系统的部署和安装 ··· 148

　　6.1.3　分析方案 ························ 153

　　6.1.4　系统界面 ························ 155

　　6.1.5　过滤器 ·························· 161

6.2　常规分析视图 ······················· 165

　　6.2.1　我的图表 ························ 165

　　6.2.2　诊断视图 ························ 167

　　6.2.3　协议视图 ························ 168

　　6.2.4　端口视图 ························ 169

　　6.2.5　数据包视图 ···················· 170

6.3　TCP 数据流分析 ····················· 171

　　6.3.1　TCP 交易时序图 ··············· 171

　　6.3.2　TCP 交易统计 ················· 173

6.4　网络工具的使用 ···················· 173

　　6.4.1　ping 工具 ······················ 173

　　6.4.2　MAC 地址扫描器 ············· 175

　　6.4.3　数据包播放器 ·················· 176

　　6.4.4　数据包生成器 ·················· 177

6.5　网络故障案例分析 ·················· 179

　　6.5.1　Ping 数据包丢失故障 ········· 179

　　6.5.2　不定期出现网络延迟故障 ···· 180

　　6.5.3　ARP 欺骗故障 ……………181

第 7 章　网络测试与性能评价 ……184

7.1　网络测试概述 …………………184
　　7.1.1　网络测试的基本概念 ………184
　　7.1.2　网络测试技术的发展 ………185
7.2　网络测试标准 …………………186
　　7.2.1　国际标准 ……………………186
　　7.2.2　国内标准 ……………………191

7.3　网络测试工具 …………………192
　　7.3.1　网络测试仪表 ………………192
　　7.3.2　网络测试软件 ………………197
7.4　网络测试方法 …………………202
　　7.4.1　网络测试和测量 ……………202
　　7.4.2　全网状转发测试实验 ………204
7.5　网络性能评价 …………………211
　　7.5.1　网络设备的性能指标 ………211
　　7.5.2　网络系统的性能评价 ………222

第1章
网络管理概论

计算机网络的组成越来越复杂，一方面是网络互连的规模越来越大，另一方面是连网设备越来越多样。异构型网络设备、多协议栈互连、性能需求不同的各种网络业务都增加了网络管理的难度和管理费用，单靠管理员手工管理已经无能为力。研究网络管理的理论，开发先进的网络管理技术，采用自动化的网络管理工具是一项迫切的任务。

1.1 网络管理的基本概念

对于不同的网络，管理的要求和难度也不同。局域网的管理相对简单，因为局域网运行统一的操作系统，只要熟悉网络操作系统的管理功能和操作命令，就可以管好一个局域网。对于由异构型设备组成的、运行多种操作系统的 Internet 的管理就不是那么简单了，这需要跨平台的网络管理技术。

TCP/IP 由于其开放性，20 世纪 90 年代以来逐渐得到网络制造商的支持，获得了广泛的应用，已经成为事实上的 Internet 标准。在 TCP/IP 网络中有一个简单的管理工具——ping 程序。用 ping 发送探测报文可以确定通信目标的连通性及传输时延。如果网络规模不是很大，互连的设备不是很多，这种方法还是可行的，但是当网络互连规模很大时，这种方法就不适用了。这是因为，一方面 ping 返回的信息很少，无法获取被管理设备的详细情况；另一方面用 ping 程序对很多设备逐个测试检查，工作效率很低。在这种情况下出现了用于 TCP/IP 网络管理的标准——简单网络管理协议（SNMP）。这个标准适用于任何支持 TCP/IP 的网络，无论是哪个厂商生产的设备，或是运行哪种操作系统的网络。

与此同时，国际标准化组织也推出了 OSI 系统管理标准 CMIS/CMIP。从长远看，OSI 系统管理更适合结构复杂、规模庞大的异构型网络，但由于其技术开发缓慢，所以尚未进入实用阶段，也许它代表了未来网络管理发展的方向。

网络管理标准的成熟刺激了制造商的开发活动，市场上已经出现了符合国际标准的商用网络管理系统。有主机厂家开发的网络管理应用系统开发软件（如 IBM NetView、HP OpenView），有网络产品制造商推出的与硬件相结合的网管工具（如 Cisco Works 2000、Cabletron Spectrum）。这些产品都可以称为网络管理平台，只有在此基础上开发适合于用户网络环境的网络管理应用软件，才能实施有效的网络管理。

有了统一的网络管理标准和适用的网络管理工具，对网络实施有效的管理，就可以减少停机时间，改进响应时间，提高设备的利用率，还可以减少运行费用。管理工具可以很快地发现并消灭网络通信瓶颈，提高运行效率。要及时采用新技术，就需要有方便适用的网络配置工具，以便及时修改和优化网络配置，使网络更容易使用，并可以提供多种多样的网络业务。在商业活动日益依赖于 Internet 的情况下，人们要求网络工作得更安全，所以要对网上传输的信息保密，对网络资源的访问要严格地控制，以及防止计算机病毒和非法人侵者的破坏等。这些需求必将进一步促进网络管理工具的研究和开发。

1.2　网络管理系统的体系结构

1.2.1　网络管理系统的层次结构

网络管理系统的层次结构如图 1-1 所示。在网络管理站中，最下层是操作系统和硬件。操作系统之上是支持网络管理的协议簇，如 OSI、TCP/IP 等通信协议，以及专用于网络管理的 SNMP、CMIP 等协议。协议栈上面是网络管理框架（network management framework），这是各种网络管理应用工作的基础结构。各种网络管理框架的共同特点如下。

- 管理功能分为管理站（manager）和代理（agent）两部分。
- 为存储管理信息提供数据库支持，如关系数据库或面向对象的数据库。
- 提供用户接口和用户视图（view）功能，如管理信息浏览器。
- 提供基本的管理操作，如获取管理信息，配置设备参数等操作功能。

图 1-1　网络管理系统的层次结构

网络管理应用是用户根据需要开发的软件，这种软件运行在网络上，实现特定的管理目标，如故障诊断、性能优化、业务管理和安全控制等。网络管理应用的开发是目前最活跃的领域。

图 1-1 把被管理资源画在单独的框中，表明被管理资源可能与管理站处于不同的系统（或设备）中。网络管理涉及监视和控制网络中的各种硬件、固件和软件资源，如网卡、集线器、中继器、主机、外围设备、通信软件、应用软件和实现网络互连的软件等。有关资源的管理信息由代理进程/代理系统控制，代理进程通过网络管理协议与管理站对话。

1.2.2　网络管理系统的配置

网络管理系统的配置如图 1-2 所示。每一个网络节点都包含一组与管理有关的软件，叫作网络管理实体（network management entity, NME）。网络管理实体完成以下任务。

- 收集有关网络通信的统计信息。
- 对本地设备进行测试，记录设备状态信息。
- 在本地存储有关信息。
- 响应网络控制中心的请求，发送管理信息。
- 根据网络控制中心的指令，设置或改变设备参数。

网络中至少有一个节点（主机或路由器）担当管理站（manager）角色。除 NME 之外，管理站中还有一组软件，叫作网络管理应用（network management application, NMA）。NMA 提供用户接口，根据用户命令显示管

图 1-2　网络管理系统配置

理信息，通过网络向 NME 发出请求或指令，以便获取有关设备的管理信息，或者改变设备的配置状态。

网络中的其他节点在 NME 的控制下与管理站通信、交换管理信息。这些节点中的 NME 模块叫作代理模块，网络中任何被管理的设备（主机、交换机、路由器或集线器等）都必须实现代理模块。所有代理在管理站监视和控制下协同工作，实现集成的网络管理。这种集中式网络管理策略的好处是管理人员可以有效地控制整个网络资源，根据需要平衡网络负载，优化网络性能。

然而对于大型网络，集中式管理往往显得力不从心，正在让位于分布式管理策略。这种向分布式管理演化的趋势与集中式计算模型向分布式计算模型演化的总趋势是一致的。图 1-3 提出一种可能的分布式网络管理配置方案。

图 1-3　分布式网络管理系统

　　在这种配置中，分布式管理系统代替了单独的网络控制主机。地理上分布的网络管理客户机与一组网络管理服务器交互作用，共同实现网络管理功能。这种管理策略可以实现分部门管理，即限制每个客户机只能访问和管理本部门的部分网络资源，而由一个中心管理站实施全局管理。同时中心管理站还能对管理功能较弱的客户机发出指令，实现更高级的管理。分布式网络管理的灵活性（flexibility）和可伸缩性（scalability）日益为网络管理工作者所青睐。

　　图 1-2 和图 1-3 的系统要求每个被管理的设备都能运行代理程序，并且所有管理站和代理都支持相同的管理协议，这种要求有时是无法实现的。例如，有的老设备可能不支持当前的网络管理标准；小的系统可能无法完整实现 NME 的全部功能；甚至还有一些设备（如 Modem 和多路器等）根本不能运行附加的软件，这些设备被叫作非标准设备。在这种情况下，通常的处理方法是用一个叫作委托代理（proxy）的设备来管理一个或多个非标准设备。委托代理和非标准设备之间运行制造商专用协议，而委托代理和管理站之间运行标准的网络管理协议。这样，管理站就可以用标准方式通过委托代理得到非标准设备的信息。委托代理起到了协议转换的作用，如图 1-4 所示。

图 1-4　委托代理

1.2.3　网络管理软件的结构

　　网络管理软件包括用户接口软件、管理专用软件和管理支持软件，如图 1-5 所示，大约相当于图 1-1 中管理站的上三层。

　　用户通过网络管理接口与管理专用软件交互作用，监视和控制网络资源。接口软件不但存在于管理站上，而且可能出现在代理系统中，以便对网络资源实施本地配置、测试和排错。有效的网络管理系统需要统一的用户接口，而不论主机和设备出自哪个厂家、运行什么操作系统，这样就可以方便地对异构型网络进行监控。接口软件还要有一定的信息处理能力，对大量的管理信息要进行过滤、统计、化简和汇总，以免传递的信息量太大而造成网络拥堵。最后，理想的用户接口应该是图形用户接口，而非命令行或表格式接口。

图 1-5　网络管理软件的结构

　　足够复杂的网管软件可以支持多种网络管理应用，如配置管理、性能管理、故障管理等。这些应用能适用于各种网络设备和网络配置，虽然在实现细节上可能有所不同。图 1-5 表现了用大量的应用元素支持少量管理应用的设计思想。应用元素实现通用的基本管理功能（如产生报警、对数据进行分析等），可以被多个应用程序调用。传统的模块化设计方法可提高软件的重用性，提高实现的效率。网络管理软件的最底层提供网络管理数据传输服务，用于在管理站和代理之间交换管理信息。管理站利用这种服务接口可以检索设备信息，配置设备参数，代理则通过服务接口向管理站报告设备事件。

管理支持软件包括管理信息库（Management Information Base，MIB）访问模块和通信协议栈。代理中的 MIB 包含反映设备配置和设备行为的信息，以及控制设备操作的参数。管理站的 MIB 中除了保留本地节点专用管理信息外，还保存着管理站控制的所有代理的相关信息。MIB 访问模块具有基本的文件管理功能，这使得管理站或代理可以方便地访问 MIB，同时该模块还能把本地的 MIB 格式转换为适于网络管理系统传送的标准格式。通信协议栈支持节点之间的通信。由于网络管理协议位于应用层，原则上任何通信体系结构都能胜任，但具体的实现可能有特殊的通信要求。

1.3　网络监控系统

网络管理功能可分为网络监视和网络控制两大部分，统称网络监控（Network Monitoring）。网络监视是指收集系统和子网的状态信息，分析被管理设备的行为，以便发现网络运行中存在的问题。网络控制是指修改设备参数或重新配置网络资源，以便改善网络运行状态。具体地说，网络监控要解决的问题包括以下几个方面。

（1）管理信息的定义：监视哪些管理信息，从哪些被管理资源获得管理信息。

（2）监控机制的设计：如何从被管理资源中得到需要的信息。

（3）管理信息的应用：根据收集到的管理信息实现什么管理功能。

下面首先说明前两个问题，即管理信息的定义和监控机制的设计。

1.3.1　管理信息库

有用的网络监控管理信息可以分为以下 3 类。

（1）静态信息：包括系统和网络的配置信息，如路由器的端口数和端口编号、工作站的标识和 CPU 类型等，这些信息不经常变化。

（2）动态信息：与网络中出现的事件和设备的工作状态有关，如网络中传送的分组数、网络连接的状态等。

（3）统计信息：即从动态信息推导出的信息，如平均每分钟发送的分组数、传输失败的概率等。

这些信息组成的管理信息库如图 1-6 所示。配置数据库中存着计算机和网络的基本配置信息，传感器数据库中存储传感器的设置信息。传感器是一组软件，用于实时读取被管理设备的有关参数。配置数据库和传感器数据库共同组成静态数据库。动态数据库存储由传感器收集的各种网络元素和网络事件的实时数据。统计数据库中的管理信息是由动态信息计算出来的。这 3 种数据库的关系如图 1-6 所示。

网络监控功能一方面要确定从哪里收集管理信息，另一方面还要确定管理信息应该存储在什么地方。静态信息是由网络元素直接产生的，通常由驻留在这些网络元素（如路由器）中的代理进程收集和存储，必要时传送给监视器。如果网络元素（如 Modem）中没有代理进程，则可以由委托代理收集这些静态信息，并传送给监视器。

动态信息通常也是由产生有关事件的网络元素收集和存储的，例如，工作站建立的网络连接数就存储在该工作站中。然而对于一个局域网来说，网络中各个设备的行为和有关数据可以由连接在网络中的一个专用主机来收集和记录，这个主机叫作远程网络监视器，它的作用是收集整个子网的通信数据，如在一段时间内一对主机之间交换的分组数、网络中出现冲突的次数等。

图 1-6　管理信息库的组成

统计信息可以由任何能够访问动态信息的系统产生。当然，统计信息也可以由网络监视器自己产生，这就要求把所有需要的原始数据传送给监视器，再由监视器进行分析和计算。如果原始数据量很大，则这种监控方式可能会消耗很多网络带宽。如果存储动态信息的系统进行了分析和计算，则不但节约了网络带宽，而且节省了监视器处理时间。

1.3.2　网络监控系统的配置

网络监控系统的配置如图 1-7（a）所示。监控应用程序是监控系统的用户接口，它完成性能监视、故障监视和计费监视等功能。管理功能负责与其他网络元素中的代理进程通信，把需要的监控信息提供给监控应用程序。这两个模块都处于管理站中。管理对象表示被监控的网络资源中的管理信息，所有管理对象遵从网络管理标准的规定。管理对象中的信息通过代理功能提供给管理站。图 1-7（b）中增加了监控代理功能。这个模块的作用是专门对管理信息进行计算和统计分析，并把计算的结果提供给管理站。在管理站看来，监控代理的作用和一般代理是一样的，然而它管理着多个代理系统。

实际上这些功能模块可以处于不同的网络元素中，组成多种形式的监控系统。如果管理站本身就是一个被监控的网络元素，则它应该包含监控应用程序、管理功能、代理进程以及一组反映自身管理信息的对象。监视器的状态和行为对整个网络监控系统的性能起决定作用，因而监视器也应时刻监视自身的通信情况。一般情况下，监视器与代理系统处于不同的网络元素中，它们通过网络交换管理信息。另外，一个管理站/监视器

图 1-7　网络监控系统的体系结构

可以监控多个代理系统，也可以只监控一个代理系统；而一个代理系统可能代理一个或多个网络元素，甚至代理整个局域网；监视器可能与被监控的网络元素处于同一子网中，也可能通过远程网络互连。

1.3.3　网络监控系统的通信机制

对监视器有用的管理信息是由代理收集和存储的，那么代理怎样把这些信息传送给监视器呢？有两种技术可用于代理与监视器之间的通信，一种叫作轮询（polling），另一种叫作事件报告（event reporting）。轮询是一种请求—响应式的交互作用，即由监视器向代理发出请求，询问它所需要的信息数值，代理响应监视器的请求，从它保存的管理信息库中取得请求的信息，返回给监视器。请求可以采用不同的形式，例如，列出一些变量的名字，要求代理返回变量的值；或者给出一种匹配模式，要求代理搜索与模式匹配的所有变量的值；监视器可能要查询它所管理的系统的配置，或者周期性地询问被管理系统配置改变的情况；监视器也可能在收到一个报警后，用轮询方式详细调查某个区域的真实情况，或者根据用户的要求通过轮询生成一个配置报告。

事件报告是由代理主动发送给管理站的消息。代理可以根据管理站的要求（周期、内容等）定时发送状态报告，也可能在检测到某些特定事件（如状态改变）或非正常事件（如出现故障）时生成事件报告，发送给管理站。事件报告对于及时发现网络中的问题是很有用的，特别对于监控状态信息不经常改变的管理对象更有效。

在已有的各种网络监控系统中都设置了轮询和事件报告两种通信机制，但强调的重点有所不同。传统的通信管理网络主要依赖于事件报告，而 SNMP 强调轮询方法，OSI 系统管理则采取了与这两种方法都不同的中间道路。然而无论是 SNMP，还是 OSI，或是某些专用的管理系统，都允许用户根据具体情况决定使用何种通信方式。影响通信方式选择的主要因素如下。

- 传送监控信息需要的通信量。
- 对危急情况的处理能力。
- 对网络管理站的通信时延。
- 被管理设备的处理工作量。
- 消息传输的可靠性。
- 网络管理应用的特殊性。
- 在发送消息之前，通信设备失效的可能性。

1.4　网　络　监　视

网络管理有五大功能域，即故障管理（fault management）、配置管理（configuration management）、计费管理（accounting management）、性能管理（performance management）和安全管理（security management），简写为 FCAPS。传统上，性能、故障和计费属于网络监视功能，另外两种属于网络控制功能。这一节介绍网络监视功能。

1.4.1　性能监视

网络监视中最重要的是性能监视，然而要能够准确地测量出对网络管理有用的性能参数却是不容易的。可选择的性能指标很多，有些测量难度大，或计算量大，也不一定特别有用；有些有用的指标没有得到制造商的支持，无法从现有的设备上检测到。还有些性能指标互相关联，要互相参照才能说明问题。这些情况都增加了性能测量的复杂性。这一小节介绍性能监视的基本概念，给出对网络管理有用的两类性能指标，即面向服务的性能指标和面向效率的性能指标。当然，网络最主要的目标是向用户提供满意的服务，因而面向服务的性能指标应具有较高的优先级。下面要介绍的内容前三个是面向服务的性能指标，后两个是面向效率的性能指标。

1. 可用性

可用性是指网络系统、网络元素或网络应用对用户可利用的时间的百分比。有些应用对可用性很敏感，例如，飞机订票系统若宕机一小时，就可能减少数十万元的票款；而股票交易系统如果中断运行一分钟，就可能造成几千万元的损失。实际上，可用性是网络元素可靠性的表现，而可靠性是指网络元素在具体条件下完成特定功能的概率。如果用平均无故障时间（Mean Time Between Failure，MTBF）来度量网络元素的故障率，则可用性 A 可表示为 $MTBF$ 的函数

$$A = \frac{MTBF}{MTBF + MTTR}$$

其中，MTTR（Mean Time To Repair）为发生失效后的平均维修时间。由于网络系统由许多网络元素组成，所以系统的可靠性不但与各个元素的可靠性有关，而且与网络元素的组织形式有关。根据一般的可靠性理论，由元素串并联组成的系统的可用性与网络元素的可用性之间的关系如图 1-8 所示。由图 1-8（a）可以看出，若两个元素串联，则可用性减少。例如，两个 Modem 串联在链路的两端，若单个 Modem 的可用性 $A=0.98$，并假定链路其他部分的可用性为 1，则整个链路的可用性 $A=0.98×0.98=0.9\,604$。由图 1-8（b）可以看出，若两个元素并联，则可用性增加。如终端通过两条链路连接到主机，若一条链路失效，另外一条链路可自动备份。假定单个链路的可用性 $A=0.98$，则双链路的可用性 $A=2×0.98-0.98×0.98=0.9\,996$。

（a）串联　　　　　　　　　　　　　　　　（b）并联

图 1-8　串联和并联的可用性

【例 1.1】计算双链路并联系统的处理能力。假定一个多路器通过两条链路连接到主机（见图 1-8（b））。在主机业务的峰值时段，一条链路只能处理总业务量的 80%，因而需要两条链路同时工作，才能处理主机的全部传送请求。非峰值时段大约占整个工作时间的 40%，只需要一条链路工作就可以处理全部业务。这样，整个系统的可用性 A_f 可表示为

A_f=（一条链路的处理能力）×（一条链路工作的概率）+（两条链路的处理能力）×（两条链路工作的概率）

假定一条链路的可用性为 $A=0.9$，则两条链路同时工作的概率为 $A^2=0.81$，而恰好有一条链路工作的概率为 $A(1-A)+(1-A)A=2A-2A^2=0.18$，则有

$$A_f（非峰值时段）=1.0×0.18+1.0×0.81=0.99$$

$$A_f（峰值时段）=0.8×0.18+1.0×0.81=0.954$$

于是系统的平均可用性为

$$A_f=0.6×A_f（峰值时段）+0.4×A_f（非峰值时段）=0.9\,684$$

2. 响应时间

响应时间是指从用户输入请求到系统在终端上返回计算结果的时间间隔。从用户角度看，这个时间要和人们的思考时间（等于两次输入之间的最小间隔时间）配合，越是简单的工作（如数据录入），要求响应时间越短。然而从实现角度看，响应时间越短，实现的代价越大。研究表明，系统响应时间对生产率的影响是很大的。在交互式应用中，若响应时间大于 15s，大多数人是不能容忍的。响应时间大于 4s 时，人们的短期记忆会受到影响，工作的连续性被破坏，尤其是对数据录入员来说，这种情况下击键的速度会严重受挫。在输入完一个段落后，才可以有比较大的延迟（如 4s 以上）。越是注意力高度集中的工作，要求响应时间越短。特别对于需要记住以前的响应，根据前面的响应决定下一步的输入时，延迟时间应该小于 2s。在用鼠标单击图形或进行键盘输入时，要求的响应时间更小，可能在 0.1s 以下。这样人们会感到计算机是同步工作的，几乎没有等待时间。图 1-9 表明应用 CAD 进行集成电路设计时，生产率（每小时完成的事务处理数）与响应时间的关系。可以看出，当响应时间小于 1s 时，事务处理的速率明显加快，这和人的短期记忆以及注意力集中的程度有关。

图 1-9　系统响应时间与生产率的关系

网络的响应时间由系统各个部分的处理延迟时间组成，分解系统响应时间的成分对于确定系统瓶颈有很大作用。系统响应时间 RT 由以下 7 部分组成，如图 1-10 所示。

图 1-10　系统响应时间的组成

● 入口终端延迟（TI）：是指从终端把查询命令送到通信线路上的延迟。终端本身的处理时间是很短的，这个延迟主要是在从终端到网络接口设备（如 PAD 设备或网桥）的通信线路上引起的传输延迟。假若线路的数据传输速率为 2 400bit/s=300byte/s，则每个字符的时延为 3.33μs。又假如平均每个命令含 100 个字符，则输入命令的时延为 0.33s。

- 入口排队时间（WI）：即网络接口设备的处理时间。接口设备要处理多个终端输入，还要处理提交给终端的输出，所以输入的命令通常要进入缓冲区排队等待。接口设备越忙，排队时间越长。

- 入口服务时间（SI）：是指从网络接口设备通过传输网络到达主机前端的时间，对于不同的网络，这个传输时间差别是很大的。如果是公共交换网，这个时延是无法控制的；如果是专用网、租用专线或用户可配置的设备，则这个时延还可以进一步分解，以便按照需要规划和控制网络。

- CPU 处理延迟（CPU）：是指前端处理机、主机和磁盘等设备处理用户命令、做出回答需要的时间。这个时间通常是管理人员无法控制的。

- 出口排队时间（WO）：是指在前端处理机端口等待发送到网络上的排队时间。这个时间与入口排队时间类似，其长短取决于前端处理机繁忙的程度。

- 出口服务时间（SO）：通过网络把响应报文传送到网络接口设备的处理时间。

- 出口终端延迟（TO）：终端接收响应报文的时间，主要是由通信延迟引起的。

响应时间比较容易测量，是网络管理中重要的信息。

3. 正确性

正确性是指网络传输的准确率。由于网络中有内置的纠错机制，所以通常用户不必考虑数据传输是否正确。监视传输误码率可以发现瞬时的线路故障，以及是否存在噪声源和通信干扰，以便及时采取维护措施。

4. 吞吐率

吞吐率是面向效率的性能指标，具体表现为一段时间内完成的数据处理量、接收用户会话的数量和处理呼叫的数量等。跟踪这些指标可以为提高网络传输效率提供依据。

5. 利用率

利用率是指网络资源利用的百分率，它也是面向效率的指标。这个参数与网络负载有关，当负载增加时，资源利用率增大，因而分组排队时间和网络响应时间变长，甚至会降低吞吐率。当相对负载（负载/容量）增加到一定程度时，响应时间迅速增长，从而引发传输瓶颈和网络拥挤。图 1-11 表示响应时间随相对负载成指数上升的情况。特别值得注意的是，实际情况往往与理论计算结果相左，造成失去控制的通信阻塞，这是应该设法避免的，所以需要更精确地分析技术。

图 1-11　网络响应时间与负载的关系

下面介绍一种简单而有效的分析方法，可以正确评价网络资源的利用情况。其基本思想是观察链路的实际通信量（负载），并且与规划的链路容量（数据速率）比较，从而发现哪些链路使用过度，哪些链路利用不足。分析方法使用了会计工作中常用的成本分析技术，即计算实际的费用占计划成本的比例，从而发现实际情况与理想情况的偏差。对于网络分析来说，就是计算出各个链路的负载占网络总负载的百分率（相对负载），以及各个链路的容量占网络总容量的百分率（相对容量），最后得到相对负载与相对容量的比值。这个比值反映了网络资源的相对利用率。

假定有图 1-12（a）所示的简单网络，其由 5 段链路组成。表 1-1 中列出了各段链路的负载和各段链路的容量，并计算出各段链路的负载百分率和容量百分率，图 1-12（b）是对应的图形表示。可以看出，网络规划的容量（400kbit/s）比实际的通信量（200kbit/s）大得多，而且没有一条链路的负载大于它的容量。各个链路的相对利用率（相对负载/相对容量）不同，有的链路使用率较高（如链路 3，25/15=1.67），而有的链路利用不足（如链路 5，25/45=0.55）。这个差别是有用的管理信息，可用于指导调整各段链路的容量，以便获得更合理的负载分布和链路利用率，从而减少资源浪费，提高性价比。

（a）网络配置　　　　　　　　（b）链路容量和负载

━━━━━ 链路相对负载

━━━━━ 链路相对容量

图 1-12　网络利用率分析

表 1-1　　　　　　　　　　　　　　网络负载和容量分析

	链路 1	链路 2	链路 3	链路 4	链路 5	合计
负载（kbit/s）	30	30	50	40	50	200
容量（kbit/s）	40	40	60	80	180	400
负载百分率	15	15	25	20	25	100
容量百分率	10	10	15	20	45	100
相对负载/相对容量	1.5	1.5	1.67	1.0	0.55	—

收集到的性能参数组成性能测试报告，以图形或表格的形式呈现给网络管理员。对于局域网来说，性能测试报告应包括以下内容。

● 主机对通信矩阵：一对源主机和目标主机之间传送的总分组数、数据分组数、数据字节数以及它们所占的百分比。

● 主机组通信矩阵：一组主机之间通信量的统计，内容与上一条类似。

● 分组类型直方图：各种类型的原始分组（如广播分组、组播分组等）的统计信息。

● 数据分组长度直方图：不同长度（字节数）的数据分组的统计。

- 吞吐率—利用率分布：各个网络节点发送/接收的总字节数和数据字节数的统计。
- 分组到达时间直方图：不同时间到达的分组数的统计。
- 信道获取时间直方图：在网络接口单元（NIU）排队等待发送、经过不同延迟时间的分组数的统计。
- 通信延迟直方图：从发出原始分组到分组到达目标的延迟时间的统计。
- 冲突计数直方图：经受不同冲突次数的分组数的统计。
- 传输计数直方图：经过不同试发送次数的分组数的统计。

另外，还应包括功能全面的性能评价程序（对网络当前的运行状态进行分析）和人工负载生成程序（产生性能测试数据），帮助管理人员进行管理决策。

1.4.2　故障监视

故障监视就是要尽快发现网络故障，找出故障原因，以便及时采取补救措施。在复杂的系统中，发现和诊断故障是不容易的。首先是有些故障很难观察到，例如，分布处理中出现的死锁就很难发现。其次是有些故障现象不足以表明故障原因。例如，发现远程节点没有响应，但底层通信协议是否失效不能确定。更有些故障现象具有不确定性和不一致性，引起故障的原因很多，这使得故障定位复杂化。例如终端死机、线路中断、网络拥塞或主机故障都会引起同样的故障现象，到底问题出在哪儿，需要复杂的故障定位手段。故障管理可分为以下3个功能模块。

（1）故障检测和报警功能。故障监视代理要随时记录系统出错的情况和可能引起故障的事件，并把这些信息存储在运行日志数据库中。在采用轮询通信的系统中，管理应用程序定期访问运行日志记录，以便发现故障；为了及时检测重要的故障问题，代理也可以主动向有关管理站发送出错事件报告。另外，对出错报告的数量、频率要适当控制，以免加重网络负载。

（2）故障预测功能。针对各种可以引起故障的参数建立门限值，并随时监视参数值变化，一旦超过门限值，就发送警报。例如，由于出错产生的分组碎片数超过一定值时发出警报，表示线路通信恶化，出错率上升。

（3）故障诊断和定位功能。即对设备和通信线路进行测试，找出故障原因和故障地点。例如可以进行下列测试。

- 连接测试。
- 数据完整性测试。
- 协议完整性测试。
- 数据饱和测试。
- 连接饱和测试。
- 环路测试。
- 功能测试。
- 诊断测试。

故障监视还需要有效的用户接口软件，使故障发现、诊断、定位和排除等一系列操作都可以交互进行。

1.4.3　计费监视

计费监视主要是跟踪和控制用户对网络资源的使用，并把有关信息存储在运行日志数据库中，为收费提供依据。不同的系统，对计费功能要求的详尽程度也不同。在有些提供公共服务的网络中，要求收集的计费信息很详细、很准确，例如要求对每一种网络资源、每一分钟的使用、传送的每一字节数都要计费，或者要求把费用分摊给每一个账号、每一个项目，甚至每一个用户。而有的内部网络就不一定要求这样细了，只要求把总的运行费用按一定比例分配给各个部门就可以了。需要计费的网络资源包括以下几类。

（1）通信设施：LAN、WAN、租用线路或 PBX 的使用时间。

（2）计算机硬件：工作站和服务器机时数。

（3）软件系统：下载的应用软件和实用程序的费用。

（4）服务：包括商业通信服务和信息提供服务（发送/接收的字节数）。

计费数据组成计费日志，其记录格式应包括下列信息。

（1）用户标识。

（2）连接目标标识符。

（3）传送的分组数/字节数。

（4）安全级别。

（5）时间戳。

（6）指示网络出错的状态码。

（7）使用的网络资源。

1.5　网络控制

网络控制是指设置和修改网络设备参数，使设备、系统或子网改变运行状态，按照需要配置网络资源，或者重新初始化等。这一节介绍两种网络控制功能：配置控制和安全控制。

1.5.1　配置控制

配置管理是指初始化、维护和关闭网络设备或子系统。被管理的网络资源包括物理设备（如服务器、路由器）和底层的逻辑对象（如传输层定时器）。配置管理功能可以设置网络参数的初始值/默认值，使网络设备初始化时，自动形成预定的互连关系。当网络运行时，配置管理监视设备的工作状态，并根据用户的配置命令或其他管理功能的请求改变网络配置参数。例如，若性能管理检测到响应时间延长，并分析出性能降级的原因是由于负载失衡，则配置管理将通过重新配置（如改变路由表）改善系统响应时间。又例如，故障管理检测到一个故障，并确定了故障点，则配置管理可以改变配置参数，把故障点隔离，恢复网络正常工作。配置管理应包含下列功能模块。

- 定义配置信息。
- 设置和修改设备属性。
- 定义和修改网络元素间的互连关系。
- 启动和终止网络运行。
- 发行软件。
- 检查参数值和互连关系。
- 报告配置现状。

最后两项属于配置监视功能，即管理站通过轮询随时访问代理保存的配置信息，或者代理通过事件报告及时通知管理站配置参数改变的情况。

1. 定义配置信息

配置信息描述网络资源的特征和属性，这些信息对其他管理功能也是有用的。网络资源包括物理资源（如主机、路由器、网桥、通信链路、Modem 等）和逻辑资源（如定时器、计数器、虚电路等）。设备的属性包括名称、标识符、地址、状态、操作特点和软件版本。配置信息可以有多种组织方式，简单的配置信息是由标量组成的表，每一个标量值表示一种属性值，SNMP 就采用这种方法。在 OSI 系统管理中，管理信息定义为面向对象的数据库，对象的值表示被管理设备的特性，对象的行为（如通知）代表管理操作，对象之间的包含关系和继承关系则规范了它们之间的相互作用。另外还有一些系统用关系数据库表示管理信息。

管理信息存储在与被管理设备最接近的代理或委托代理中，管理站通过轮询或事件报告访问这些信息。网络管理员可以在管理站提供的用户界面上说明管理信息值的范围和类型，来设置被管理资源的属性。网络控制功能还允许定义新的管理对象，在指定的代理中生成需要的管理对象或数据元素。产生新数据的过程可以是联机的、动态的，或脱机的、静态的。

2. 设置和修改设备属性

配置管理允许管理站远程设置和修改代理中的管理信息值，但是修改操作要受到以下 2 种限制。

（1）只有授权的管理站才可以施行修改操作，这是网络安全所要求的。

（2）有些属性值反映了硬件配置的实际情况，是不可改变的，如主机 CPU 类型、路由器的端口数等。

对配置信息的修改可以分为以下 3 种类型。

（1）只修改数据库。管理站向代理发送修改命令，代理修改配置数据库中的一个或多个数据值。如果修改操作成功，则向管理站返回肯定应答，否则返回否定应答，交互过程中不发生其他作用。例如，管理站通过修改命令改变网络设备的负责人（姓名、地址、电话等）。

（2）修改数据库，也改变设备的状态。除了修改数据值外，还修改了设备的运行状态。例如，把路由器端口的状态值设置为"disabled"，则所有网络通信不再访问该端口。

（3）修改数据库，同时引起设备的动作。由于现行网络管理标准中没有直接指挥设备动作的命令，所以通常用管理数据库中的变量值控制被管理设备的动作。当这些变量被设置成不同的值时，设备随即执行对应的操作过程。例如，路由器数据库中有一个初始化参数，可取值为 True 或 False。若设置此参数值为 True，则路由器开始初始化，过程结束时，重置该参数为 False。

3. 定义和修改关系

关系是指网络资源之间的联系、连接，以及网络资源之间相互依存的条件，如拓扑结构、物理连接、逻辑连接、继承层次和管理域等。继承层次是管理对象之间的继承关系，而管理域是被管理资源的集合，这些网络资源具有共同的管理属性或者受同一管理站控制。

配置管理应该提供联机修改关系的操作，即用户在不关闭网络的情况下，可以增加、删除和修改网络资源之间的关系。例如，在 LAN 中，节点之间逻辑链路控制子层（LLC）的连接可以由管理站修改。一种 LLC 连接叫作交换连接，即节点的 LLC 实体接受上层软件的请求或者响应终端用户的命令与其他节点建立的 SAP 之间的连接。另外管理站还可以建立固定（或永久）连接，管理软件也可以按照管理命令的要求释放已建立的固定连接或交换连接，或者为一个已有的连接指定备份连接，以便在主连接失效时替换它。

4. 启动和终止网络运行

配置管理给用户提供启动和关闭网络和子网的操作。启动操作包括验证所有可设置的资源属性是否已正确设置，如果有设置不当的资源，则要通知用户；如果所有的设置都正确无误，则向用户发送肯定应答。同时，关闭操作完成之前，应允许用户检索设备的统计信息或状态信息。

5．发行软件

配置管理还向端系统（主机、服务器和工作站等）和中间系统（交换机、路由器和应用网关等）提供发行软件的功能，即给系统装载指定的软件、更新软件版本和配置软件参数等。除装载可执行的软件之外，这个功能还包括下载驱动设备工作的数据表，如路由器和网桥中使用的路由表。出于计费、安全或性能管理的需要，在某些特殊情况下，路由表不能仅根据数学计算的结果处理，可能需要人工干预，所以还应提供人工修改路由表的用户接口。

1.5.2　安全控制

早期的计算机信息安全主要用物理的和行政的手段控制，例如，不许未经授权的用户进入终端室（物理的），或者对可以接近计算机的人员进行严格的审查等（行政的）。然而自从有了网络，特别是有了开放的 Internet，情况就完全不同了。此时迫切需要自动的管理工具，以控制存储在计算机中的信息和网络传输中的信息的安全。安全管理提供这种安全控制工具，同时也要保护网络管理系统本身的安全。下面首先分析计算机网络面临的安全威胁。

1．安全威胁的类型

为了理解计算机网络的安全威胁，首先定义安全需求。计算机和网络需要以下 3 方面的安全性。

（1）保密性（secrecy）：计算机网络中的信息只能由授予访问权限的用户读取（包括显示、打印等，也包含暴露"信息存在"这样的事实）。

（2）数据完整性（integrity）：计算机网络中的信息资源只能被授予权限的用户修改。

（3）可用性（availability）：具有访问权限的用户在需要时，才可以利用网络资源。

所谓对计算机网络的安全威胁，就是破坏了这 3 方面的安全性要求。下面从计算机网络提供信息的途径来分析安全威胁的类型。通常从源到目标的信息流动的各个阶段都可能受到威胁，信息流被危害的各种情况如图 1-13 所示，具体描述如下。

图 1-13　对网络通信的安全威胁

（1）信息从源到目标传送的正常情况，如图 1-13（a）所示。

（2）中断（interruption）：通信被中断，信息变得无用或者无法利用，这是对可用性的威胁，如图 1-13（b）所示。例如，破坏信息存储硬件、切断通信线路、侵犯文件管理系统等。

（3）窃取（interception）：未经授权的入侵者访问了网络信息，这是对保密性的威胁，如图 1-13（c）所示。入侵者可以是个人、程序或计算机，可通过搭线捕获线路上传送的数据，或者非法复制文件和程序等。

（4）篡改（modification）：未经授权的入侵者不仅访问了信息资源，而且篡改了信息，这是对数据完整性的威胁，如图 1-13（d）所示。例如，改变文件中的数据，改变程序的功能，修改网上传送的报文等。

（5）假冒（fabrication）：未经授权的入侵者在网络信息中加入了伪造的内容，这也是对数据完整性的威胁，如图 1-13（e）所示。例如，向网络用户发送虚假的消息，在文件中插入伪造的记录等。

2. 对计算机网络的安全威胁

对计算机网络的各种安全威胁如图 1-14 所示。

图 1-14　对计算机网络资源的安全威胁

（1）对硬件的威胁：主要是破坏系统硬件的可用性。例如，有意或无意的损坏，甚至盗窃网络器材等。小型的 PC、工作站和局域网的广泛使用增加了这种威胁的可能性。

（2）对软件的威胁：操作系统、实用程序和应用软件可能被改变、损坏，甚至被恶意删除，从而不能工作，失去可用性。特别是有些修改使得程序看起来似乎可用，但是做了其他的工作，这正是各种计算机病毒的特长。另外软件的非法复制还是一个至今没有解决的问题，所以软件本身也不安全。

（3）对数据的威胁：数据可能被非法访问，破坏了保密性；数据可能被恶意修改或者假冒，破坏了完整性；数据文件可能被恶意删除，从而破坏了可用性，甚至在无法直接读取数据文件的情况下（如文件被加密），还可以通过分析文件大小或者文件目录中的有关信息推测出数据的特点，这种分析技术是一种更隐蔽的计算机犯罪手段。

（4）对网络通信的威胁：可分为被动威胁和主动威胁两类，如图 1-15 所示。被动威胁并不改变数据流，而是采用各种手段窃取通信线路上传输的信息，从而破坏了保密性。例如，偷听或监视网络通信，从而获知电话谈话、电子邮件和文件的内容；还可以通过分析网络通信的特点（通信的频率、报文的长度等）猜测出传输中的信息。由于被动威胁不改变信息的内容，所以是很难检测的，数据加密是防止这种威胁的主要手段。与其相反，主动威胁则可能改变信息流，或者生成伪造的信息流，从而破坏数据的完整性和可用性。主动攻击者不必知道信息的内容，但可以改变信息流的方向，或者使传输的信息被延迟、重放、重新排序，可能产生不同的效果，这些都是对网络通信的篡改。主动攻击还可能影响网络的正常使用，如改变信息流传输的目标，关闭或破坏通信设施，或者以垃圾报文阻塞信道（这种手段叫拒绝服务）。假冒（或伪造）者则可能利用前两种攻击手段之一，冒充合法用户以获取非法利益。例如，攻击者捕获了合法用户的认证报文，不必知道认证码的内容，只需重放认证报文，就可以冒充合法用户使用计算机资源。要完全防止主动攻击是不可能的，只能及时检测它，在它还没有造成危害或没有造成大的危害时挫败它。

图 1-15　计算机网络的被动威胁和主动威胁

3. 对网络管理的安全威胁

网络管理是分布在网络上的应用程序和数据库的集合，以上讨论的各种威胁都可能影响网络管理系统，造成管理系统失灵，甚至发出错误的管理指令，破坏计算机网络的正常运行。对于网络管理有以下 3 方面的安全威胁特别值得提出。

- 伪装的用户：没有得到授权的用户企图访问网络管理应用和管理信息。
- 假冒的管理程序：无关的计算机系统可能伪装成网络管理站实施管理功能。
- 侵入管理站和代理之间的信息交换过程中：网络入侵者通过观察网络活动窃取了敏感的管理信息，更严重的危害是可能篡改管理信息，或中断管理站和代理之间的通信。

系统或网络的安全设施由一系列安全服务和安全机制的集合组成，下面分 3 个方面讨论安全设施的管理问题。

（1）安全信息的维护

网络管理中的安全管理是指保护管理站和代理之间信息交换的安全。安全管理使用的操作与其他管理使用的操作相同，差别在于使用的管理信息的特点。有关安全的管理对象包括密钥、认证信息、访问权限信息，以及有关安全服务和安全机制的操作参数的信息等。安全管理要跟踪进行中的网络活动和试图发动的网络活动，以便检测未遂的或成功的攻击，并挫败这些攻击，恢复网络的正常运行。安全信息的维护主要指以下几方面。

- 记录系统中出现的各类事件（如用户登录、退出系统，文件复制等）。
- 追踪安全审计试验，自动记录有关安全的重要事件，如非法用户持续试验不同口令企图登录。
- 报告和接收危害安全的警示信号，在怀疑出现安全威胁时采取防范措施，如封锁被入侵的用户账号、强行停止恶意程序的执行等。
- 经常维护和检查安全记录，进行安全风险分析，编制安全评价报告。
- 备份和保护包含敏感信息的文件。
- 研究每个正常用户的活动特征（profile），预先设定敏感资源的使用特征，以便检测授权用户的异常活动和对敏感资源的滥用行为。

（2）资源访问控制

一种重要的安全服务就是访问控制服务，包括认证服务和授权服务，以及对敏感资源访问授权的决策过程。访问控制服务的目的是保护各种网络资源，这些资源中与网络管理有关的资源如下。

- 安全编码。
- 源路由和路由记录信息。
- 路由表。
- 目录表。
- 报警门限。
- 计费信息。

安全管理记录用户的活动特征，以及特殊文件的使用特征，检查可能出现的异常访问活动。安全管理功能使管理人员能够生成和删除与安全有关的对象，改变它们的属性或状态，影响它们之间的关系。

（3）加密过程控制

安全管理能够在必要时对管理站和代理之间交换的报文进行加密。安全管理也能够使用其他网络实体的加密方法。此外，这个功能还可以改变加密算法，具有密钥分配能力。

1.6　网络管理标准

在20世纪80年代末，随着对网络管理系统的迫切需求和网络管理技术的日益成熟，国际标准化组织（ISO）开始制订关于网络管理的国际标准。在1989年，ISO首先颁布了ISO DIS 7498-4（X.700）文件，定义了网络管理的基本概念和总体框架，后来在1991年发布的两个文件中规定了网络管理提供的服务和网络管理协议，即ISO 9595公共管理信息服务定义（Common Management Information Service，CMIS）和ISO 9596公共管理信息协议规范（Common Management Information Protocol，CMIP）。在1992年公布的ISO 10164文件中规定了系统管理功能（System Management Functions，SMFs），而ISO 10165文件则定义了管理信息结构（Structure of Management Information，SMI）。这些文件共同组成了ISO的网络管理标准，这是一个非常复杂的协议体系，管理信息采用了面向对象模型，管理功能包罗万象，另外还有一些附加的功能和一致性测试方面的说明。由于其复杂性，有关ISO管理的实现进展缓慢，很少有适用的网管产品。另一方面，20世纪90年代初，随着Internet的迅猛发展，有关TCP/IP网络管理的研究活动十分活跃，另一类网络管理标准正在迅速流传和广泛应用。

TCP/IP网络管理最初使用的是1987年11月提出的简单网关监控协议（Simple Gateway Monitoring Protocol，SGMP），在此基础上改进成简单网络管理协议第一版（Simple Network Management Protocol，SNMPv1），陆续公布在1990和1991年的几个RFC（Request For Comments）文档中，即RFC1155（SMI）、RFC1157（SNMP）、RFC1212（MIB定义）和RFC1213（MIB-2规范）。由于简单且易于实现，SNMPv1得到了许多制造商的支持和广泛应用。几年以后在第一版的基础上改进功能和安全性，又产生了SNMPv2（RFC1902-1908，1996）和SNMPv3（RFC2570-2575 Apr.1999）。

在同一时期用于监控局域网通信的标准——远程网络监控RMON（remote monitoring）也出现了，这就是RMON-1（1991）和RMON-2（1995）。这一组标准定义了监视网络通信的管理信息库，是SNMP管理信息库的扩充，与SNMP协议配合可以提供更有效的管理性能，也得到了广泛应用。

另外，IEEE 定义了局域网的管理标准，即 IEEE 802.1b LAN/MAN 管理。这个标准用于管理物理层和数据链路层的 OSI 设备，因而叫作 CMOL（CMIP over LLC）。为了适应电信网络的管理需要，ITU-T 在 1989 年定义了电信网络管理标准（Telecommunications Management Network，TMN），即 M.30 建议。

网络管理是一个广阔的研究领域，通过本书的学习，读者将会深入了解网络管理研究的领域和网络管理的实用技术。

习　　题

1. 网络管理对于网络的正常运行有什么意义？
2. 局域网管理与本书所讲的网络管理有什么不同？结合你使用的局域网操作系统试举出几种管理功能。
3. 被管理的网络设备有哪些？
4. 网络管理系统分为哪些层次？网络管理框架的主要内容有哪些？
5. 在管理站和代理中应配置哪些软件实体？
6. 集中式网络管理和分布式网络管理有什么区别？各有什么优缺点？
7. 什么是委托代理？
8. 网络管理软件由哪些部分组成？它们的作用各是什么？
9. 对网络监控有用的管理信息有哪些？代理怎样把管理信息发送给监视器？
10. 系统响应时间由哪些部分组成？
11. 网络资源的利用率与哪些因素有关？什么是合理的负载分布？
12. 性能测试报告应包括哪些内容？
13. 故障监视可分为哪些功能模块？
14. 需要计费的网络资源有哪些？计费日志应包括哪些信息？
15. 配置管理应包含哪些功能模块？设备的配置信息有哪些？
16. 计算机网络的安全需求有哪些？
17. 对计算机网络的安全威胁有哪些？对网络管理的安全威胁有哪些？
18. 计算机网络的安全管理应包含哪些内容？
19. ISO 制订的网络管理标准有哪些文件？各是什么内容？
20. TCP/IP 网络管理标准有哪些主要的 RFC 文件？各是什么内容？

第 2 章
管理信息库 MIB-2

Internet 是由 ARPANET 演变而来的，在这个网络上运行的通信协议统称为 TCP/IP 协议簇。本书的主要内容以 TCP/IP 网络中的简单网络管理协议（SNMP）为基础。由于 SNMP 是一个基于通信协议层的网管协议，所以与 TCP/IP 运行有关的信息都包含在 SNMP 的管理信息库中。这一章首先回顾 TCP/IP 协议簇的结构，然后讲述管理信息库的内容。

2.1 SNMP 的基本概念

2.1.1 TCP/IP 协议簇

ARPANET 定义了 4 个协议层次，与 OSI/RM 的对应关系如图 2-1 所示。ARPANET 的设计者注重的是网络互连，允许通信子网采用已有的或将来的各种协议，所以没有提供网络访问层协议。实际上，TCP/IP 可以运行在任何子网上，如 X.25 分组交换网和 IEEE 802 局域网。

与 OSI 分层的原则不同，TCP/IP 协议簇允许同层协议实体（如 IP 和 ICMP）之间互相作用，从而实现复杂的控制功能，也允许上层过程直接调用不相邻的下层过程，甚至在有些高层协议（如 FTP）中，控制信息和数据分别传输，而不是共享同一协议数据单元。主要协议之间的调用关系，如图 2-2 所示。

在 Internet 中，主机（host）一词泛指各种工作站、服务器、PC，甚至大型计算机。用于连接网络的设备叫 IP 网关或路由器。组成 Internet 的各个子网可能是 IEEE 802.3、IEEE 802.5 或其他任何局域网，甚至广域网。Internet 的组成如图 2-3 所示。

TCP 是端系统之间的协议，其功能是保证端系统之间可靠地发送和接收数据，并给应用进程提供访问端口。Internet 中的所有端系统和路由器都必须实现 IP。IP 的主要功能是根据全网唯一的地址把数据从源主机搬运到目标主机。当一个主机中的应用进程选择传输服务（如 TCP）为其传送数据时，以下各层实体分别加上该层协议的控制信息，形成协议数据单元，如图 2-4 所示。当 IP 分组到达目标网络中的目标主机后，由下层协议实体逐层向上提交，沿着相反的方向一层一层剥掉协议控制信息，最后把数据交给应用层接收进程。

图 2-1　TCP/IP 协议栈

图 2-2　Internet 主要协议之间的调用关系

图 2-3　Internet 中的通信结构

图 2-4　TCP/IP 体系结构中的协议数据单元

SNMP 管理 TCP/IP 的运行，与 TCP/IP 运行有关的信息按照 SNMP 定义的管理信息结构存储在管理信息库中。

2.1.2　TCP/IP 网络管理框架

在 Internet 中，对网络、设备和主机的管理叫作网络管理，网络管理信息存储在管理信息库 MIB 中。SNMP 的配置框架如图 2-5 所示。SNMP 由两部分组成，一部分是管理信息库结构的定义，另一部分是访问管理信息库的协议规范。下面简要介绍这两部分的内容。

图 2-5 中的第一部分是 MIB 树。各个代理中的管理数据由树叶上的对象组成，树的中间节点的作用是对管理对象进行分类。例如，与某一协议实体有关的全部信息位于指定的子树上。树结构为每个叶子节点指定唯一的路径标识符，这个标识符是从树根开始把各个数字串联起来形成的。

图 2-5 中的另一部分是 SNMP 支持的服务原语，这些原语用于管理站和代理之间的通信，以便查询和改变管理信息库中的内容。Get 操作用于检索数据，Set 操作用于改变数据，GetNext 操

作提供扫描 MIB 树和连续检索数据的方法，而 Trap 操作则提供从代理进程到管理站的异步报告机制。

图 2-5　SNMP 的配置框架

　　为了使管理站能够及时而有效地监控被管理设备，同时又不过分增加网络的通信负载，必须使用陷入（trap）制导的轮询过程。这个过程是这样操作的：管理站启动时或每隔一定时间用 Get 操作轮询一遍所有代理，以便得到某些关键的信息（如接口特性），或基本的性能统计参数（如在一段时间内通过接口发送和接收的分组数等）。一旦得到了这些基本数据，管理站就停止轮询，而由代理进程负责在必要时向管理站报告异常事件，如代理进程重启动、链路失效、负载超过门限值等，这些情况都是由陷入操作传送给管理站的。得到异常事件的报告后，管理站可以查询有关的代理，以便得到更具体的信息，对事件的原因做进一步的分析。

　　Internet 最初的网络管理框架由 4 个文件定义，如图 2-6 所示，这就是 SNMP 第一版（SNMPv1）的内容。RFC1155 定义了管理信息结构（Structure of Management Information，SMI），规定了管理对象的语法和语义。SMI 主要说明了怎样定义管理对象和怎样访问管理对象。RFC1212 说明了定义 MIB 模块的方法，而 RFC1213 则定义了 MIB-2 管理对象的核心集合，这些管理对象是任何 SNMP 系统必须实现的。最后，RFC1157 是 SNMPv1 协议的规范文件。

图 2-6　SNMPv1 网络管理框架的定义

2.1.3　SNMP 体系结构

Internet 网络管理的体系结构如图 2-7 所示。由于 SNMP 定义为应用层协议，所以它依赖于 UDP 数据报服务。同时 SNMP 实体向管理应用程序提供服务，它的作用是把管理应用程序的服务调用变成对应的 SNMP 报文，并利用 UDP 数据报发送出去。

图 2-7　简单网络管理协议的体系结构

之所以选择 UDP 而不是 TCP，是因为 UDP 效率较高，这样实现网络管理不会增加太多的网络负载。但由于 UDP 可靠性不高，所以 SNMP 报文容易丢失。为此，对实现 SNMP 的建议是每个管理信息要装配成单独的数据报独立发送，而且报文应短些，不要超过 484 字节。

每个代理进程管理若干被管理对象，并且与某些管理站建立团体（community）关系，如图 2-8 所示。团体名作为团体的全局标识符，是一种简单的身份认证手段。一般来说代理进程不接收没有通过团体名验证的报文，这样可以阻止未经授权的管理命令，同时在团体内部也可以实行专用的管理策略。

图 2-8　SNMPv1 的团体关系

SNMP 要求所有的代理设备和管理站都必须实现 TCP/IP。对于不支持 TCP/IP 的设备（如某些网桥、调制解调器、个人计算机和可编程控制器等）不能直接用 SNMP 管理。为此，提出了委托代理的概念，如图 2-9 所示。一个委托代理设备可以管理若干台非 TCP/IP 设备，并代表这些设备接收管理站的查询。实际上委托代理起到了协议转换的作用，委托代理和管理站之间通过 SNMP 通信，而与被管理设备之间则通过专用协议通信。

图 2-9　委托代理

2.2　MIB 结构

SNMP 环境中的所有被管理对象组织成树结构，如图 2-10 和图 2-11 所示。这种层次树结构有以下 3 个作用。

图 2-10　注册层次

（1）表示管理和控制关系。从图 2-10 中可看出，上层的中间节点是某些组织机构的名字，说明这些机构负责它下面子树的管理。有些中间节点虽然不是组织机构名，但已委托给某个组织机构代管。例如，org（3）由 ISO 代管，而 internet（1）由 IAB（Internet Architecture Board）代管等。树根没有名字，默认为抽象语法表示 ASN.1（下面解释）。

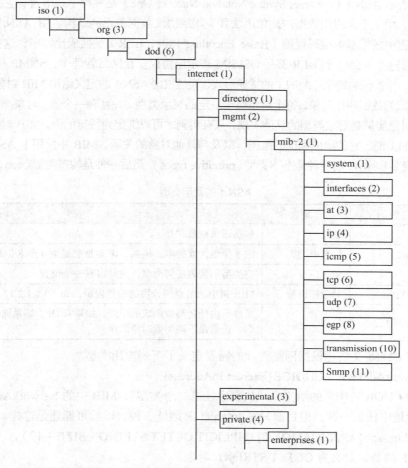

图 2-11　MIB-2 的分组结构

（2）提供了结构化的信息组织方式。从图 2-11 中可以看出，下层的中间节点代表的子树是与每个网络资源或网络协议相关的信息集合。例如，有关 IP 的管理信息都放置在 ip（4）子树中。这样，沿着树层次访问相关信息很方便。

（3）提供了对象命名机制。树中每个节点都有一个分层的编号。叶子节点代表实际的管理对象，从树根到树叶的编号串联起来，用圆点隔开，就形成了管理对象的全局标识。例如，internet 的标识符是 1.3.6.1，或者写为{iso（1）org（3）dod（6）1}。

internet 下面的 4 个节点需要解释。directory（1）是 OSI 的目录服务（X.500）。mgmt（2）包括由 IAB 批准的所有管理对象，而 mib-2 是 mgmt（2）的第一个孩子节点。experimental（3）子树，用来标识在 Internet 上进行实验的管理对象。最后，private（4）子树是为私有企业管理信息准备的，目前这个子树只有一个孩子节点 enterprises（1）。如果一个私有企业（如 ABC 公司）向 Internet 编码机构申请注册，并得到一个代码 100。该公司为它的令牌环适配器赋予代码为 25，这样，令牌环适配器的对象标识符就是 1.3.6.1.4.1.100.25。把 internet 节点划分为 4 个子树，为 SNMP 的实验和改进提供了非常灵活的管理机制。

2.2.1 MIB 中的数据类型

抽象语法表示 ASN.1（Abstract Syntax Notation Number One）是一种形式语言，它提供了统一的网络数据表示，用于定义应用数据的抽象语法和应用层协议数据单元的结构。用 ASN.1 定义的抽象数据在传送过程中按照基本编码规则（Basic Encoding Rule，BER）变换成比特串，这就构成了在网络上传送的数据包。ASN.1 和 BER 都是 OSI/RM 表示层协议。在网络管理中，SNMP 和 MIB 都是用 ASN.1 定义的。本书不详细研究 ASN.1 的描述形式，而是根据 ASN.1 的定义给出 MIB 对象的直观解释。

MIB 中存储的数据叫作对象，每个对象属于一定的对象类型，并且有一个值。对象类型的定义是一种语法描述，对象实例是对象类型的具体实现，只有实例才可以绑定到特定的值。MIB 对象的定义说明了被管理对象的类型、它的组成和值的范围，以及与其他对象的关系。MIB 中使用了 ASN.1 中的 5 种通用类型，如表 2-1 所示，前四种是基本类型（primitive types），最后一种是构造类型（constructor types）。

表 2-1　　　　　　　　　　　　　　　　ASN.1 的通用类型

类　型　名	值　集　合	解　　　释
INTEGER	整数	包括正负整数和 0
OCTET STRING	位组串	由 8 位组构成的串，例如，IP 地址就是由 4 个 8 位组构成的串
NULL	NULL	空类型不代表任何类型，只是占有一个位置
OBJECT IDENTIFIER	对象标识符	MIB 树中的节点用分层的编号表示，如 1.3.6.1.2.1
SEQUENCE（OF）	序列	可以是由任何类型组成的序列，如果有 OF，则是同类型对象的序列，否则是不同类型对象的序列

另外，RFC1155 文档还根据网络管理的需要定义了下列应用类型。

（1）NetworkAddress::= CHOICE{internet IpAddress}

ASN.1 的 CHOICE 构造的语义是"从表中任选一个类型"，MIB 中的 NetworkAddress 定义成从各种网络地址中任选一种，但目前只有 Internet IP 地址一种，以后可能还是这样。

（2）IpAddress::=[APPLICATION 0] IMPLICIT OCTET STRING（SIZE（4））

32 位的 IP 地址，定义为 OCTET STRING 类型。

（3）Counter::= [APPLICATION 1] IMPLICIT INTRGER（0..4 294 967 295）

计数器类型是一个非负整数，其值可增加，但不能减少，达到最大值 $2^{32}-1$ 后回零，再从头开始增加，如图 2-12（a）所示。计数器可用于计算接收到的分组数或字节数等。

（a）计数器　　　　　　　　　　　　　（b）计量器

图 2-12　计数器和计量器

（4）Gauge::= [APPLICATION 2] INTEGER（0..4 294 967 295）

计量器类型是一个非负整数，其值可增加，也可减少。计量器的最大值也是 $2^{32}-1$。与计数器不同的地方是计量器达到最大值后不回零，而是锁定在 $2^{32}-1$，如图 2-12（b）所示。计量器可用于表示存储在缓冲队列中的分组数。

（5）TimeTicks::= [APPLICATION 3] INTEGER（0..4 294 967 295）

时钟类型是非负整数。时钟的单位是百万分之一秒，可表示从某个事件（如设备启动）开始到目前所经过的时间。

（6）Opaque::=[APPLICATION 4] OCTET STRING -- arbitrary ASN.1 value

不透明类型即未知数据类型，或者说可以表示任意类型。这种数据编码时按 OCTET STRING 处理，管理站和代理都能解释这种类型。

2.2.2　管理信息结构的定义

MIB 中包含各种各样的被管理对象，这些被管理对象的语法、语义、访问方法、对实现的约束都需要详细说明。RFC1155 文件给出了对象类型的宏定义，后经 RFC1212 进行了扩充，形成了 MIB-2 的对象类型定义。对其中关键的成分解释如图 2-13 所示。

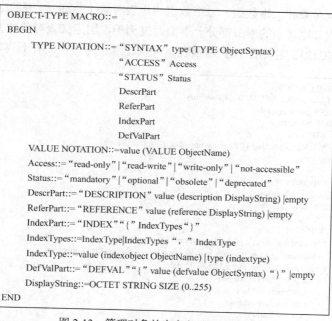

```
OBJECT-TYPE MACRO::=
BEGIN
        TYPE NOTATION::= "SYNTAX" type (TYPE ObjectSyntax)
                         "ACCESS" Access
                         "STATUS" Status
                         DescrPart
                         ReferPart
                         IndexPart
                         DefValPart
        VALUE NOTATION::=value (VALUE ObjectName)
        Access::= "read-only" | "read-write" | "write-only" | "not-accessible"
        Status::= "mandatory" | "optional" | "obsolete" | "deprecated"
        DescrPart::= "DESCRIPTION" value (description DisplayString) |empty
        ReferPart::= "REFERENCE" value (reference DisplayString) |empty
        IndexPart::= "INDEX" "{" IndexTypes "}"
        IndexTypes::=IndexType|IndexTypes "," IndexType
        IndexType::=value (indexobject ObjectName) |type (indextype)
        DefValPart::= "DEFVAL" "{" value (defvalue ObjectSyntax) "}" |empty
        DisplayString::=OCTET STRING SIZE (0..255)
END
```

图 2-13　管理对象的宏定义（RFC1212）

- SYNTAX：表示对象类型的抽象语法，可以是表 2-1 中的 5 种类型之一，或者上面列出的 6 种应用类型之一。
- ACCESS：定义对象的访问方式。可选择的访问方式有只读（read-only）、读写（read-write）、只写（write-only）和不可访问（not-accessible）4 种（MIB 树中的非叶子节点都不能访问）。
- STATUS：说明实现是否支持这种对象。状态子句中定义了必要的（mandatory）和任选的（optional）两种支持程度。过时的（obsolete）是指老标准支持，而新标准不支持的类型。如果一个对象被说明为可取消的（deprecated），则表示当前必须支持这种对象，但在将来的标准中可能被取消。
- DesctPart：这个子句是任选的，用文字说明对象类型的含义。
- ReferPart：这个子句也是任选的，用文字说明可参考在其他 MIB 模块中定义的对象。
- IndexPart：用于定义表对象的索引项。

- DefValPart：定义了对象实例的默认值，这个子句是任选的。
- VALUE NOTATION：指明对象的访问名。

当用一个具体的值代替宏定义中的变量或参数时就产生了宏实例，它表示一个实际的 ASN.1 类型，并且规定了该类型可取的值的集合。图 2-14 给出了一个对象定义的例子，表示"TCP 最大连接数"是一个整数，访问方式为"只读"，它是必须实现的，是 tcp 子树中的第 4 个节点。

```
TcpMaxConn OBJECT-TYPE
        SYNTAX INTEGER
        ACCESS read-only
        STATUS mandatory
        DESCRIPTION
            "The limit on the total number of TCP connection
            the entity can support."
        ::={tcp   4}
```

图 2-14　对象定义的例子

2.3　标量对象和表对象

SMI 只存储标量对象和二维数组，二维数组叫作表对象（Table）。表的定义要用到 ASN.1 的序列类型和对象类型宏定义中的索引部分。下面通过例子说明定义表对象的方法。

图 2-15 取自 RFC1213 定义的 TCP 连接表，可以看出，这个定义有下列特点。

```
tcpConnTable OBJECT-TYPE
        SYNTAX  SEQUENCE OF TcpConnEntry
        ACCESS  not-accessible
        STATUS  mandatory
        DESCRIPTION
            A  table  containing TCP connection-specific information?"
        ::={ tcp 13 }

tcpConnEntry OBJECT-TYPE
        SYNTAX  TcpConnEntry
        ACCESS  not-accessible
        STATUS  mandatory
        DESCRIPTION
            "Information about a particular current TCP  connection.  An object of  this type
            is transient，in that it ceases to exist when (or soon after) the connection
            makes the transition to the CLOSED state."
        INDEX  {tcpConnLocalAddress，
                tcpConnLocalPort，
                tcpConnRemAddress，
                tcpConnRemPort}
        ::={tcpConnTable 1}

TcpConnEntry::=SEQUENCE {tcpConnState INTEGER，
                    tcpConnLocalAddress IpAddress，
                    tcpConnLocalPort INTEGER (0..65535)，
                    tcpConnRemAddress IpAddress，
                    tcpConnRemPort INTEGER (0..65535)}

tcpConnState OBJECT-TYPE
        SYNTAX  INTEGER{closed (1)，listen (2)，SynSent (3)，synReceived (4)，established (5)，
                    finWait1 (6)，finWait2 (7)，closeWait (8)，lastAck (9)，closing (10)，
                    timeWait (11)，deleteTCB (12)}
        ACCESS  read-write
        STATUS mandatory
        DESCRIPTION
            The state of this TCP connection?"
        ::={tcpConnEntry 1}
```

图 2-15　TCP 连接表的定义（RFC1213）

- 整个 TCP 连接表（tcpConnTable）是 TCP 连接项（tcpConnEntry）组成的同类型序列，每个 TCP 连接项是 TCP 连接表的一行。可以看出，表由 0 个或多个行组成。
- TCP 连接项是由 5 个不同类型的标量元素组成的序列，这 5 个标量的类型分别是 INTEGER、IpAddress、INTEGER（0…65 535）、IpAddress 和 INTEGER（0…65 535）。
- TCP 连接表的索引由 4 个元素组成，这 4 个元素（即本地地址、本地端口、远程地址和远程端口）的组合可唯一区别表中的行。考虑到任意一对主机的任意一对端口之间只能建立一个连接，所以用这样 4 个元素作为连接表的索引是必要的，而且是充分的。

TCP 连接表的例子如图 2-16 所示。该表包含 3 行。整个表是对象类型 TcpConnTable 的一个实例，表的每一行是对象类型 TcpConnEntry 的实例，而且 5 个标量各有 3 个实例。在 RFC1212 中，这种对象叫作列对象，实际上是强调这种对象产生表中的一列实例。

tcpConnTable (1.3.6.1.2.1.6.13)

tcpConnState (1.3.6.1.2.1.6.13.1.1)	tcpConnLocalAddress (1.3.6.1.2.1.6.13.1.2)	tcpConnLocalPort (1.3.6.1.2.1.6.13.1.3)	tcpConnRemAddress (1.3.6.1.2.1.6.13.1.4)	tcpConnRemPort (1.3.6.1.2.1.6.13.1.5)
5	10.0.0.99	12	9.1.2.3	15
2	0.0.0.0	99	0.0.0.0	0
3	10.0.0.99	14	89.1.1.42	84
	INDEX	INDEX	INDEX	INDEX

图 2-16　TCP 连接表的实例

2.3.1　对象实例的标识

前面提到，对象是由对象标识符表示的，然而一个对象可以有各种值的实例，那么如何表示对象的实例呢？换言之，SNMP 如何访问对象的值呢？

表中的标量对象叫作列对象，列对象有唯一的对象标识符，这对每一行都是一样的。例如，在图 2-16 中，列对象 tcpConnState 有 3 个实例，而 3 个实例的对象标识符都是 1.3.6.1.2.1.6.13.1.1。索引对象的值用于区分表中的行，这样，把列对象的对象标识符与索引对象的值组合起来就说明了列对象的一个实例。例如，MIB 接口组中的接口表 ifTable（见图 2-21），其中只有一个索引对象 ifIndex，它的值是整数类型，并且每个接口都被赋予唯一的接口编号。如果想知道第 2 个接口的类型，可以把列对象 ifType 的对象标识符 1.3.6.1.2.1.2.2.1.3 与索引对象 ifIndex 的值 2 连接起来，组成 ifType 的实例标识符 1.3.6.1.2.1.2.2.1.3.2。

对于更复杂的情况，可以考虑图 2-16 的 TCP 连接表。这个表有 4 个索引对象，所以列对象的实例标识符就是由列对象的对象标识符按照表中的顺序级联同一行的 4 个索引对象的值组成的，如图 2-17 所示。

总之，tcpConnTable 的所有实例标识符都是下面的形式。

x.i.(tcpConnLocalAddress).(tcpConnLocalPort).(tcpConnRemAddress).(tcpConnRemPort)

其中，x=1.3.6.1.2.1.6.13.1=tcpConnEntry 的对象标识符，i=列的对象标识符的最后一个子标识符（指明列对象在表中的位置）的值，例如，（tcpConnLocalPort）是对象 tcpConnLocalPort 的值。

tcpConnState （1.3.6.1.2.1.6.13.1.1）	tcpConnLocalAddress （1.3.6.1.2.1.6.13.1.2）	tcpConnLocalPort （1.3.6.1.2.1.6.13.1.3）	tcpConnRemAddress （1.3.6.1.2.1.6.13.1.4）	tcpConnRemPort （1.3.6.1.2.1.6.13.1.5）
x.1.10.0.0.99.12. 9.1.2.3.15	x.2.10.0.0.99.12. 9.1.2.3.15	x.3.10.0.0.99.12. 9.1.2.3.15	x.4.10.0.0.99.12. 9.1.2.3.15	x.5.10.0.0.99.12. 9.1.2.3.15
x.1.0.0.0.0.99.0. 0.0.0.0	x.2.0.0.0.0.99.0. 0.0.0.0	x.3.0.0.0.0.99.0. 0.0.0.0	x.4.0.0.0.0.99.0. 0.0.0.0	x.5.0.0.0.0.99.0. 0.0.0.0
x.1.10.0.0.99.14. 89.1.1.42.84	x.2.10.0.0.99.14. 89.1.1.42.84	x.3.10.0.0.99.14. 89.1.1.42.84	x.4.10.0.0.99.14. 89.1.1.42.84	x.5.10.0.0.99.14. 89.1.1.42.84

图 2-17　实例标识符

x=1.3.6.1.2.1.6.13.1=tcpConnEntry 的对象标识符

按一般规律，假定对象标识符是 y，该对象所在的表有 N 个索引对象 i_1, i_2, …, i_N，则它的某一行的实例标识符是 y.（i_1）.（i_2）…（i_N）

还有一个问题没有解决，就是对象实例的值如何转换成子标识符？RFC1212 提出下面的转换规则，如果索引对象实例取值为：

- 整数值，则把整数值做为一个子标识符。
- 固定长度的字符串值，则把每字节（OCTET）编码为一个子标识符。
- 可变长的字符串值，先把串的长度 n 编码为第一个子标识符，然后把每字节编码为一个子标识符，总共 n+1 个子标识符。
- 对象标识符，如果长度为 n，则先把 n 编码为第一个子标识符，后面级联该对象标识符的各个子标识符，总共 n+1 个子标识符。
- IP 地址，则变为 4 个子标识符。

表和行对象（如 tcpConnTable 和 tcpConnEntry）是没有实例标识符的。因为它们不是叶子节点，SNMP 不能访问，其访问特性为 "not-accessible"，这类对象叫作概念表和概念行。

由于标量对象只能取一个值，所以从原则上说不必区分对象类型和对象实例。然而，为了与列对象一致，SNMP 规定在标量对象标识符之后级联一个 0，表示该对象的实例标识符。

2.3.2　词典顺序

对象标识符是整数序列，这种序列反映了该对象在 MIB 中的逻辑位置，同时表示了一种词典顺序，只要按照一定的方式（如中序）遍历 MIB 树，就可以排出所有对象及其实例的词典顺序。

对象的顺序对网络管理很重要。因为管理站可能不知道代理中 MIB 的组成，所以管理站要用某种手段搜索 MIB 树，在不知道对象标识符的情况下访问对象的值。例如，为检索一个表项，管理站可以连续发出 get 操作，按词典顺序得到预定的对象实例。

图 2-18 为一个简化的 IP 路由表，该表只有 3 项。这个路由表的对象及其实例按分层树排列如图 2-19 所示。表 2-2 为对应的词典顺序。

ipRouteDest	ipRouteMetric1	ipRouteNextHop
9.1.2.3	3	99.0.0.3
10.0.0.51	5	89.1.1.42
10.0.0.99	5	89.1.1.42

图 2-18　一个简化的 IP 路由表

图 2-19　IP 路由表对象及其实例的子树

表 2-2　　　　　　　　　　IP 路由表对象及其实例的词典顺序

对　　象	对象标识符	下一个对象实例
ipRouteTable	1.3.6.1.2.1.4.21	1.3.6.1.2.1.4.21.1.1.9.1.2.3
ipRouteEntry	1.3.6.1.2.1.4.21.1	1.3.6.1.2.1.4.21.1.1.9.1.2.3
ipRouteDest	1.3.6.1.2.1.4.21.1.1	1.3.6.1.2.1.4.21.1.1.9.1.2.3
ipRouteDest.9.1.2.3	1.3.6.1.2.1.4.21.1.1.9.1.2.3	1.3.6.1.2.1.4.21.1.1.10.0.0.51
ipRouteDest.10.0.0.51	1.3.6.1.2.1.4.21.1.1.10.0.0.51	1.3.6.1.2.1.4.21.1.1.10.0.0.99
ipRouteDest.10.0.0.99	1.3.6.1.2.1.4.21.1.1.10.0.0.99	1.3.6.1.2.1.4.21.1.3.9.1.2.3
ipRouteMetric1	1.3.6.1.2.1.4.21.1.3	1.3.6.1.2.1.4.21.1.3.9.1.2.3
ipRouteMetric1.9.1.2.3	1.3.6.1.2.1.4.21.1.3.9.1.2.3	1.3.6.1.2.1.4.21.1.3.10.0.0.51
ipRouteMetric1.10.0.0.51	1.3.6.1.2.1.4.21.1.3.10.0.0.51	1.3.6.1.2.1.4.21.1.3.10.0.0.99
ipRouteMetric1.10.0.0.99	1.3.6.1.2.1.4.21.1.3.10.0.0.99	1.3.6.1.2.1.4.21.1.7.9.1.2.3
ipRouteNextHop	1.3.6.1.2.1.4.21.1.7	1.3.6.1.2.1.4.21.1.7.9.1.2.3
ipRouteNextHop.9.1.2.3	1.3.6.1.2.1.4.21.1.7.9.1.2.3	1.3.6.1.2.1.4.21.1.710.0.0.51
ipRouteNextHop.10.0.0.51	1.3.6.1.2.1.4.21.1.7.10.0.0.51	1.3.6.1.2.1.4.21.1.710.0.0.99
ipRouteNextHop.10.0.0.99	1.3.6.1.2.1.4.21.1.7.10.0.0.99	1.3.6.1.2.1.4.21.1.1.x

2.4　MIB-2 功能组

RFC1213 定义了管理信息库第 2 版，即 MIB-2。这个文件包含 11 个功能组，共 171 个对象。下面分别介绍各个功能组包含的对象。

RFC1213 说明了选择管理对象的标准如下。

（1）包括故障管理和配置管理所需的对象。

（2）只包含"弱"控制对象。所谓"弱"控制对象，就是一旦出错，不会对系统造成严重危害的对象。这反映了当前的管理协议不是很安全，不能对网络实施太强的控制。

（3）选择经常使用的对象，并且要证明在当前的网络管理中正在使用。

（4）为了容易实现，开发 MIB-1 时限制对象为 100 个左右，在 MIB-2 中，这个限制稍有突破（117 个）。

（5）不包含具体实现（如 BSD UNIX）专用的对象。

（6）为了避免冗余，不包括那些可以从已有对象导出的对象。

（7）每个协议层的每个关键部分分配一个计数器，这样可以避免复杂的编码。

MIB-2 只包括那些被认为是必要的对象，不包括任选的对象。对象的分组方便了管理实体的实现。一般来说，制造商如果认为某个功能组是有用的，则必须实现该组的所有对象。例如，一个设备实现 TCP，则它必须实现 tcp 组的所有对象，当然网桥或路由器就不必实现 tcp 组。

2.4.1　系统组

系统组提供了系统的一般信息，如图 2-20 和表 2-3 所示。系统服务对象 sysServices 是 7 位二进制数，每一位对应 OSI/RM 7 层协议中的一层。如果系统提供某一层服务，则对应的位为 1，否则为 0。例如，系统提供应用层和传输层服务，则该系统的 sysServices 对象具有值 $1\,001\,000=72_{10}$。系统启动时间 sysUpTime 有多种用法。例如，管理站周期性地查询某个计数器的值，同时也查询系统启动时间的值，这样，管理站就可以知道该计数器在多长时间中变化了多少数值。另外在故障管理中，管理站可以周期性地查询这个值，如果发现当前得到的值比最近一次得到的值小，则可推断出系统已经重新启动了。

图 2-20　系统组

表 2-3　　　　　　　　　　　　　　　　系统组对象

对　象	语　法	访问方式	功　能　描　述	用　途
sysDescr（1）	DisplayString（SIZE（0..255））	RO	有关硬件和操作系统的描述	配置管理
sysObjectID（2）	OBJECT IDENTIFIER	RO	系统制造商标识	故障管理
sysUpTime（3）	Timeticks	RO	系统运行时间	故障管理
sysContact（4）	DisplayString（SIZE（0..255））	RW	系统管理人员描述	配置管理
sysName（5）	DisplayString（SIZE（0..255））	RW	系统名	配置管理
sysLocation（6）	DisplayString（SIZE（0..255））	RW	系统的物理位置	配置管理
sysServices（7）	INTEGER（0..127）	RO	系统服务	故障管理

2.4.2　接口组

接口组包含关于主机接口的配置信息和统计信息，如图 2-21 和表 2-4 所示，这个功能组是必须实现的。

图 2-21 接口组

表 2-4 接口组对象

对　　象	语　　法	访问方式	功　能　描　述
ifNumber	INTEGER	RO	网络接口数
ifTable	SEQUENCE OF ifEntry	NA	接口表
ifEntry	SEQUENCE	NA	接口表项
ifIndex	INTEGER	RO	唯一的索引
ifDescr	DisplayString（SIZE（0..255））	RO	接口描述信息、制造商名、产品名和版本等
ifType	INTEGER	RO	物理层和数据链路层协议确定的接口类型
ifMtu	INTEGER	RO	最大协议数据单元大小（位组数）
ifSpeed	Gauge	RO	接口数据速率
ifPhysAddress	PhysAddress	RO	接口物理地址
ifAdminStatus	INTEGER	RW	管理状态 up（1）　down（2）　testing（3）
ifOperStatus	INTEGER	RO	操作状态 up（1）　down（2）　testing（3）
ifLastChange	TimeTicks	RO	接口进入当前状态的时间
ifInOctets	Counter	RO	接口收到的总字节数
ifInUcastPkts	Counter	RO	输入的单点传送分组数
ifInNUcastPkts	Counter	RO	输入的组播分组数
ifInDiscards	Counter	RO	丢弃的分组数
ifInErrors	Counter	RO	接收的错误分组数
ifInUnknownPorotos	Counter	RO	未知协议的分组数

续表

对　　象	语　　法	访问方式	功　能　描　述
ifOutOctets	Counter	RO	通过接口输出的分组数
ifOutUcastPkts	Counter	RO	输出的单点传送分组数
ifOutNUcastPkts	Counter	RO	输出的组播分组数
ifOutDiscards	Counter	RO	丢弃的分组数
ifOutErrors	Counter	RO	输出的错误分组数
ifOutQLen	Gauge	RO	输出队列长度
ifSpecfic	OBJECT IDENTIFIER	RO	指向 MIB 中专用的定义

这个组中的变量 ifNumber 是指网络接口数。另外还有一个表对象 ifTable，每个接口对应一个表项。该表的索引是 ifIndex，取值为 1～ifNumber 的数。ifType 是指接口的类型，每种接口都有一个标准编码。几种常用接口的类型和编码如表 2-5 所示。

表 2-5　　　　　　　　　　　几种常用接口的类型和编码

编　号	类　型	描　述
1	other	其他接口
2	regular1822	ARPANET 主机和 IMP 间的接口协议
3	hdh1822	修订的 1822，使用同步链路
4	ddn-x.25	为国防数据网定义的 X.25 接口
5	rfc877-x.25	RFC877 定义的 X.25，传送 IP 数据报
6	ethernetCsmacd	以太网 MAC 协议
7	iso88023Csmacd	IEEE 802.3 MAC 协议
8	iso88024TokenBus	IEEE 802.4 MAC 协议
9	iso88025TokenRing	IEEE 802.5 MAC 协议
10	iso88026Man	IEEE 802.6 DQDB 协议
11	starLan	1Mbit/s 双绞线以太网
12	proteon-10 Mbit	10 Mbit/s 光纤令牌环
13	proteon-80 Mbit	80 Mbit/s 光纤令牌环
14	hyperchannel	Network System 开发的 50 Mbit/s 光缆 LAN
15	fddi	ANSI 光纤分布数据接口
16	lapb	X.25 数据链路层 LAP-B 协议
17	sdlc	IBM SNA 同步数据链路控制协议
18	ds1	1.544 Mbit/s 的 DS-1 传输线接口
19	e1	2.048 Mbit/s 的 E-1 传输线接口
20	basicISDN	192 kbit/s 的 ISDN 基本速率接口
21	primaryISDN	1.544 或 2.048 Mbit/s 的基本速率 ISDN 接口
22	propPointToPointSerial	专用串行接口
23	ppp	Internet 点对点协议
24	softwareLoopback	系统内的进程间通信
25	eon	运行于 IP 之上的 ISO 无连接协议

续表

编　号	类　型	描　述
26	ethernet-3Mbit	3Mbit/s 以太网接口
27	nsip	XNS over IP
28	slin	Internet 串行线路接口协议
29	ultra	Ultra Network Tech.开发的高速光纤接口
30	ds3	44.736Mbit/s 的 DS-3 数字传输线路接口
31	sip	IP over SMDS
32	frame-relay	帧中继网络接口
33	rs232	RS-232-C 或 RS-232-D 接口
34	para	并行口
35	arcnet	ARCnetLAN
36	arcnetPlus	ARCnet Plus 局域网接口
37	atm	ATM 接口
38	miox25	X.25 和 ISDN 上的多协议连接
39	sonet	SONET 或 SDH 高速光纤接口
40	x25ple	X.25 分组层实体
41	sio8802llc	IEEE 802.2 LLC
42	localTalk	老式 Apple 网络接口规范
43	smdsDxi	SMDS 数据交换接口
44	frameRelayService	帧中继网络服务接口
45	v35	ITU-T V.35 接口
46	hssi	高速串行接口
47	hippi	高性能并行接口
48	modem	一般 Modem
49	sal5	ATM 适配层 5，提供简单服务
50	sonetPath	SONET 通道
51	sonetVT	SONET 虚拟支线
52	smdsIcip	SMDS 载波间接口
53	PropVirtual	专用虚拟接口
54	PropMultiplexor	专用多路器

　　ifPhysAddress 表示物理地址，其特点依赖于接口类型。例如，局域网是 48 位的 IEEE MAC 地址，而 X.25 分组交换网是 X.121 建议规定的地址。

　　本组有两个关于接口状态的对象。ifAdminStatus 表示操作员说明的管理状态，而 ifOperStatus 表示接口的实际工作状态，这两个变量状态组合的含义如表 2-6 所示。

表 2-6　　　　　　　　　　　　　　接　口　状　态

ifOperStatus	ifAdminStatus	含　义
up（1）	up（1）	正常
down（2）	up（1）	故障
down（2）	down（2）	停机
testing（3）	testing（3）	测试

对象 ifSpeed 是一个只读的计量器，表示接口的比特速率。例如，ifSpeed 取值 10 000 000，表示 10Mbit/s。有些接口速率可根据参数变化，ifSpeed 的值反映了接口当前的数据速率。

接口组中的对象可用于故障管理和性能管理。例如，可以通过检查进出接口的字节数或队列长度来检测网络拥塞；可以通过接口状态获知接口工作情况；还可以统计出输入/输出的错误率。

$$输入错误率=ifInErrors/（ifInUcastPkts+ifInNUcastPkts）$$
$$输出错误率=ifOutErrors/（ifOutUcastPkts+ifOutNUcastPkts）$$

最后，该组可以提供接口发送的字节数和分组数，这些数据可作为计费的依据。

2.4.3　地址转换组

地址转换组包含一个表（见图 2-22），该表的一行对应系统的一个物理接口，表示网络地址到接口的物理地址的映射关系。MIB-2 中地址转换组的对象已被收编到各个网络协议组中，保留地址转换组仅仅是为了与 MIB-1 兼容。这种改变的理由有以下两点。

（1）为了支持多协议节点。当一个节点支持多个网络层协议（如 IP 和 IPX）时，多个网络地址可能对应一个物理地址，而该组只能把一个网络地址映射到一个物理地址。

（2）为了表示双向映射关系。地址转换表只允许从网络地址到物理地址的映射，然而有些路由协议却要从物理地址到网络地址的映射。

```
at (mib-2 3)
     └── atTable (1)
            └── atEntry (1)
                   ├── atIfIndex (1)
                   ├── atPhysAddress (2)
                   └── atNetAddress (3)
```

图 2-22　MIB-2 地址转换组

2.4.4　ip 组

ip 组提供了与 IP 协议有关的信息。由于端系统（主机）和中间系统（路由器）都实现 IP 协议，而这两种系统中包含的 IP 对象又不完全相同，所以有些对象是任选的，这取决于是否与系统有关。

ip 组包含的对象如图 2-23 和表 2-7 所示。这些对象可分为四大类，包括有关性能和故障监控的标量对象，以及 3 个表对象。下面分别讲述这些对象的语义和作用。

```
ip (mib-2 4)
     ├── ipForwarding (1)
     ├── ipDefaultTTL (2)
     ├── ipInReceives (3)
     ├── ipInHdrErrors (4)
     ├── ipInAddrErrors (5)
     ├── ipForwDatagrams (6)
     ├── ipInUnknownProtos (7)
     ├── ipInDiscards (8)
     ├── ipInDelivers (9)
     ├── ipOutRequests (10)
     ├── ipOutDiscards (11)
     ├── ipOutNoRoutes (12)
     ├── ipOutReasmTimeout (13)
     ├── ipOutReasmReqds (14)
     ├── ipOutReasmOKs (15)
     ├── ipOutReasmFails (16)
     ├── ipFragOKs (17)
     ├── ipFragFails (18)
     ├── ipFragCrestes (19)
     ├── ipAddrTable (20)
     ├── ipRouteTable (21)
     ├── ipNetToMediaTable (22)
     └── ipRoutingDiscards (23)
```

图 2-23　ip 组

图 2-23 ip 组（续）

表 2-7   ip 组对象

对 象	语 法	访问方式	功 能 描 述
ipForwarding（1）	INTEGER	RW	IP gateway（1），IP host（2）
ipDefaultTTL（2）	INTEGER	RW	IP 头中的 Time To Live 字段的值
ipInReceives（3）	Counter	RO	IP 层从下层接收的数据报总数
ipInHdrErrors（4）	Counter	RO	由于 IP 头出错而丢弃的数据报
ipInAddrErrors（5）	Counter	RO	地址出错（无效地址、不支持的地址和非本地主机地址）的数据报
ipForwDatagrams（6）	Counter	RO	已转发的数据报
ipInUnknownProtos（7）	Counter	RO	不支持数据报的协议，因而被丢弃
ipInDiscards（8）	Counter	RO	因缺乏缓冲资源而丢弃的数据报
ipInDelivers（9）	Counter	RO	由 IP 层提交给上层的数据报
ipOutRequests（10）	Counter	RO	由 IP 层交给下层需要发送的数据报，不包括 ipForwDatagrams
ipOutDiscards（11）	Counter	RO	在输出端因缺乏缓冲资源而丢弃的数据报
ipOutNoRoutes（12）	Counter	RO	没有到达目标的路由而丢弃的数据报
ipReasmTimeout（13）	INTEGER	RO	数据段等待重装配的最长时间（s）
ipReasmReqds（14）	Counter	RO	需要重装配的数据段
ipReasmOKs（15）	Counter	RO	成功重装配的数据段
ipReasmFails（16）	Counter	RO	不能重装配的数据段

续表

对　象	语　法	访问方式	功　能　描　述
ipFragOKs（17）	Counter	RO	分段成功的数据段
ipFragFails（18）	Counter	RO	不能分段的数据段
ipFragCreates（19）	Counter	RO	产生的数据报分段数
ipAddrTable（20）	SEQUENCE OF	NA	IP 地址表
ipRouteTable（21）	SEQUENCE OF	NA	IP 路由表
ipNetToMediaTable（22）	SEQUENCE OF	NA	IP 地址转换表
ipRoutingDiscards（23）	Counter	RO	无效的路由项，包括为释放缓冲空间而丢弃的路由项

IP 地址表（ipAddr table）包含与本地 IP 地址有关的信息。每一行对应一个 IP 地址，由 ipAddrEntIfIndex 作为索引项，其值与接口表的 ifIndex 一致。这反映了一个 IP 地址对应一个网络接口这一事实。在配置管理中，可以利用这个表中的信息检查网络接口的配置情况。该表中的对象属性都是只读的，所以 SNMP 不能改变主机的 IP 地址。

IP 路由表（ipRouteTable）包含关于转发路由的一般信息。表中的一行对应于一个已知的路由，由目标 IP 地址 ipRouteDest 索引。对于每一个路由，通向下一节点的本地接口由 ipRouteIfIndex 表示，其值与接口表中的 ifIndex 一致。每个路由对应的路由协议由变量 ipRouteProto 指明，其可能的值如下：

- other（1）
- local（2）
- netmgmt（3）
- icmp（4）
- egp（5）
- ggp（6）
- hello（7）
- rip（8）
- is-is（9）
- es-is（10）
- ciscoIgrp（11）
- bbnSpfIgp（12）
- ospf（13）
- bgp（14）

其中有些是制造商专用的协议，如 ciscoIgrp（Cisco 专用）。如果路由是人工配置，则 ipRouteProto 表示为 local。

路由表中的信息可用于配置管理。因为这个表中的对象是可读写的，所以可以用 SNMP 设置路由信息。这个表也可以用于故障管理，如果用户不能与远程主机建立连接，则可检查路由表中的信息是否有错。

IP 地址转换表（ipNetToMediaTable）提供了物理地址和 IP 地址的对应关系，每个接口对应表中的一项，这个表与地址转换组相同。

另外，RFC1354（1992 年 7 月）提出了代替 IP 路由表的新标准，叫做 IP 转发表。原来的

MIB-2 中的 IP 路由表只有一项 ipRouteDest 索引，因此对一个目标只能定义一个路由。RFC1354 定义的转发表可以表示多路由的路由表，如图 2-24 所示。ipForward 中的 ipForwardNumber 是一个只读的计量器，它记录 IP 转发表的项数。IpForwardTable 的大部分对象与 ipRouteTable 的对象对应，有相同的语法和语义。增加的对象如下。

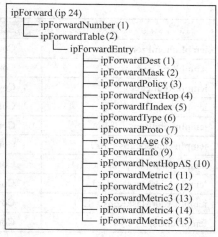

图 2-24　IP 转发表

● ipForwardPolicy：表示路由选择策略。在 IP 网络中，路由策略是基于 IP 的服务类型，共有 8 个优先级和不同的时延、吞吐率和可靠性。

● ipForwardNextHopAS：下一个自治系统的地址。

如图 2-24 所示，IP 转发表由 4 个入口索引，因而对同一目标地址可根据不同的路由协议、不同的转发策略发送到不同的下一节点。

2.4.5　icmp 组

ICMP 是 IP 的伴随协议，所有实现 IP 的节点都必须实现 ICMP。icmp 组包含 ICMP 实现和操作的有关信息，如图 2-25 和表 2-8 所示。可以看出，这一组是有关各种接收的或发送的 ICMP 报文的计数器。

图 2-25　icmp 组

表 2-8　　　　　　　　　　　　　　　　　icmp 组对象

对　　象	语　　法	访问方式	功　能　描　述
icmpInMsgs（1）	Counter	RO	接收的 icmp 报文总数（以下为输入报文）
icmpInErrors（2）	Counter	RO	出错的 icmp 报文数
icmpInDestUnreachs（3）	Counter	RO	目标不可送达型 icmp 报文
icmpInTimeExcds（4）	Counter	RO	超时型 icmp 报文

续表

对　象	语　法	访问方式	功　能　描　述
icmpInPramProbe（5）	Counter	RO	有参数问题型 icmp 报文
icmpInSrcQuenchs（6）	Counter	RO	源抑制型 icmp 报文
icmpInRedirects（7）	Counter	RO	重定向型 icmp 报文
icmpInEchos（8）	Counter	RO	回声请求型 icmp 报文
icmpInEchoReps（9）	Counter	RO	回声响应型 icmp 报文
icmpInTimestamps（10）	Counter	RO	时间戳请求型 icmp 报文
icmpInTimestampReps（11）	Counter	RO	时间戳响应型 icmp 报文
icmpInAddrMasks（12）	Counter	RO	地址掩码请求型 icmp 报文
icmpInAddrMaskReps（13）	Counter	RO	地址掩码响应型 icmp 报文
icmpOutMsgs（14）	Counter	RO	输出的 icmp 报文总数（以下为输出报文）
icmpOutErrors（15）	Counter	RO	出错的 icmp 报文数
icmpOutDestUnreachs（16）	Counter	RO	目标不可送达型 icmp 报文
icmpOutTimeExcds（17）	Counter	RO	超时型 icmp 报文
icmpOutPramProbe（18）	Counter	RO	有参数问题型 icmp 报文
icmpOutSrcQuenchs（19）	Counter	RO	源抑制型 icmp 报文
icmpOutRedirects（20）	Counter	RO	重定向型 icmp 报文
icmpOutEchos（21）	Counter	RO	回声请求型 icmp 报文
icmpOutEchoReps（22）	Counter	RO	回声响应型 icmp 报文
icmpOutTimestamps（23）	Counter	RO	时间戳请求型 icmp 报文
icmpOutTimestampReps（24）	Counter	RO	时间戳响应型 icmp 报文
icmpOutAddrMasks（25）	Counter	RO	地址掩码请求型 icmp 报文
icmpOutAddrMaskReps（26）	Counter	RO	地址掩码响应型 icmp 报文

2.4.6　tcp 组

tcp 组包含与 TCP 实现和操作有关的信息（见图 2-26 和表 2-9），这一组的前三项与重传有

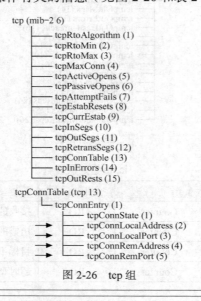

图 2-26　tcp 组

关。一个 TCP 实体发送数据段后就等待应答，并开始计时，如果超时后没有得到应答，则认为数据段丢失，因而要重新发送。该组对象 tcpRtoAlgorithem 说明计算重传时间的算法，其可取如下值。

表 2-9   tcp 组对象

对 象	语 法	访问方式	功 能 描 述
tcpRtoAlgorithm（1）	INTEGER	RO	重传时间算法
tcpRtoMin（2）	INTEGER	RO	重传时间最小值
tcpRtoMax（3）	INTEGER	RO	重传时间最大值
tcpMaxConn（4）	INTEGER	RO	可建立的最大连接数
tcpActiveOpens（5）	Counter	RO	主动打开的连接数
tcpPassiveOpens（6）	Counter	RO	被动打开的连接数
tcpAttemptFails（7）	Counter	RO	连接建立失败数
tcpEstabResets（8）	Counter	RO	连接复位数
tcpCurrEstab（9）	Gauge	RO	状态为 established 或 closeWait 的连接数
tcpInSegs（10）	Counter	RO	接收的 TCP 段总数
tcpOutSegs（11）	Counter	RO	发送的 TCP 段总数
tcpRetransSegs（12）	Counter	RO	重传的 TCP 段总数
tcpConnTable（13）	SEQUENCE OF	NA	连接表
tcpInErrors（14）	Counter	RO	接收的出错 TCP 段数
tcpOutRests（15）	Counter	RO	发出的含 RST 标志的段数

- other（1）：不属于以下 3 种类型的其他算法。
- constant（2）：重传超时值为常数。
- rsre（3）：这种算法根据通信情况动态计算超时值，即把估计的周转时间（来回传送一周的时间）乘一个倍数。这个算法是由美国军用 TCP 标准 MIL-STD-1778 定义的。
- vanj（4）：这是由 Van Jacobson 发明的一种动态算法。这种算法在网络周转时间变化较大时运用比较好。

tcp 组只包含一个连接表。TCP 的连接状态取自 MIL-STD-1778 标准的 TCP 连接状态图。变量 tcpConnState 可取下列值。

- closed（1）
- listen（2）
- synSent（3）
- synReceived（4）
- established（5）
- finWait1（6）
- finWait2（7）
- closeWait（8）
- lastAck（9）
- closing（10）
- timeWait（11）
- deleteTCB（12）

最后一个状态表示终止连接。

2.4.7　udp 组

udp 组类似于 tcp 组，它包含的对象都是必要的。这一组提供了关于 UDP 数据报和本地接收端点的详细信息。udp 组对象表示如图 2-27 所示。udp 表比较简单，只有本地地址和本地端口两项。

```
udp (mib-2 7)
        udpInDatagrams (1)       接收的数据报总数
        udpNoPorts (2)           没有发现端口而无法提交的数据报数
        udpInErrors (3)          出错的数据报数
        udpOutDatagrams (4)      上层协议要求输出的数据报数
        udpTable (5)
                udpEntry (1)
                        udpLocalAddress (1)
                        udpLocalPort (2)
```

图 2-27　udp 组

2.4.8　egp 组

egp 组（见图 2-28）提供了关于 EGP 路由器发送和接收的 EGP 报文的信息，以及关于 EGP 邻居的详细信息等。在 egp 邻居表中，邻居状态 egpNeighState 可取下列值。

- idel（1）
- acquisition（2）
- down（3）
- up（4）
- cease（5）

```
egp (mib-2 8)
        egpInMegs（1）正确接收的报文数
        egpInErrors（2）接收的错误报文
        egpOutMegs（3）本地 EGP 实体产生的报文数
        egpOutErrors（4）因出错而不能发送的报文数
        egpNeighTable（5）邻居表
        egpAs（6）本地自治系统编号
egpNeighTable (egp 5)
        egpNeighEntry
                egpNeighState（1）邻居状态
                egpNeighAddr（2）邻居 IP 地址
                egpNeighAs（3）邻居所在的自治系统编号
                egpNeighMegs（4）从邻居接收的正确报文数
                egpNeighInErrs（5）从邻居接收的错误报文数
                egpNeighOutMegs（6）发给邻居的报文数
                egpNeighOutErrs（7）发给邻居的出错报文数
                egpNeighInErrMegs（8）接收的报文数，带有 EGP 定义的错误
                egpNeighOutErrMegs（9）发送的报文数，带有 EGP 定义的错误
                egpNeighStateUps（10）邻居转变为 UP 状态的次数
                egpNeighStateDowns（11）邻居从 UP 转变为其他状态的次数
                egpNeighIntervalHello（12）发送 Hello 命令的时间间隔（0.01s）
                egpNeighIntervalPoll（13）发送 Poll 命令的时间间隔（0.01s）
                egpNeighMode（14）轮询模式
                egpNeighEventTrigger（15）由操作员提供的启动和停止操作
```

图 2-28　egp 组

轮询模式 egpNeighMode 可取的值有 active（1）和 passive（2）两种。

2.4.9 传输组

设置这一组的目的是针对各种传输介质提供详细的管理信息。事实上这不是一个组，而是一个联系各种接口专用信息的特殊节点。前面介绍过的接口组包含各种接口通用的信息，而传输组则提供与子网类型有关的专用信息。下面介绍一个传输组的例子。

RFC1643 在传输节点下定义了以太网接口的有关对象，并且已经成为正式的 Internet 标准。图 2-29 和表 2-10 列出了以太网 MIB 的有关对象。在统计表中记录以太网通信的统计信息，这个表以 dot3StatsIndex 为索引项，其值与接口组的 ifIndex 相同，因而对应每个接口有一个统计表项。表中的一组计数器记录以太网接口接收和发送的各种帧数，包括正确的和错误的帧。冲突次数统计表可用于画出有关各种冲突的直方图。从图 2-30 的例子可以看出，426 个帧经一次冲突而发送成功，318 个帧经两次冲突而发送成功，如此等等。dot3 MIB 的最后一部分是关于以太网接口测试的信息。目前定义了两种测试和两种错误。当管理站访问代理中的测试对象时，代理就完成对应的测试。

图 2-29 以太网 MIB

表 2-10 以太网 MIB 对象

对 象	语 法	访问方式	功 能 描 述
dot3StatsTable	SEQUENCE OF	NA	IEEE 802.3 统计表
dot3StatsEntry	SEQUENCE	NA	该表项对应一个以太网接口
dot3StatsStatsIndex（1）	INTEGER	RO	索引项，与接口组索引相同
dot3StatsAlignmentErrors（2）	Counter	RO	接收的非整数个字节的帧数
dot3StatsFCSErrors（3）	Counter	RO	接收的 FCS 校验出错的帧数
dot3StatsSingleCollisionFrames（4）	Counter	RO	仅一次冲突而发送成功的帧数
dot3StatsMultipleCollisionFrames	Counter	RO	经过多次冲突而发送成功的帧数
dot3StatsSQETestErrors（6）	Counter	RO	SQE 测试错误报文产生的次数
dot3StatsDeferredTransmissions（7）	Counter	RO	被延迟发送的帧数
dot3StatsLateCollisions（8）	Counter	RO	发送 512bit 后检测到的冲突次数
dot3StatsExcessiveCollision（9）	Counter	RO	由于过多冲突而发送失败的帧数
dot3StatsInternalMacTransmitErrors	Counter	RO	由于内部 MAC 错误而发送失败的帧数
dot3StatsCarrierSenseErrors（11）	Counter	RO	载波监听条件丢失的次数
dot3StatsFrameTooLongs（13）	Counter	RO	接收的超长帧数
dot3StatsInternalMacReceiveErrors	Counter	RO	由于内部 MAC 错误而接收失败的帧数

续表

对　象	语　法	访问方式	功　能　描　述
dot3StatsEtherChipSet（17）	OBJECT IDENTIFIER	RO	接口使用的芯片
dot3CollTable（5）	SEQUENCE OF	NA	有关接口冲突直方图的表
dot3CollEntry（1）	SEQUENCE	NA	冲突表项
dot3CollCount（1）	INTEGER（1…16）	NA	共16种不同的冲突次数
dot3CollFrequencies（2）	Counter	RO	对应每种冲突次数而成功传送的帧数
dot3Tests（6）	OBJECT IDENTIFIER	RO	对接口的一组测试
dot3TestTDR（1）	OBJECT IDENTIFIER	RO	TDR（time domain reflectometry）测试
dot3TestLoopBack（2）	OBJECT IDENTIFIER	RO	环路测试
dot3Errors（7）	OBJECT IDENTIFIER	RO	测试期间出现的错误
dot3ErrorInitError（1）	OBJECT IDENTIFIER	RO	测试期间芯片不能初始化
dot3ErrorLoopBackError（2）	OBJECT IDENTIFIER	RO	在环路测试中接收的数据不正确

图 2-30　dot3 冲突统计表的直方图

至此，讨论了 MIB-2 中除第 9 组和第 11 组之外的 9 个功能组。第 9 组是 cmot 组，因为 CMOT 的开发陷于停顿状态，所以使用 cmot 组对象还很遥远，在此不再讨论了。

习　　题

1. Internet 网络管理框架由哪些部分组成？支持 SNMP 的体系结构由哪些协议层组成？
2. SNMP 环境中的管理对象是如何组织的？这种组织方式有什么意义？
3. MIB-2 中的应用类型有哪些？计数器类型和计量器类型有什么区别？
4. RFC1212 给出的宏定义由哪些部分组成？试按照这个宏定义产生一个宏实例。
5. MIB-2 中的管理对象分为哪几个组？
6. 什么是标量对象？什么是表对象？标量对象和表对象的实例如何标识？
7. 为什么不能访问表对象和行对象？
8. 对象标识符是由什么组成的？为什么说对象的词典顺序对网络管理很重要？
9. 在自己的计算机上安装 SNMP 服务，浏览 MIB-2 和私有数据库的内容。

第3章
简单网络管理协议

SNMP 开发和成熟的过程长达十年（1990 年—1999 年），其间产生了 3 个不同的版本和一系列 RFC 文档。这一章首先介绍 SNMP 的演变，这是使用各种 SNMP 应用软件时必须了解的内容，然后介绍 SNMP 的 3 个主要内容：SNMP 协议数据单元、SNMP 支持的操作，以及 SNMP 的安全机制。

3.1 SNMP 的演变

3.1.1 SNMPv1

TCP/IP 网络管理最初使用的是 1987 年 11 月提出的简单网关监控协议（Simple Gateway Monitoring Protocol，SGMP），在此基础上改进成简单网络管理协议第一版（Simple Network Management Protocol，SNMPv1），陆续公布在 1990 年和 1991 年的几个 RFC（Request For Comments）文档中，即 RFC1155（SMI）、RFC1157（SNMP）、RFC1212（MIB 定义）和 RFC1213（MIB-2 规范）。由于其简单性和易于实现，SNMPv1 得到了许多制造商的支持和广泛应用。

当初提出 SNMP 的目的是作为弥补网络管理协议发展阶段之间空缺的一种临时性措施。SNMP 出现后显示了许多优点，最主要的优点是简单，容易实现，而且是基于人们熟悉的 SGMP。

1988 年，为了适应当时紧迫的网络管理需要，业界确定了如下网络管理标准开发的双轨制策略。

（1）SNMP 可以满足当前的网络管理需要，用于管理和配置简单的网络，并且在将来可以平稳地过渡到新的网络管理标准。

（2）OSI 网络管理（CMIP over TCP/IP，CMOT）作为长期的解决办法，可以应付未来更复杂的网络配置，提供更全面的管理功能。但是需要较长的开发过程，以及开发商和用户接受的过程。

然而这个双轨制策略很快停止了实施，其原因主要如下。

（1）原来的想法是 SNMP 的 MIB 应该是 OSI MIB 的子集，以便顺利地过渡到 CMOT。但是 OSI 定义的管理信息库是相当复杂的面向对象模型，在此基础上实现 SNMP 几乎是不可能的，所以很快放弃了这个想法，让 SNMP 使用简单的标量 MIB。这样 SNMP 向 OSI 管理过渡就很困难了。

（2）OSI 系统管理标准和符合 OSI 标准的网络管理产品的开发进展缓慢，在此期间 SNMP 却得到了制造商的广泛支持，出现了许多 SNMP 产品，并得到广大用户的接受。

3.1.2 SNMPv2

SNMP 虽然被广泛应用，但是 SNMP 的缺点也是显然的，没有实质性的安全设施，无数据源认证功能，不能防止偷听。面对这样不可靠的管理环境，许多制造商不得不废除了 set 命令，以避免网络配置被入侵者恶意篡改。这样，用户面临的只能是在很不完善的管理工具和遥遥无期的管理标准之间作出选择的两难处境。

为了修补 SNMP 的安全缺陷，1992 年 7 月出现了一个新标准——安全 SNMP（S-SNMP），这个协议增强了以下安全方面的功能。

● 用报文摘要算法 MD5 保证数据完整性并进行数据源认证。

● 用时间戳对报文进行排序。

● 用 DES 算法提供数据加密功能。

但是 S-SNMP 没有改进 SNMP 在功能和效率方面的缺点。几乎与此同时有人又提出了另外一个协议 SMP（Simple Management Protocol），这个协议由 8 个文件组成，它对 SNMP 的扩充表现在下列方面。

● 适用范围：SMP 可以管理任意资源，不仅是网络资源，还可用于应用管理、系统管理。可实现管理站之间的通信，也提供了更明确更灵活的描述框架，可以描述一致性要求和实现能力。在 SMP 中管理信息的扩展性得到了增强。

● 复杂程度、速度和效率：保持了 SNMP 的简单性，更容易实现，并提供了数据块传送能力，因而速度和效率更高。

● 安全设施：结合了 S-SNMP 提供的安全功能。

● 兼容性：可以运行在 TCP/IP 网络上，也适合 OSI 系统和运行其他通信协议的网络。

在对 S-SNMP 和 SMP 讨论的过程中，Internet 研究人员之间达成了如下共识：必须扩展 SNMP 的功能，并增强其安全设施，使用户和制造商尽快从原来的 SNMP 过渡到第二代 SNMP。于是 S-SNMP 被放弃，决定以 SMP 为基础开发 SNMP 第 2 版，即 SNMPv2。

IETF 组织了两个工作组，一个组负责协议功能和管理信息库的扩展，另一组负责改进 SNMP 的安全方面。1992 年 10 月正式开始工作，两个组工作进展非常快，功能组的工作在 1992 年 12 月完成，安全组在 1993 年 1 月完成。1993 年 5 月发布了 12 个 RFC（1441～1452）文件作为草案标准。后来有一种意见认为 SNMPv2 基于参加者的高层管理框架和安全机制实现起来太复杂，对代理的配置很困难，限制了网络发现能力，失去了 SNMP 的简单性。所以又经过几年的实验和论证，最终决定丢掉安全功能，把增加的其他功能做为新标准颁布，并保留了 SNMPv1 的报文封装格式，因而叫做基于团体的 SNMP（community-based SNMP，SNMPv2C）。新的 RFC（1901～1908）文档在 1996 年 1 月发布。表 3-1 列出了有关 SNMPv2 和 SNMPv2C 的两组 RFC 文件。

表 3-1 　　　　　　　　　　有关 **SNMPv2** 和 **SNMPv2C** 的 RFC 文件

SNMPv2（1993.5）	名　　称	SNMPv2C（1996.1）
1441	SNMPv2 简介	1901
1442	SNMPv2 管理信息结构	1902
1443	SNMPv2 文本结构约定	1903
1444	SNMPv2 一致性声明	1904
1445	SNMPv2 高层安全模型	

续表

SNMPv2（1993.5）	名　　称	SNMPv2C（1996.1）
1446	SNMPv2 安全协议	
1447	SNMPv2 参加者 MIB	
1448	SNMPv2 协议操作	1905
1449	SNMPv2 传输层映射	1906
1450	SNMPv2 管理信息库	1907
1451	管理进程间的管理信息库	
1452	SNMP 第 1 版和第 2 版网络管理框架共存	1908

3.1.3　SNMPv3

由于 SNMPv2 没有达到"商业级别"的安全要求（提供数据源标识、报文完整性认证、防止重放、报文机密性、授权和访问控制、远程配置和高层管理能力等），所以 SNMPv3 工作组一直在从事新标准的研制工作，终于在 1999 年 4 月发布了 SNMPv3 新标准。

SNMPv3 工作组的目标是：产生一组必要的文档，作为下一代 SNMP 核心功能的单一标准。要求尽量使用已有的文档，使新标准能够达到以下要求。

（1）能够适应不同管理需求的各种操作环境。

（2）便于已有的系统向 SNMPv3 过渡。

（3）可以方便地建立和维护管理系统。

根据以上要求，工作组于 1998 年 1 月发表了如下 5 个文件，作为安全和高层管理的建议标准（PROPOSED STANDARD）。

- RFC2271 描述 SNMP 管理框架的体系结构。
- RFC2272 简单网络管理协议的报文处理和调度。
- RFC2273 SNMPv3 应用程序。
- RFC2274 SNMPv3 基于用户的安全模型。
- RFC2275 SNMPv3 基于视图的访问控制模型。

后来在此基础上又进行了修订，终于在 1999 年 4 月公布了一组文件，作为 SNMPv3 的新标准草案（DRAFT STANDARD）。

- RFC2570 Internet 标准网络管理框架第 3 版引论。
- RFC2571 SNMP 管理框架的体系结构（标准草案，代替 RFC2271）。
- RFC2572 简单网络管理协议的报文处理和调度系统（标准草案，代替 RFC2272）。
- RFC2573 SNMPv3 应用程序（标准草案，代替 RFC2273）。
- RFC2574 SNMPv3 基于用户的安全模型（USM）（标准草案，代替 RFC2274）。
- RFC2575 SNMPv3 基于视图的访问控制模型（VACM）（标准草案，代替 RFC2275）。
- RFC2576 SNMP 第 1、2、3 版的共存问题（标准建议，代替 RFC2089，March 2000）。

另外，对 SNMPv2 的管理信息结构（SMIv2）的有关文件也进行了修订，作为正式标准公布。

- RFC2578 管理信息结构第 2 版（SMIv2）（正式标准 STD0058，代替 RFC1902）。
- RFC2579 对于 SMIv2 的文本约定（正式标准 STD0058，代替 RFC1903）。
- RFC2580 对于 SMIv2 的一致性说明（正式标准 STD0058，代替 RFC1904）。

SNMPv3 不仅在 SNMPv2c 的基础上增加了安全和高层管理功能，而且能和以前的标准（SNMPv1 和 SNMPv2）兼容，也便于以后扩充新的模块，从而形成了统一的 SNMP 新标准。

3.2 SNMPv1 协议数据单元

本节讲述 SNMP 的工作原理，包括 SNMP 对管理对象的操作、协议数据单元的格式，以及报文发送、接收和应答的详细过程。

3.2.1 SNMPv1 支持的操作

SNMP 仅支持对管理对象值的检索和修改等简单操作。具体地说，SNMP 实体可以对 MIB-2 中的对象执行下列操作。

- Get：管理站用于检索管理信息库中标量对象的值。
- Set：管理站用于设置管理信息库中标量对象的值。
- Trap：代理用于向管理站报告管理对象的状态变化。

SNMP 不支持管理站改变管理信息库的结构，即不能增加和删除管理信息库中的管理对象实例，例如，不能增加或删除表中的一行。一般来说，管理站也不能向管理对象发出执行一个动作的命令。管理站只能逐个访问管理信息库中的叶子节点，不能一次性访问一个子树，例如，不能访问整个表的内容。从第 2 章可知，MIB-2 中的子树节点都是不可访问的。这些限制确实简化了 SNMP 的实现，但是也限制了网络管理的功能。

3.2.2 SNMP PDU 格式

RFC1157 给出了 SNMPv1 协议的定义，这个定义是用 ASN.1 表示的。根据这个定义可以画出图 3-1 所示的报文和 PDU 格式。在 SNMP 管理中，管理站和代理之间交换的管理信息构成了 SNMP 报文。报文由 3 部分组成，即版本号、团体名和协议数据单元（PDU）。报文头中的版本号是指 SNMP 的版本，RFC1157 为第一版。团体名用于身份认证，在介绍 SNMP 的安全机制时谈到过团体名的作用。SNMP 共有 5 种管理操作，但只有 4 种 PDU 格式。管理站发出的 3 种请求报文 GetRequest、GetNextRequest 和 SetRequest 采用的格式相同，代理的应答报文格式只有一种 GetResponsePDU，从而减少了 PDU 的种类。

SNMP 报文

版本号	团体名	SNMP PDU

GetRequestPDU， GetNextRequestPDU 和 SetRequestPDU

PDU 类型	请求标识	0	0	变量绑定表

GetResponsePDU

PDU 类型	请求标识	错误状态	错误索引	变量绑定表

TrapPDU

PDU 类型	制造商 ID	代理地址	一般陷入	特殊陷入	时间戳	变量绑定表

变量绑定表

名字 1	值 1	名字 2	值 2	...	名字 n	值 n

图 3-1　SNMP 报文格式

从图 3-1 中看出，除了 Trap 之外的 4 种 PDU 格式是相同的，共有 5 个字段。

- PDU 类型：共 5 种类型的 PDU。
- 请求标识（request-id）：赋予每个请求报文唯一的整数，用于区分不同的请求。由于在具体实现中，请求是在后台执行，当应答报文返回时，要根据其中的请求标识与请求报文配对。请求标识的另一个作用是检测由不可靠的传输服务产生的重复报文。
- 错误状态（error-status）：表示代理在处理管理站的请求时，可能出现的各种错误，共有 6 种错误状态：noError（0）、tooBig（1）、noSuchName（2）、badValue（3）、readOnly（4）、genError（5）。对于不同的操作，这些错误状态的含义不同，下面将给予解释。
- 错误索引（error-index）：当错误状态非 0 时，指向出错的变量。
- 变量绑定表（variable-binding）：变量名和对应值的表，说明要检索或设置的所有变量及其值。在请求报文中，变量的值应为 0。

Trap 报文的格式与其他报文不同，它有下列字段。

- 制造商 ID（enterprise）：表示设备制造商的标识，与 MIB-2 对象 sysObjectID 的值相同。
- 代理地址（agent-addr）：产生陷入的代理的 IP 地址。
- 一般陷入（generic-trap）：SNMP 定义的陷入类型，共分为 7 类：coldStart（0）、warmStart（1）、linkDown（2）、linkUp（3）、authenticationFailure（4）、egpNeighborLoss（5）、enterpriseSpecific（6）。
- 特殊陷入（specific-trap）：与设备有关的陷入代码。
- 时间戳（time-stamp）：代理发出陷入的时间，与 MIB-2 中的对象 sysUpTime 的值相同。

3.2.3　报文应答序列

SNMP 报文在管理站和代理之间传送，包含 GetRequest、GetNextRequest 和 SetRequest 的报文由管理站发出，代理以 GetResponse 响应。Trap 报文由代理发给管理站，不需要应答。所有报文发送和应答序列如图 3-2 所示。一般来说，管理站可连续发出多个请求报文，然后等待代理返回的应答报文。如果在规定时间内收到应答，则按照请求标识进行配对，即应答报文必须与请求报文有相同的请求标识。

图 3-2　SNMP 报文应答序列

3.2.4　报文的发送和接收

当一个 SNMP 实体（PE）发送报文时，执行下面的过程，首先按照 ASN.1 的格式构造 PDU，交给认证进程。认证进程检查源和目标之间是否可以通信，如果检查通过，则把有关信息（版本号、团体名、PDU）组装成报文，最后经过 BER 编码，交给传输实体发送出去，如图 3-3 所示。

当一个 SNMP 实体接收到报文时，执行下面的过程，首先按照 BER 编码恢复 ASN.1 报文，然后对报文进行语法分析、验证版本号和认证信息等。如果通过分析和验证，则分离出协议数据单元，并进行语法分析，必要时经过适当处理后返回应答报文。在认证检验失败时，可以生成一个陷入报文，向发送站报告通信异常情况。无论何种检验失败，都丢弃报文。接收处理过程如图 3-4 所示。

图 3-3　生成和发送 SNMP 报文　　　　　图 3-4　接收和处理 SNMP 报文

SNMP 操作访问对象实例，而且只能访问对象标识树的叶子节点。然而为了减少通信负载，希望一次检索多个管理对象，并且把多个变量的值装入一个 PDU，这时要用到变量绑定表。RFC1157 建议在 Get 和 GetNext 协议数据单元中发送实体把变量置为 ASN.1 的 NULL 值，接收实体处理时忽略它，在返回的应答协议数据单元中设置为变量的实际值。

3.3　SNMPv1 的操作

3.3.1　检索简单对象

检索简单的标量对象值可以用 Get 操作，如果变量绑定表中包含多个变量，一次还可以检索多个标量对象的值。接收 GetRequest 的 SNMP 实体以与请求标识相同的 GetResponse 响应。特别要注意的是 GetResponse 操作的原子性：如果所有请求的对象值可以得到，则给予应答；反之，只要有一个对象的值得不到，则可能返回下列错误条件之一。

● 变量绑定表中的一个对象无法与 MIB 中的任何对象标识符匹配，或者要检索的对象是一个数据块（子树或表），没有对象实例生成。在这些情况下，响应实体返回的 GetResponse PDU 中错误状字段置为 noSuchName，错误索引设置为一个数，指明有问题的变量。变量绑定表中不返回任何值。

● 响应实体可以提供所有要检索的值，但是变量太多，一个响应 PDU 装不下，这往往是由下层协议数据单元大小限制的。这时响应实体返回一个应答 PDU，错误状态字段置为 tooBig。

● 由于其他原因（如代理不支持），响应实体至少不能提供一个对象的值，则返回的 PDU 中错误状态字段置为 genError，错误索引置一个数，指明有问题的变量。变量绑定表中不返回任何值。

响应实体的处理逻辑表示在图 3-5 中。

```
procedure receive-getrequest;
    begin
        if object not available for get then
            issue getresponse（noSuchName，index）
        else if generated PDU too big then
            issue getresponse（tooBig）
        else if value not retrievable for some other reason then
            issue getresponse（genError，index）
        else issue getresponse（variablebindings）
    end;
procedure receive-getnextrequest;
    begin
        if object not available for get then
            issue getresponse（noSuchName，index）
        else if generated PDU too big then
            issue getresponse（tooBig）
        else if value not retrievable for some other reason then
            issue getresponse（genError，index）
        else issue getresponse（variablebindings）
    end;
procedure receive-setrequest;
    begin
        if object not available for set then
            issue getresponse（noSuchName，index）
        else if incinsistant object value then
            issue getresponse（badValue，index）
        else if generated PDU too big then
            issue getresponse（tooBig）
        else if value not settable for some other reason then
            issue getresponse（genError，index）
        else issue getresponse（variablebindings）
    end;
```

图 3-5　SNMP PDU 接收处理逻辑

【例 3.1】为了说明简单对象的检索过程，考虑图 3-6 的例，这是 udp 组的一部分，可以在检索命令中直接指明对象实例的标识符。

GetRequest（udpInDatagrams.0, udpNoPorts.0, udpInErrors.0, udpOutDatagrams.0）

可以预期得到下面的响应。

GetResponse（udpInDatagrams.0=100, udpNoPorts.0=1, udpInErrors.0=2, udpOutDatagrams.0=200）

udp（mib-2 7）

udpInDatagrams（1）接收的数据报总数	100
udpNoPorts（2）无应用端口的数据报数	1
udpInErrors（3）出错数据报数	2
udpOutDatagrams（4）输出数据报数	200
udpTable（5）	

图 3-6　检索简单对象的例

GetNextRequest 与 GetRequest 的作用基本相同，PDU 格式也相同，唯一的差别是 GetRequest 检索变量名所指的是对象实例，而 GetNextRequest 检索变量名所指的是"下一个"对象实例。根据对象标识树的词典顺序，对于标量对象，对象标识符所指的下一实例就是对象的值。

【例 3.2】用 GetNextRequest 命令检索图 3-6 中的 4 个值，直接指明对象标识符。

```
GetNextRequest（udpInDatagrams, udpNoPorts, udpInErrors, udpOutDatagrams）
```

得到的响应与上例是相同的。

```
GetResponse（udpInDatagrams.0=100, udpNoPorts.0=1, udpInErrors.0=2, udpOutDatagrams.0=200）
```

可见标量对象实例标识符（如 udpInDatagrams.0）总是紧跟在对象标识符（如 udpInDatagrams）的后面。

【例 3.3】如果代理不支持管理站对 udpNoPorts 的访问，则响应有所不同。发出同样的命令：

```
GetNextRequest（udpInDatagrams, udpNoPorts, udpInErrors, udpOutDatagrams）
```

而得到的响应是：

```
GetResponse（udpInDatagrams.0=100, udpInErrors.0=2, udpInErrors.0=2, udpOutDatagrams.0=200）
```

这是因为变量名 udpNoPorts 和 udpInErrors 的下一个对象实例都是 udpInErrors.0=2。可见，当代理收到一个 Get 请求时，如果能检索到所有的对象实例，则返回请求的每个值；如果有一个值不能提供，则返回该实例的下一个值。

3.3.2　检索未知对象

GetNext 命令检索变量名指示的下一个对象实例，但是并不要求变量名是对象标识符，或者是实例标识符。图 3-6 中的 udpInDatagrams 是简单对象，它的实例标识符是 udpInDatagrams.0，而标识符 udpInDatagrams.2 并不表示任何对象。如果发出一个命令：

```
GetNextRequest（udpInDatagrams.2）
```

则得到的响应是：

```
GetResponse（udpNoPorts.0=1）
```

这说明代理没有检查标识符 udpInDatagrams.2 的有效性，而是直接查找下一个有效的标识符，得到 udpInDatagrams.0 后，返回它的下一个对象实例。

【例 3.4】利用 GetNext "直接查找下一个"的特性可以发现 MIB 的结构。如管理站不知道 udp 组有哪些变量，先试着发出命令：

```
GetNextRequest（udp）
```

得到的响应是：

```
GetResponse（udpInDatagrams.0=100）
```

这样，管理站知道了 udp 组的第一个对象，还可以如此继续找到其他管理对象。

3.3.3　检索表对象

GetNext 可用于有效地搜索表对象。

【例 3.5】考虑图 3-7 的例，如果发出下面的命令，检索 ifNumber 的值。

```
GetRequest（1.3.6.1.2.1.2.1.0）
GetResponse（2）
```

据此，可知道有两个接口。如果想知道每个接口的数据速率，则可以用下面的命令检索 if 表的第 5 个元素。

```
GetRequest (1.3.6.1.2.1.2.2.1.5.1)
```

最后的 1 是索引项 ifIndex 的值。得到的响应是：

```
GetResponse (100 000 000)
```

说明第一个接口的数据速率是 10Mbit/s。如果发出的是命令：

```
GetNextRequest (1.3.6.1.2.1.2.2.1.5.1)
```

则得到的是第二个接口的数据速率：

```
GetResponse (56 000)
```

说明第二个接口的数据速率是 56bit/s。

【例 3.6】考虑图 3-8 所示的表。假定管理站不知道该表的行数而想检索整个表，则可以连续使用 GetNext 命令。

ipRoute Dest	IpRoute Metric1	ipRoute NextHop
9.1.2.3	3	99.0.0.3
10.0.0.51	5	89.1.1.42
10.0.0.99	5	89.1.1.42

图 3-7　检索表对象的例　　　　　　图 3-8　检索表对象的例

```
GetNextRequest(ipRouteDest, ipRouteMetric1, ipRouteNextHop)
GetResponse(ipRouteDest.9.1.2.3=9.1.2.3,
            ipRouteMetric1.9.1.2.3=3,
            ipRouteNextHop.9.1.2.3=99.0.0.3)
```

以上是第一行的值，据此可以检索下一行。

```
GetNextRequest(ipRouteDest.9.1.2.3, ipRouteMetric1.9.1.2.3, ipRouteNextHop.9.1.2.3)
GetResponse(ipRouteDest.10.0.0.51=10.0.0.51,
            ipRouteMetric1.10.0.0.51=5,
            ipRouteNextHop.10.0.0.51=89.1.1.42)
```

继续检索第 3 行和第 4 行。

```
GetNextRequest(ipRouteDest.10.0.0.51,ipRouteMetric1.10.0.0.51,ipRouteNextHop.10.0.0.51)
GetResponse(ipRouteDest.10.0.0.99=10.0.0.99,
            ipRouteMetric1.10.0.0.99=5,
            ipRouteNextHop.10.0.0.99=89.1.1.42)
GetNextRequest(ipRouteDest.10.0.0.99,ipRouteMetric1.10.0.0.99,ipRouteNextHop.10.0.0.99)
GetResponse(ipRouteDest.9.1.2.3=3,
            ipRouteMetric1.9.1.2.3=99.0.0.3,
            ipNetToMediaIfIndex.1.3=1)
```

至此知道该表只有 3 行，因为第 4 次检索已经检出了表外的对象。

3.3.4　表的更新和删除

Set 命令用于设置或更新变量的值。它的 PDU 格式与 Get 相同，但是在变量绑定表中必须包含要设置的变量名和变量值。对于 Set 命令的应答也是 GetResponse，同样是原子性的。如果所有的变量都可以设置，则更新所有变量的值，并在应答的 GetResponse 中确认变量的新值；如果有一个变量的值不能设置，则所有变量的值都保持不变，并在错误状态中指明出错的原因。Set 出错的原因与 Get 类似（tooBig、noSuchName 和 genError），然而若有一个变量的名字和要设置的值在类型、长度或实际值上不匹配，则返回错误条件 badValue。Set 应答的逻辑也表示在图 3-5 中。

【例 3.7】再一次考虑图 3-8 所示的表。如果想改变列对象 ipRouteMetric1 的第一个值，则可以发出命令：

```
SetRequest(ipRouteMetric1.9.1.2.3=9)
```

得到的应答是：

```
GetResponse(ipRouteMetric1.9.1.2.3=9)
```

其效果是该对象的值由 3 变成了 9。

【例 3.8】假定想增加一行，则可以发出如下命令。

```
SetRequest(ipRouteDest.11.3.3.12=11.3.3.12,
           ipRouteMetric11.3.3.12=9,
           ipRouteNextHop.11.3.3.12 =91.0.0.5)
```

对这个命令如何执行，RFC1212 有以下 3 种解释。

（1）代理可以拒绝这个命令。因为对象标识符 ipRouteDest.11.3.3.12 不存在，所以返回错误状态 noSuchName。

（2）代理可以接受这个命令，并企图生成一个新的对象实例，但是发现被赋予的值不适当，因而返回错误状态 badValue。

（3）代理可以接受这个命令，生成一个新的行，使表增加到 4 行，并返回下面的应答。

```
GetResponse(ipRouteDest.11.3.3.12=11.3.3.12,
            ipRouteMetric11.3.3.12=9,
            ipRouteNextHop.11.3.3.12 =91.0.0.5)
```

在具体实现中，3 种情况都是可能的。

【例 3.9】假定原来是 3 行的表，现在发出命令：

```
SetRequest (ipRouteDest.11.3.3.12=11.3.3.12)
```

对于这个命令有以下两种处理方法。

（1）由于变量 ipRouteDest 是索引项，所以代理可以增加一个表行，对没有指定值的变量赋予默认值。

（2）代理拒绝这个操作。如果要生成新行，必须提供一行中所有变量的值。

实际采用哪种方法也是由实现决定的。

【例 3.10】如果要删除表中的行，则可以把一个对象的值置为 invalid。

```
SetRequest (ipRouteType.7.3.5.3=invalid)
```

得到的响应说明表行的确已删除。

```
GetResponse (ipRouteType.7.3.5.3=invalid)
```

这种删除是物理的，还是逻辑的，也是由实现决定的。在 MIB-2 中，只有两种表是可删除的：ipRouteTable 包含 ipRouteType，可取值 invalid；ipNetToMediaTable 包含 ipNetToMediaType，可取值 invalid。

SNMP 没有向管理对象提供发出动作命令的机制。但是可以利用 Set 命令对一个专用对象设置值，让这个专用对象的不同值代表不同的命令。例如，建立一个 reBoot 对象，可取值 0 或 1，分别使代理系统启动和复位。

错误状态 readOnly 没有在任何应答报文中出现。实际上，这个错误条件在 SNMPv1 中是没有用的，在以后的 SNMP 版本中，用另外一个错误条件 notWritable 来代替。

3.3.5　陷入操作

陷入是由代理向管理站发出的异步事件报告，不需要应答报文。SNMPv1 规定了 6 种陷入条件，另外还有设备制造商定义的陷入。

- coldStart：发送实体重新初始化，代理的配置已改变，通常是由系统失效引起的。
- warmStart：发送实体重新初始化，但代理的配置没有改变，这是正常的重启动。
- linkDown：链路失效通知，变量绑定表的第一项，指明对应接口表的索引变量及其值。
- linkUp：链路启动通知，变量绑定表的第一项，指明对应接口表的索引变量及其值。
- authenticationFailure：发送实体收到一个没有通过认证的报文。
- egpNeighborLoss：相邻的外部路由器失效或关机。
- enterpriseSpecific：由设备制造商定义的陷入条件，在特殊陷入（specific-trap）字段指明具体的陷入类型。

3.4　SNMP 功能组

SNMP 组包含的信息关系到 SNMP 的实现和操作。这一组共有 30 个对象，如图 3-9 所示。

```
snmp (mib-2 11)
        — snmpInPkts（1）传输层实体提交给 SNMP 实体的报文数
        — snmpOutPkts（2）SNMP 实体交给传输服务的报文数
        — snmpInBadVersions（3）接收的含有版本错误的报文数
        — snmpInBadCommunityNames（4）接收的含有团体名错误的报文数
        — snmpInBadCommunityUses（5）接收的含有团体操作错误的报文数
        — snmpInASNParsErrs（6）接收的含有 ASN 译码错误的报文数
        — snmp（7）is not used
        — snmpInTooBigs（8）接收的含有 TooBig 错误的报文数
        — snmpInNoSuchNames（9）接收的含有 NoSuchName 错误的报文数
        — snmpInB dValues（10）接收的含有 BadValue 错误的报文数
        — snmpInReadOnlys（11）接收的含有 ReadOnly 错误的报文数
        — snmpInGenErrs（12）接收的含有 GenErr 错误的报文数
        — snmpInTotalReqVars（13）成功检索的 MIB 对象数
        — snmpInTotalSetVars（14）成功设置的 MIB 对象数
        — snmpInGetRequests（15）接收和处理的 Get 请求数
        — snmpInGetNexts（16）接收和处理的 GetNext 请求数
        — snmpInSetRequests（17）接收和处理的 Set 请求数
        — snmpInGetResponses（18）接收和处理的 GetResponse 报文数
        — snmpInTraps（19）接收和处理的 Trap 报文数
        — snmpOutTooBigs（20）产生的含有 TooBig 错误的报文数
        — snmpOutNoSuchNames（21）产生的含有 NoSuchName 错误的报文数
        — snmpOutBadValues（22）产生的含有 BadValue 错误的报文数
        — snmp（23）is notused
        — sumpOutGenErrs（24）产生的含有 GenErr 错误的报文数
        — snmpOutGetRequests（25）产生的 Get 请求数
        — snmpOutGetNexts（26）产生的 GetNext 请求数
        — snmpOutSetRequests（27）产生的 Set 请求数
        — snmpOutGetResponses（28）产生的 GetResponse 报文数
        — snmpOutTraps（29）产生的 Trap 报文数
        — snmpEnableAuthenTraps（30）认证失效陷入工作（1），认证失效陷入不工作（2）
```

图 3-9　MIB-2 snmp 组

在只支持 SNMP 站管理功能或只支持 SNMP 代理功能的实现中，有些对象是没有值的。除最后一个对象，这一组的其他对象都是只读的计数器。对象 snmpEnableAuthenTrap 可以由管理站设置，它指示是否允许代理产生"认证失效"陷入，这种设置优先于代理自己的配置。这样就提供了一种可以排除所有认证失效陷入的手段。

3.5 实 现 问 题

人们通常希望购买的网络管理产品能够准确地统计和报告通过设备的各种数据包，也希望来自不同厂商的管理站产品和代理产品能够很好地配合，但是市场上的 SNMP 产品实现的 MIB-2 数据库和 SNMP 与标准不是完全一致的。客观的原因是 SNMP 强调简单性，而忽视了功能性。另外一个原因是 SNMP 的一致性标准还不成熟，不同的商家对标准的理解和认同的基础不同。

3.5.1 网络管理站的功能

在选择站管理产品时，首先要关心它与标准的一致程度，以及与代理的互操作性，当然更要关心其用户界面，既要功能齐全，又要使用方便。更具体地说，对管理站应提出以下选择的标准。

- 支持扩展的 MIB。强有力的 SNMP 对管理信息库的支持必须是开放的，特别对于管理站来说，应该能够装入其他制造商定义的扩展 MIB。
- 图形用户接口。好的用户接口可以使网络管理工作更容易、更有效。通常要求具有图形用户界面，而且对网络管理的不同部分有不同的窗口。例如，能够显示网络拓扑结构、显示设备的地理位置和状态信息，可以计算并显示通信统计数据图表，具有各种辅助计算工具等。
- 自动发现机制。要求管理站能够自动发现代理系统，能够自动建立图标并绘制出连接图形。
- 可编程的事件。支持用户定义的事件，以及出现这些事件时执行的动作。例如，路由器失效时，应闪动图标或改变图标的颜色，显示错误状态信息，向管理员发送电子邮件，并启动故障检测程序等。
- 高级网络控制功能。例如，配置管理站使其可以自动关闭有问题的集线器，自动分离出活动过度频繁的网段等，这样的功能要使用 set 操作。由于 SNMP 欠缺安全性，很多产品不支持 set 操作，所以这种要求很难满足。
- 面向对象的管理模型。SNMP 其实不是面向对象的系统，但很多产品是面向对象的系统，也能支持 SNMP。
- 用户定义的图标。方便用户为自己的网络设备定义有表现力的图标。

3.5.2 轮询频率

SNMP 定义的陷入类型是很少的，虽然可以补充设备专用的陷入类型，但专用的陷入往往不能被其他制造商的管理站理解，所以管理站主要靠轮询收集信息。轮询的频率对管理的性能影响很大。如果管理站在启动时轮询所有代理，以后只是等待代理发来的陷入，这样就很难掌握网络的最新动态，如不能及时了解网络中出现的拥塞等。

需要一种能提高网络管理性能的轮询策略，以决定合适的轮询频率。通常轮询频率与网络的规模和代理的多少有关，而网络管理性能还取决于管理站的处理速度、子网数据速率、网络拥塞程度等众多的因素，所以很难给出准确的判断规则。为了使问题简化，假定管理站一次只能与一个代理作用，轮询只是采用 get 请求/响应这种简单形式，而且管理站全部时间都用来轮询，于是有下面的不等式。

$$N \leqslant T/\Delta$$

其中，N=被轮询的代理数；T=轮询间隔；Δ=单个轮询需要的时间。

Δ 与下列因素有关。

- 管理站生成一个请求报文的时间。
- 从管理站到代理的网络时延。
- 代理处理一个请求报文的时间。
- 代理产生一个响应报文的时间。
- 从代理到管理站的网络时延。
- 管理站处理一个响应报文的时间。
- 为了得到需要的管理信息，交换请求/响应报文的数量。

【例 3.11】 假设有一个 LAN，每 15 分钟轮询所有被管理设备一次（这在一般 TCP/IP 网络中是典型的），管理报文的处理时间是 50ms，网络延迟为 1ms（每个分组 1000byte），没有产生明显的网络拥塞，Δ 大约是 0.202s，则

$$N \leqslant T/\Delta = 15 \times 60/0.202 = 4\ 500$$

即管理站最多可支持 4 500 个设备。

【例 3.12】 在由多个子网组成的广域网中，网络时延更大，数据速率更小，通信距离更远，而且还有路由器和网桥引入的时延，总的网络时延可能达到半秒，Δ 大约是 1.2s，于是有

$$N \leqslant T/\Delta = 15 \times 60/1.2 = 750$$

管理站可支持的设备最多为 750 个。

这个计算关系到 4 个参数：代理数量、报文处理时间、网络时延和轮询间隔。如果能估计出 3 个参数，就可计算出第 4 个参数，所以可以根据网络配置和代理数量确定最小轮询间隔，或者根据网络配置和轮询间隔计算出管理站可支持的代理设备数。最后，还要考虑轮询给网络增加的负载。

3.5.3 SNMPv1 的局限性

用户利用 SNMP 进行网络管理时，一定要清楚 SNMPv1 本身的局限性。

- 由于轮询的性能限制，SNMP 不适合管理很大的网络。轮询产生的大量管理信息传送可能引起网络响应时间的增加。
- SNMP 不适合检索大量数据，如检索整个表中的数据。
- SNMP 的陷入报文是没有应答的，管理站是否收到陷入报文，代理不得而知，这样可能丢掉重要的管理信息。
- SNMP 只提供简单的团体名认证，这样的安全措施是很不够的。
- SNMP 不直接支持向被管理设备发送命令。
- SNMP 的管理信息库 MIB-2 支持的管理对象是很有限的，不足以完成复杂的管理功能。
- SNMP 不支持管理站之间的通信，而这一点在分布式网络管理中是很需要的。

以上局限性有很多在 SNMP 的第 2 版有所改进。

3.6　SNMPv2 管理信息结构

SNMPv2 的管理信息结构是在总结 SNMP 应用经验的基础上对 SNMPv1 SMI 进行了扩充，提供了更精致、更严格的规范，规定了新的管理对象和 MIB 的文档，可以说是 SNMPv1 SMI 的超集。SNMPv2 SMI 引入了以下 4 个关键的概念。

- 对象的定义。
- 概念表。
- 通知的定义。
- 信息模块。

3.6.1　对象的定义

与 SNMPv1 一样，SNMPv2 也是用 ASN.1 宏定义 OBJECT-TYPE 表示管理对象的语法和语义，但是 SNMPv2 的 OBJECT-TYPE 增加了新的内容。图 3-10 列出了 SNMPv2 宏定义的主要部分，这与 SNMPv1 的宏定义有以下方面的差别。

（1）数据类型。从表 3-2 中可以看出，SNMPv2 增加了两种新的数据类型 Unsigned32 和 Counter64。Unsigned32 与 Gauge32 在 ASN.1 中是无区别的，都是 32 位的整数，但是在 SNMPv2 中语义不同。Counter64 与 Counter32 相同，都表示计数器，只能增加，不能减少。当增加到 $2^{64}-1$ 或 $2^{32}-1$ 时回零，从头再增加。

```
OBJECT-TYPE MACRO::= BEGIN
    TYPE NOTATION::="SYNTAX" Syntax
                    UnitsPart
                    "MAX-ACCESS" Access
                    "STATUS" Status
                    "DESCRIPTION" Text
                    ReferPart
                    IndexPart
                    DefValPart
    VALUE NOTATION::=value （VALUE ObjectName）
END
```

图 3-10　SNMPv2 对象宏定义

而且 SNMPv2 规定，计数器没有定义的初始值，所以计数器的单个值是没有意义的，只有连续两次读计数器得到的增加值才是有意义的。

表 3-2　　　　　　　　　　　　　　SNMPv1 和 SNMPv2 的数据类型比较

数 据 类 型	SNMPv1	SNMPv2
INTEGER（$-2^{31}\sim2^{31}-1$）	√	√
Unsigned32（$0\sim2^{32}-1$）		√
Counter32（最大值 $2^{32}-1$）	√	√
Counter64（最大值 $2^{64}-1$）		√
Gauge32（最大值 $2^{32}-1$）	√	√
TimeTicks（模 2^{32}）	√	√
OCTET STRING（SIZE（$0\cdots65\,535$））	√	√
IpAddress	√	√
OBJECT IDENTIFIER	√	√
Opaque	√	√

关于 Gauge32，SNMPv2 规范澄清了原来标准中含糊不清的地方。首先是在 SNMPv2 中规定 Gauge32 的最大值可以设置为小于 2^{32} 的任意正数 MAX（见图 3-11），而在 SNMPv1 中，Gauge32 最大值总是 $2^{32}-1$。SNMPv2 规定更细致了，使用也更方便了。其次是 SNMPv2 明确了当计量器达到最大值时可自动减少，而在 RFC1155 中只是说计量器的值"锁定"（latch）在最大值，但是"锁定"的含义并没有定义，所以人们总是在"计量器达到最大值时是否可以减少"的问题上争论不休。

（a）SNMPv2 计量器　　　　　　（b）SNMPv1 计量器

图 3-11　SNMPv1 计量器和 SNMPv2 计量器的比较

（2）UnitsPart。在 SNMPv2 的 OBJECT-TYPE 宏定义中增加了 UNITS 子句。这个子句用文字说明与对象有关的度量单位，当管理对象表示一种度量手段（例如时间）时，这个子句是有用的。

（3）MAX-ACCESS 子句。类似于 SNMPv1 的 ACCESS 子句，说明最大的访问级别，与授权策略无关。SNMPv2 定义的访问类型中去掉了 write-only 类，增加了一个与概念行有关的访问类型 read-create，表示可读、可写、可生成。还增加了 accessible-for-notify 访问类，这种访问方式与陷入有关。例如，下面是 SNMPv2 MIB 中关于陷入的定义，其中用到了 accessible-for-notify。

```
snmpTrapOID OBJECT-TYPE
    SYNTAX        OBJECT IDENTIFIER
    MAX-ACCESS    accessible-for-notify
    STATUS        current
    DESCRIPTION
        "The authoritative identification of the trap currently
        being sent.This variable occurs as the second varbind in
        every SNMPv2-Trap-PDU and InformRequest-PDU."
    :={snmpTrap 1}
```

SNMPv2 的 5 种访问级别由小到大排列如下。

- not-accessible
- accessible-for-notify
- read-only
- read-write
- read-create

（4）STATUS 子句。这个子句是必要的，也就是说必须指明对象的状态。新标准去掉了 SNMPv1 中的 optional 和 mandatory，只有 3 种可选的状态。如果说明管理对象的状态是 current，则表示在当前的标准中是有效的。如果管理对象的状态是 obsolete，则表示不必实现这种对象。状态 deprecated 表示对象已经过时了，但是为了与旧标准实现互操作，实现时还是要支持的。

3.6.2　表的定义

与 SNMPv1 一样，SNMPv2 的管理操作只能作用于标量对象，复杂的信息要用表来表示。按照 SNMPv2 规范，表是行的序列，而行是列对象的序列。SNMPv2 把表分为以下两类。

（1）禁止删除和生成行的表。这种表的最高访问级别是 read-write。在很多情况下，这种表由代理控制，表中只包含 read-only 型的对象。

（2）允许删除和生成行的表。这种表开始时可能没有行，由管理站生成和删除行。行数可由管理站或代理改变。

在 SNMPv2 表的定义中必须含有 INDEX 或 AUGMENTS 子句，但是只能有一个。INDEX 子句定义了一个基本概念行，而 INDEX 子句中的索引对象确定了一个概念行实例。与 SNMPv1 不同，SNMPv2 的 INDEX 子句中增加了任选的 IMPLIED 修饰符，从下面的解释中可以了解到这个修饰符的作用。假定一个对象的标识符为 y，索引对象为 i1，i2，…，iN，则对象 y 的一个实例标识符为

$$y.(i1).(i2)\cdots(iN)$$

每个索引对象 i 的类型可能是以下类型。

- 整数：每个非负整数作为一个子标识符。
- 固定长度的字符串：每字节编码为一个子标识符。
- 有修饰符 IMPLIED 的变长度字符串：每字节编码为一个子标识符，共 n 个子标识符。
- 无修饰符 IMPLIED 的变长度字符串：第一个子标识符是 n，然后是 n 字节编码的子标识符，共 $n+1$ 个子标识符。
- 有修饰符 IMPLIED 的对象标识符：对象标识符的 n 个子串。
- 无修饰符 IMPLIED 的对象标识符：第一个子标识符是 n，然后是对象标识符的 n 个子串。
- IP 地址：由 4 个子标识符组成。

这种表的一个例子表示在图 3-12 中。索引对象 petType 和 petIndex 作为一对索引，表的每一行有唯一的一对 petType 和 petIndex 的实例。图 3-13 画出了这种表的一个实例，只给出前 6 行的值。假定要引用第 2 行第 4 列的对象实例，则实例标识符为 A.1.4.3.68.79.71.5，其中，3.68.79.71 是按照以上规则编码对 "DOG"（无修饰符 IMPLIED 的变长度字符串）得到的 4 个子标识符。

AUGMENTS 子句的作用是代替 INDEX 子句，表示概念行的扩展。图 3-14 是这种表的一个例子，这个表是由 petTable 扩充的表。在扩充表中，AUGMENTS 子句中的变量（petEntry）叫做基本概念行，包含 AUGMENTS 子句的对象（moreEntry）叫做概念行扩展。这种设施的实质是在已定义的表对象的基础上通过增加列对象定义新表，而不必从头做起重写所有的定义。这样扩展定义的新表与全部定义的新表的作用完全一样，当然也可以再一次扩展，产生更大的新表。

作为索引的列对象叫做辅助对象，是不可访问的，这个限制表现在如下方面。

（1）读：SNMPv2 规定，读任何列对象的实例都必须知道该对象实例所在行的索引对象的值，然而在已经知道辅助对象变量值的情况下，读辅助变量的内容就是多余的了。

（2）写：如果管理程序改变了辅助对象实例的值，则行的标识也改变了，然而这是不容许的。

（3）生成：行实例生成时，必须同时给一个列对象实例赋值，在 SNMPv2 中，这个操作是由代理而不是由管理站完成的。

```
petTable OBJECT-TYPE
    SYNTAX          SEQUENCE OF PetEntry
    MAX-ACCESS      not-accessible
    STATUS          current
    DESCRIPTION
        "The conceptual table listing the characteristics of all pets living at
        this agent."
    ::=  {A}
petEntry OBJECT-TYPE
    SYNTAX          PetEntry
    MAX-ACCESS      not-accessible
    STATUS          current
    DESCRIPTION
        "An entry(conceptual row) in the petTable.The Table is indexed by type of animal.
        Within each animal type, individual pets are indexed by a unique numerical sequence number."
    INDEX           {petType, petIndex}
    ::=  {petTable 1}
PetEntry SEQUENCE  {
            petType             OCTET STRING,
            petIndex            INTEGER,
            petCharacteristic1  INTEGER,
            petCharacteristic2  INTEGER}
petType OBJECT-TYPE
    SYNTAX          OCTET STRING
    MAX-ACCESS      not-accessible
    STATUS          current
    DESCRIPTION
        "An auxiliary variable used to identify instances of the columnar object in the petTable."
    ::=  {petEntry 1}
petIndex    OBJECT-TYPE
    SYNTAX          INTEGER
    MAX-ACCESS      read-only
    STATUS          current
    DESCRIPTION
        "An auxiliary variable used to identify instances of the columnar object in the petTable."
    ::=  {petEntry 2}
petCharacteristic1 OBJECT-TYPE
    SYNTAX          INTEGER
    MAX-ACCESS      read-only
    STATUS          current
    ::=  {petEntry 3}
petCharacteristic2 OBJECT-TYPE
    SYNTAX          INTEGER
    MAX-ACCESS      read-only
    STATUS          current
    ::=  {petEntry 4}
```

图 3-12 不允许生成和删除行的表

petType（A.1.1）	petIndex（A.1.2）	petCharacteristic1（A.1.3）	petCharacteristic2（A.1.4）
DOG	1	23	10
DOG	5	16	10
DOG	14	24	16
CAT	2	6	44
CAT	1	33	5
WOMBAT	10	4	30
⋮	⋮	⋮	⋮

图 3-13 表索引的例

```
moreTable OBJECT-TYPE
  SYNTAX    SEQUENCE OF MoreEntry
  MAX-ACCESS    not-accessible
  STATUS    current
  DESCRIPTION
    "A table of additional pet objects."
  ::= {B}
moreEntry OBJECT-TYPE
  SYNTAX    MoreEntry
  MAX-ACCESS    not-accessible
  STATUS    current
  DESCRIPTION
    "Additional objects for a petTable entry."
  AUGMENTS    {petEntry}
  ::= {moreTable 1}
MoreEntry ::= SEQUENCE {
              nameOfVet    OCTET STRING,
              dateOfLastVisit    DateAndTime}
  nameOfVet OBJECT-TYPE
  SYNTAX    OCTET STRING
  MAX-ACCESS    read-only
  STATUS    current
  ::=  {moreEntry 1}
dateOfLastVisit OBJECT-TYPE
  SYNTAX    DateAndTime
  MAX-ACCESS    read-only
  STATUS    current
  ::=  {moreEntry 2}
```

图 3-14　扩充表的例

3.6.3　表的操作

允许生成和删除行的表必须有一个列对象，其 SYNTAX 子句的值为 RowStatus，MAX-ACCESS 子句的值为 read-write，这种列叫做概念行的状态列。状态列可取以下 6 种值。

- active（可读写）：被管理设备可以使用概念行。
- notInService（可读写）：概念行存在，但由于其他原因（下面解释）而不能使用。
- notReady（只读）：概念行存在，但因没有信息而不能使用。
- createAndGo（只写不读）：管理站生成一个概念行实例时，先设置成这种状态，生成过程结束时自动变为 active，被管理设备就可以使用了。
- createAndWait（只写不读）：管理站生成一个概念行实例时，先设置成这种状态，但不会自动变成 active。
- destroy（只写不读）：管理站需删除所有的概念行实例时，设置成这种状态。

这 6 种状态中（除 notReady）的 5 种状态是管理站可以用 set 操作设置的状态，前 3 种可以是响应管理站的查询而返回的状态。图 3-15 显示了一个允许管理站生成和删除行的表，可以作为下面讨论的参考。

1. 行的生成

生成概念行的过程可以分成以下 4 个步骤。

（1）选择索引对象的实例标识符。

针对不同的索引对象可考虑用不同的方法选择实例标识符。

- 如果标识符语义明确，则管理站根据语义选择标识符，如选择目标路由器地址。

- 如果标识符仅用于区分概念行，则管理站扫描整个表，选择一个没有使用的标识符。
- 由 MIB 模块提供一个或一组对象，辅助管理站确定一个未用的标识符。
- 管理站选择一个随机数作为标识符。

```
evalSlot OBJECT-TYPE
    SYNTAX    INTEGER
    MAX-ACCESS    read-only
    STATUS    current
    DESCRIPTION
        "A management station should create
        new entries in evaluation table
        using this algorithm:first，issue a
        management protocol retrieval
        operation to determine the value of
        evalSlot; and，second，issue a
        management protocol set operation
        to create an instance of the
        evalStatus object setting its
        value to createAndGo（4）or
        createAndWait（5）.if this latter
        operation succeed，then the
        management station may
        continue modifying the instance
        corresponding to the newly created
        conceptual row，without fear of
        collision with other management
        station."
    ::=    {eval 1}
evalTable OBJECT-TYPE
    SYHTAX    SEQUENCE OF EvalEntry
    MAX-ACCESS    not-accessible
    STATUS    current
    DESCRIPTION
        "The （conceptual）evaluation table"
    ::=    {eval 2}
evalEntry OBJECT-TYPE
    SYHTAX    EvalEntry
    MAX-ACCESS    not-accessible
    STATUS    current
    DESCRIPTION
        "An entry in the evaluation table"
    INDEX    {evalIndex}
    ::=    {evalTable 1}
EvalEntry SEQUENCE {
        evalIndex        Integer32,
        evalString        DisplayString,
        evalValue        Integer32,
        evalStatus        RowStatus}
```

```
evalIndex OBJECT-TYPE
    SYNTAX    Integer32
    MAX-ACCESS    not-accessible
    STATUS    current
    DESCRIPTION
        "The auxiliary variable used for
        identify instance of the columnar
            object in the evaluation table."
    ::=    {evalEntry 1}
evalString OBJECT-TYPE
    SYNTAX    Displaystring
    MAX-ACCESS    read-create
    STATUS    current
    DESCRIPTION
        "The string to evaluate"
    ::=    {evalEntry 2}
evalValue OBJECT-TYPE
    SYNTAX    Integer32
    MAX-ACCESS    read-only
    STATUS    current
    DESCRIPTION
        "The value when evalString was
        last executed."
    DEFVAL {0}
    ::=    {evalEntry 3}
evalStatus OBJECT-TYPE
    SYNTAX    RowStatus
    MAX-ACCESS    read-create
    STATUS    current
    DESCRIPTION
        "The status column used for
            creating，modifying，and deleting
        instances of the columnar object
            in the evaluation table."
        DEFVAL {active}
    ::=    {evalEntry 4}
```

图 3-15　允许管理站生成和删除行的表

MIB 设计者可在后两种方法中选择，列对象多的大表，可考虑第 3 种方法，小表可考虑用第 4 种方法。

选择好索引对象的实例标识符后，管理站可以用两种方法产生概念行：一种是管理站通过事务处理（Transaction）一次性地产生和激活概念行；另一种是管理站通过与代理协商，合作生成概念行。下面仅就前一种方法说明管理站怎样产生和激活概念行，其中要用到"createAndGo"状态。

（2）管理站通过事务处理产生和激活概念行。

首先管理站必须知道表中的哪些列需要提供值，哪些列不能或不必要提供值。如果管理站对表的列对象知之甚少，则可以用 get 操作检查要生成的概念行的所有列，如果返回一个值，说明其他管理站已经产生了该行，返回第（1）步。如果返回 noSuchInstance，说明代理实现了该列的对象类型，而且该列在管理站的 MIB 视图中是可访问的。如果该列的访问特性是 read-write，则管理站必须用 set 操作提供这个列对象的值。如果返回 noSuchObject，说明代理没有实现该列的对象类型，或者该列在管理站的 MIB 视图中是不可访问的，则管理站不能用 set 操作生成该列对象的实例。

确定列的要求后，管理站发出相应的 set 操作，并且置状态列为 createAndGo。代理根据 set 提供的信息，以及实现专用的信息，设置列对象的值，正常时返回 noError 响应，并且置状态列为 active。如果代理不能完成必要的操作，则返回 inconsistentValue，管理站根据返回信息确定是否重发 set 操作。

（3）初始化非默认值对象。

管理站用 get 操作查询所有列，以确定是否能够或需要设置列对象的值，如果代理返回一个值，表示代理实现了该列的对象类型，而且能够提供默认值。如果该列的访问特性是 read-write，则管理站可用 set 操作改变该列的值。如果代理返回 noSuchInstance，说明代理实现了该列的对象类型，该列也是管理站可访问的，但代理不提供默认值。如果列访问特性是 read-write，则管理站必须用 set 操作设置这个列对象的值。如果代理返回 noSuchObject，说明代理没有实现该列的对象类型，或者该列是管理站不可访问的，则管理站不能设置该对象的值。如果状态列的值是 notReady，则管理站应该首先处理其值为 noSuchInstance 的列，这一步完成后，状态列变成 notInService，进行下一步。

（4）激活概念行。

管理站对所有列对象实例满意后，用 set 操作置状态列对象为 active。如果代理有足够的信息使得概念行可用，则返回 noError。如果代理没有足够的信息使得概念行可用，则返回 notInService。

至此，行的生成过程完成了。在具体实现时，如何设计行的生成算法，需要考虑很多因素，首先要解决如下几个主要问题。

- 表可能很大，一个 set PDU 不能容纳行中的所有变量。
- 代理可能不支持表定义中的某些对象。
- 管理站不能访问表中的某些对象。
- 可能有多个管理站同时访问一个表。
- 生成操作不能被任意改变。
- 代理在行生成之前要检查是否出现 tooBig 错误。
- 概念行中可能同时有 read-only 和 read-create 对象。

解决这些问题的方法不同，就会有不同的行生成方案。另外还希望实现的系统具有下列有用的特点。

- 应容许在简单的代理系统上实现。
- 代理在生成行的过程中不必考虑行之间的语义关系。
- 不应为了生成行而增加新的 PDU。
- 生成操作应在一个事务处理中完成。
- 管理站可以盲目地接受列对象的默认值。
- 应该允许管理站查询列对象的默认值，并自主决定是否重写列对象的值。
- 有些表的索引可取唯一的任意值，对于这种表应该允许代理自主选择索引的值。
- 在行的生成过程中，应允许代理自主选择索引值，这样可以减少管理站的负担，由管理站寻找一个未用的索引值可能更费事。

2. 概念行的挂起

当概念行处于 active 状态时，如果管理站希望概念行脱离服务，以便修改，则可以发出 set 命令，把状态列由 active 置为 notInService。这时有两种可能：若代理不执行该操作，则返回 wrongValue；若代理可执行该操作，则返回 noError。

表定义中的 DESCRIPTION 子句需指明，在何种情况下可以把状态列置为 notInService。

3. 概念行的删除

管理站发出 set 命令，把状态列置为 destroy，如果这个操作成功，概念行立即被删除。

3.6.4 通知和信息模块

SNMPv2 提供了通知类型的宏定义 NOTIFICATION-TYPE，用于定义异常条件出现时，SNMPv2 实体发送的信息。NOTIFICATION-TYPE 表示在图 3-16 中。任选的 OBJECT 子句定义了包含在通知实例中的 MIB 对象序列。当 SNMPv2 实体发送通知时，这些对象的值被传送给管理站，DESCRIPTION 子句说明了通知的语义。任选的 REFERENCE 子句包含对其他 MIB 模块的引用。下面是按照这个宏写出的陷入的定义。

```
NOTIFICATION-TYPE   MACRO::=BEGIN
TYPE NOTATION::=ObjectsPart
                "STATUS" Status
                "DESCRIPTION" Text
                ReferPart
VALUE NOTATION::=value（VALUE NotificationName）
ObjectsPart::="OBJECTS" "{" Objects "}" |empty
Objects::=Objects|Object " , " Object
Object::=value（Name ObjectName）
Status::="current"|"deprecated"|"obsolete"
ReferPart::="REFERENCE" Text|empty
Text::="""string"""
END
```

图 3-16　NOTIFICATION-TYPE 宏定义

```
linkUp NOTIFICATION-TYPE
   OBJECT ｛ifIndex, ifAdminStatus, ifOperStatus｝
   STATUS   current
   DESCRIPTION
     "A linkUp trap signifies that the SNMPv2 entity, acting in an agent
     role, has detected that the ifOperStatus object for one of its
     communication links has transitioned out of the down state."
   ::= ｛snmpTraps 4｝
```

SNMPv2 还引入了信息模块的概念，用于说明一组有关的定义，共有以下 3 种信息模块。

● MIB 模块：包含一组有关的管理对象的定义。

● MIB 的依从性声明模块：使用 MODULE-COMPLIANCE 和 OBJECT-GROUP 宏说明有关管理对象实现方面的最小要求。

● 代理能力说明模块：用 AGENT-CAPABILITIES 宏说明代理实体应该实现的能力。

3.6.5 SNMPv2 管理信息库

SNMPv2 MIB 扩展和细化了 MIB-2 中定义的管理对象，又增加了新的管理对象。下面介绍

SNMPv2 定义的各个功能组。

1. 系统组

SNMPv2 的系统组是 MIB-2 系统组的扩展，这个组的管理对象如图 3-17 所示。可以看出，这个组只是增加了与对象资源（object resource）有关的一个标量对象 sysORLastChange 和一个表对象 sysORTable，它仍然属于 MIB-2 的层次结构。SNMPv 2 新增加的对象如表 3-3 所示。所谓对象资源，是指由代理实体使用和控制的、可以由管理站动态配置的系统资源。标量对象 sysORLastChange 记录对象资源表中描述的对象实例改变状态（或值）的时间。对象资源表是一个只读的表，每一个可动态配置的对象资源占用一个表项。

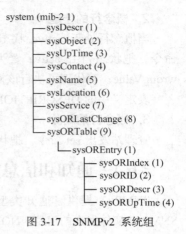

图 3-17 SNMPv2 系统组

表 3-3 　　　　　　　　　　　　　　　　SNMPv2 系统组新增的对象

对　　　象	语　　　法	描　　　述
sysORLastChange	TimeStamp	sysORID 的任何实例的状态或值最近改变时，sysUpTime 的值
sysORTable	SEQUENCE OF	作为代理的 SNMPv2 实体中的可动态配置的对象资源表
sysORIndex	INTRGER	索引，唯一确定一个具体的可动态配置的对象资源
sysORID	OBJECT DENTIFIER	类似于 MIB-2 中的 sysObjectID，表示这个实体的 ID
sysORDescr	DisplayString	对象资源的文字描述
sysORUpTime	TimeStamp	这个行最近开始作用时，sysUpTime 的值

2. SNMP 组

这个组是由 MIB-2 的对应组改造而成的，有些对象被删除了，同时又增加了一些新对象，如图 3-18 所示。可以看出，新的 SNMP 组对象少了，去掉了许多对排错作用不大的变量。

图 3-18 改进的 SNMP 组

3. MIB 对象组

这个新组与对管理对象的控制有关，分为两个子组，如图 3-19 所示。第一个子组 snmpTrap 由以下两个对象组成。

● snmpTrapOID：这是正在发送陷入或通知的对象标识符，这个变量出现在陷入 PDU 或通知请求 PDU 变量绑定表中的第二项。

● snmpTrapEnterprise：这是与陷入有关的制造商的对象标识符，当 SNMPv2 的委托代理把一个 RFC1157 陷入 PDU 映像到 SNMPv2 陷入 PDU 时，这个变量出现在变量绑定表的最后。

第二个子组 snmpSet 仅有一个对象 snmpSerialNo，这个对象用于解决 set 操作中可能出现的以下两个问题。

图 3-19　SNMP MIB 对象组

● 一个管理站可能向同一 MIB 对象发送多个 set 操作，保证这些操作按照发送的顺序在 MIB 中执行是必要的，即使在传送过程中次序发生了错乱。

● 多个管理站对 MIB 的并发操作可能破坏了数据库的一致性和精确性。

解决这些问题的方法如下：snmpSerialNo 的语法是 TestAndIncr（文字约定取 0～2 147 483 647 中的一个整数），假设它的当前值是 K，如果代理收到的 set 操作置 snmpSerialNo 的值为 K，则这个操作成功，响应 PDU 中返回 K 值，这个对象的新值增加为 $K+1$（$\bmod\ 2^{31}$），如果代理收到一个 set 操作，置这个对象的值不等于 K，则这个操作失败，返回错误值 inconsistentValue。

set 操作具有原子性，要么全部完成，要么一个也不做。当管理站需要设置一个或多个 MIB 对象的值时，它首先检索 snmpSet 对象的值，然后管理站发出 set 请求 PDU，变量绑定表中包含要设置的 MIB 变量及其值，也包含它检索到的 snmpSerialNo 的值。按照上面的规则 1，这个操作成功。如果有多个管理站发出的 set 请求具有同样的 snmpSerialNo 值，则先到的 set 操作成功，snmpSerialNo 的值增加后使其他操作失败。

4. 接口组

MIB-2 定义的接口组经过一段时间的使用，发现有很多缺陷。RFC1573 分析了原来的接口组没有提供的功能和其他不足之处。

（1）接口编号：MIB-2 接口组定义变量 ifNumber 作为接口编号，而且是常数，这对于允许动态增加/删除网络接口的协议（如 SLIP/PPP）是不合适的。

（2）接口子层：有时需要区分网络层下面的各个子层，而 MIB-2 没有提供这个功能。

（3）虚电路问题：对应一个网络接口可能有多个虚电路。

（4）不同传输特性的接口：MIB-2 接口表记录的内容只适合基于分组传输的协议，不适合面向字符的协议（如 PPP、EIA RS-232），也不适合面向比特的协议（如 DS1）和固定信息长度传输的协议（如 ATM）。

（5）计数长度：当网络速度增加时，32 位的计数器经常溢出回零。

（6）接口速率：ifSpeed 最大值为（$2^{32}-1$）bit/s，但是现在有的网络速度已远远超过这个限制，例如，SONET OC-48 为 2.448Gbit/s。

（7）组播/广播分组计数：MIB-2 接口组不区分组播分组和广播分组，但分别计数有时是有用的。

（8）接口类型：ifType 表示接口类型，MIB-2 定义的接口类型不能动态增加，只能在推出新的 MIB 版本时再增加，而这个过程一般需要几年时间。

（9）ifSpecific 问题：MIB-2 对这个变量的定义很含糊。有的实现给这个变量赋予介质专用的 MIB 的对象标识符，而有的实现赋予介质专用表的对象标识符，或者是这种表的入口对象标识符，甚至是表的索引对象标识符。

根据以上分析，RFC1573 对 MIB-2 接口组做了一些小的修改，主要是纠正了上面提到的有些问题。例如，重新规定 ifIndex 不再代表一个接口，而是用于区分接口子层，而且不再限制 ifIndex

的取值必须为 1～ifNumber。这样对应一个物理接口可以有多个代表不同逻辑子层的表行，还允许动态增加/删除网络接口。RFC1573 废除了一些用处不大的变量，如 ifInNUcastPkts 和 ifOutNUPkts，它们的作用已经被接口扩展表中的新变量代替。由于变量 ifOutQLen 在实际中很少实现，也被废除了。变量 ifSpecific 由于前述原因被废除了，它的作用已被 ifType 代替。同时把 ifType 的语法改变为 IANAifType，而这种类型可以由 Internet 编码机构（Internet Assigned Number Authority）随时更新，从而不受 MIB 版本的限制。另外 RFC1573 还对接口组增加了 4 个新表，如图 3-20 所示。

ifMIBObjects（snmpMIB 1）

- ifXTable（1）接口扩展表
- ifStackTable（2）接口堆栈表
- ifTestTable（3）接口测试表
- ifRcvAddressTable（4）接口接收地址表

图 3-20　接口组增加的表

5. 接口扩展表

接口扩展表 ifXTable 的结构如图 3-21 所示。变量 ifName 表示接口名，表中可能有代表不同子层的多个行属于同一接口，它们具有同一接口名。下面的 4 个变量（ifInMulticastPkts、ifInBroadcastPkts、ifOutMulticastPkts 和 ifOutBroadcastPkts）代替了原表中的 ifNNUcastPkts 和 ifOutNUPkts，分别计数输入/输出的组播/广播分组数。紧接着的 8 个变量（6～13）是 64 位的高容量计数器，用于高速网络中的字节/分组计数。变量 ifLinkUpDownTrapEnable 分别用枚举整数值 enabled（1）和 disabled（2）表示使能/不使能 linkup 和 linkDown 陷入。下一个变量 ifHighSpeed 是计量器，记录接口的瞬时数据速率（Mbit/s）。如果它的值是 n，则表示接口当时的速率在 $[n-0.5, n+0.5]$Mbit/s 区间。对象 ifPromiscuousMode 具有枚举整数值 true（1）或 false（2），用于说明接口是否接收广播和组播分组。最后一个变量 ifConnectorPresent 的类型与 ifPromiscuousMode 相同，它说明接口子层是否具有物理连接器。

ifXTable（1）

- ifXEntry
  - ifName（1）
  - ifInMulticastPkts（2）
  - ifInBroadcastPkts（3）
  - ifOutMulticastPkts（4）
  - ifOutBroadcastPkts（5）
  - ifHCInOctets（6）
  - ifHCInUcastPkts（7）
  - ifHCInMulticastPkts（8）
  - ifHCInBroadcastPkts（9）
  - ifHCOutOctets（10）
  - ifHCOutUcastPkts（11）
  - ifHCOutMulticastPkts（12）
  - ifHCOutBroadcastPkts（13）
  - ifLinkUpDownTrapEnable（14）
  - ifHighSpeed（15）
  - ifPromiscuousMode（16）
  - ifConnectorPresent（17）

图 3-21　接口扩展表

6. 接口堆栈表

接口堆栈表（见图 3-22）说明接口表中属于同一物理接口的各个行之间的关系，指明哪些子层运行于哪些子层之上。该表中的一行定义了 ifTable 中两行之间的上下层关系，ifStackHigherLayer 表示上层行的索引值，ifStackLowerLayer 表示下层行的索引值，而 ifStackStatus 表示行状态，用于生成和删除行。

7. 接口测试表

接口测试表（见图 3-23）的作用是由管理站指示代理系统测试接口的故障。该表的一行代表一个接口测试。其中的变量 ifTestId 表示每个测试的唯一标识符，变量 ifTestStatus 说明这个测试是否正在进行，可以取值 notInUse（1）或 inUse（2），测试类型变量 ifTestType 可以由管理站设置，以便启动测试工作。这 3 个变量的值都与测试逻辑有关。测试结果由变量 ifTestResult 和 ifTestCode 给出，代理返回管理站的 ifTestResult 变量可能取下列值之一。

图 3-23　接口测试表

图 3-22　接口堆栈表

- none（1）：没有请求测试。
- success（2）：测试成功。
- inProgress（3）：测试正在进行。
- notSupported（4）：不支持请求的测试。
- unAbleRun（5）：由于系统状态不能测试。
- aborted（6）：测试夭折。
- failed（7）：测试失败。

ifTestCode 返回有关测试结果的详细信息。

管理站如果要对一个接口进行测试，首先检索变量 ifTestId 和 ifTestStatus 的值。如果测试状态是 notInUse，则管理站发出 setPDU，置 ifTestId 的值为先前检索的值。由于 ifTestId 的类型是 TestAndIncr，这一步骤实际是对多个管理站之间并发操作的控制。如果这一步成功，则由代理系统置 ifTestStatus 为 inUse，置 ifTestOwner 为管理站的标识字节串，于是该管理站得到了进行测试的权利。然后管理站发出 set 命令，置 ifTestType 为 test_to_run，指示代理系统开始测试。代理启动测试后，立即返回 ifTestResult 的值 inProgress。测试完成后，代理给出测试结果 ifTestResult 和 ifTestCode。

8. 接收地址表

接收地址表（见图 3-24）包含每个接口对应的各种地址（广播地址、组播地址和单播地址）。这个表的第一个变量 ifRcvAddressAddress 表示接口接收分组的地址，第三个变量 ifRcvAddressType 表示地址的类型，可以取值 other（1）、volatile（2）或 nonVolatile（3）。所谓易失的（volatile）地址，是系统断电后就丢失了，非易失的地址永远存在。变量 ifRcvAddressStatus 用于增加和删除行。

图 3-24　接收地址表

3.7　SNMPv2 协议数据单元

SNMPv2 提供了以下 3 种访问管理信息的方法。

- 管理站和代理之间的请求/响应通信，这种方法与 SNMPv1 相同。

● 管理站和管理站之间的请求/响应通信，这种方法是 SNMPv2 特有的，可以由一个管理站把有关管理信息告诉另外一个管理站。

● 代理系统到管理站的非确认通信，即由代理向管理站发送陷入报文，报告出现的异常情况。SNMPv1 中也有对应的通信方式。

3.7.1 SNMPv2 报文

SNMPv2 PDU 封装在报文中传送，报文头提供了简单的认证功能，而 PDU 可以完成上面提到的各种操作。下面首先介绍报文头的格式和作用，然后讨论协议数据单元的结构。

SNMPv2 报文的结构分为 3 部分：版本号、团体名和作为数据传送的 PDU。这个格式与 SNMPv1 相同。版本号取值 0 代表 SNMPv1，取值 1 代表 SNMPv2。团体名提供简单的认证功能，与 SNMPv1 的用法一样。

SNMPv2 实体发送一个报文一般要经过以下 4 个步骤。

（1）根据要实现的协议操作构造 PDU。

（2）把 PDU、源和目标端口地址以及团体名传送给认证服务，认证服务产生认证码或对数据进行加密，返回结果。

（3）加入版本号和团体名，构造报文。

（4）进行 BER 编码，产生 0/1 比特串，发送出去。

SNMPv2 实体接收到一个报文后要完成下列动作。

（1）对报文进行语法检查，丢弃出错的报文。

（2）把 PDU 部分、源和目标端口号交给认证服务。如果认证失败，则发送一个陷入，丢弃报文。

（3）如果认证通过，则把 PDU 转换成 ASN.1 的形式。

（4）协议实体对 PDU 做句法检查，如果通过，则根据团体名和适当的访问策略作相应的处理。

3.7.2 SNMPv2 PDU

SNMPv2 共有 6 种协议数据单元，分为 3 种 PDU 格式，如图 3-25 所示。注意，GetRequest、GetNextRequest、SetRequest、InformRequest 和 Trap 5 种 PDU 与 Response PDU 具有相同的格式，只是它们的错误状态和错误索引字段被置为 0，这样就减少了 PDU 格式的种类。

PDU 类型	请求标识	0	0	变量绑定表

（a）GetRequest、GetNextRequest、SetRequest、InformRequest 和 Trap

PDU 类型	请求标识	错误状态	错误索引	变量绑定表

（b）Response PDU

PDU 类型	请求标识	非重复数 N	最大后继数 M	变量绑定表

（c）GetBulkRequest PDU

图 3-25　SNMPv2 PDU 格式

这些协议数据单元在管理站和代理系统之间或者两个管理站之间交换，以完成需要的协议操作。它们的交换序列如图 3-26 和图 3-27 所示。下面解释管理站和代理系统对这些 PDU 的处理和应答过程。

图 3-26　管理站和代理之间的通信

图 3-27　管理站和管理站之间的通信

1. GetRequestPDU

SNMPv2 对这种操作的响应方式与 SNMPv1 不同，SNMPv1 的响应是原子性的，即只要有一个变量的值检索不到，就不返回任何值。而 SNMPv2 的响应不是原子性的，允许部分响应，按照以下规则对变量绑定表中的各个变量进行处理。

● 如果该变量的对象标识符前缀不能与这一请求可访问的任何变量的对象标识符前缀匹配，则返回一个错误值 noSuchObject。

● 如果变量名不能与这一请求可访问的任何变量名完全匹配，则返回一个错误值 noSuchInstance。这种情况可能出现在表访问中，访问了不存在的行，或正在生成中的表行等。

● 如果不属于以上情况，则在变量绑定表中返回被访问的值。

● 如果由于任何其他原因而处理失败，则返回一个错误状态 genErr，对应的错误索引指向有问题的变量。

● 如果生成的响应 PDU 太大，超过了本地的或请求方的最大报文限制，则放弃这个 PDU，构造一个新的响应 PDU，其错误状态为 tooBig，错误索引为 0，变量绑定表为空。

改变 get 响应的原子性为可以部分响应是一个重大进步。在 SNMPv1 中，如果 get 操作的一个或多个变量不存在，代理就返回错误 noSuchName。剩下的事情完全由管理站处理，要么不向上层返回值；要么去掉不存在的变量，重发检索请求，然后向上层返回部分结果。由于生成部分检索算法的复杂性，很多管理站并不实现这一功能，所以就不可能与实现部分管理对象的代理系统互操作。

2. GetNextRequestPDU

在 SNMPv2 中，这种检索请求的格式和语义与 SNMPv1 基本相同，唯一的差别就是改变了响应的原子性。SNMPv2 实体按照下面的规则处理 GetNext PDU 变量绑定表中的每一个变量，构造响应 PDU。

● 对变量绑定表中指定的变量在 MIB 中查找按照词典顺序得到的后继变量，如果找到，返回该变量（对象实例）的名字和值。

● 如果找不到按照词典顺序指定的后继变量，则返回请求 PDU 中的变量名和错误值 endOfMibView。

● 如果出现其他情况使得构造响应 PDU 失败，以与 GetRequest 类似的方式返回错误值。

3. GetBulkRequestPDU

这是 SNMPv2 对原标准的主要增强，目的是以最少的交换次数检索大量的管理信息。对这个操作的响应，在选择 MIB 变量值时，采用与 GetNextRequest 同样的原理，即按照词典顺序选择后继对象实例，但是这个操作可以说明多种不同的后继。

这种块检索操作的工作过程为：假设 GetBulkRequestPDU 变量绑定表中有 L 个变量，该 PDU 的"非重复数"字段的值为 N，则对前 N 个变量应各返回一个词典后继。再设请求 PDU 的"最大后继数"字段的值为 M，则对于其余的 $R=L-N$ 个变量，应该各返回最多 M 个词典后继。如果可能，总共返回 $N+R\times M$ 个值，这些值的分布如图 3-28 所示。如果在任何一步查找过程中遇到不存在后继的情况，则返回错误值 endOfMibView。

图 3-28　GetBulkRequest 检索得到的值

举例说明块检索的方法，假设有下面的表：

ifIndex	ipNetToMediaNetAddress	ipNetToMediaPhysAddress	ipNetToMediaType
1	9.2.3.4	00 00 10 54 32 10	dynamic
1	10.0.0.51	00 00 10 01 23 45	static
2	10.0.0.15	00 00 10 98 76 54	dynamic

这个表的索引由前两个变量组成。如果管理站希望检索这个表的值和一个标量对象 sysUpTime 的值，则可以发出以下请求。

```
GetBulkRequest[非重复数=1，最大后继数=2]
            {sysUpTime, ipNetToMediaPhysAddress, ipNetToMediaType}
```

代理的响应如下。

```
Response((sysUpTime.0="123 456"),
         (ipNetToMediaPhysAddress.1.9.2.3.4="00 00 10 54 32 10"),
         (ipNetToMediaType.1.9.2.3.4="dynamic"),
         (ipNetToMediaPhysAddress.1.10.0.0.51="00 00 10 01 23 45"),
         (ipNetToMediaType.1.10.0.0.51 ="static"))
```

管理站又发出下一个请求。

```
GetBulkRequest[非重复数=1，最大后继数=2]
            {sysUpTime, ipNetToMediaPhysAddress.1.10.0.0.51,
            ipNetToMediaType.1.10.0.0.51}
```

代理的响应如下。

```
Response((sysUpTime.0="123 466"),
         (ipNetToMediaPhysAddress.2.10.0.0.15 ="00 00 10 98 76 54"),
         (ipNetToMediaType.2.10.0.0.15="dynamic"),
         (ipNetToMediaType.1.9.2.3.4="dynamic"),
         (ipRoutingDiscards.0="2"))
```

4. SetRequestPDU

这个请求的格式和语义与 SNMPv1 的基本相同，差别是处理响应的方式不同。SNMPv2 实体分两个阶段处理这个请求的变量绑定表，首先检验操作的合法性，然后更新变量。如果至少有一个变量绑定的合法性检验没有通过，则不进行下一阶段的更新操作，所以这个操作与 SNMPv1 一样，是原子性的，合法性检验的内容如下。

- 如果有一个变量不可访问，则返回错误状态 noAccess。
- 如果与绑定表中变量共享对象标识符的任何 MIB 变量都不能生成、不能修改，也不接受指定的值，则返回错误状态 notWritable。
- 如果要设置的值的类型不适合被访问的变量，则返回错误状态 wrongType。
- 如果要设置的值的长度与变量的长度限制不同，则返回错误状态 wrongLength。
- 如果要设置的值的 ASN.1 编码不适合变量的 ASN.1 标签，则返回错误状态 wrong Encoding。
- 如果指定的值在任何情况下都不能赋予变量，则返回错误状态 wrongValue。
- 如果变量不存在，也不能生成，则返回错误状态 noCreation。
- 如果变量不存在，只是在当前的情况下不能生成，则返回错误状态 inconsistantName。
- 如果变量存在，但不能修改，则返回错误状态 notWritable。
- 如果变量在其他情况下可以赋予指定的值，但当前不行，则返回错误状态 inconsistantValue。
- 如果为了给变量赋值而缺乏需要的资源，则返回错误状态 resourceUnavailable。
- 如果由于其他原因而处理变量绑定对失败，则返回错误状态 genErr。

如果对任何变量检查出上述任何一种错误，则在响应 PDU 变量绑定表中设置对应的错误状态，错误索引设置为问题变量的序号。使用如此之多的错误代码也是 SNMPv2 的一大进步，这使得管理站能了解详细的错误信息，以便采取纠正措施。

如果没有检查出错误，就可以给所有指定变量赋予新值。若至少有一个赋值操作失败，则所有赋值被撤销，并返回错误状态为 commitFailed 的 PDU，错误索引指向问题变量的序号。但是若不能全部撤销所赋的值，则返回错误状态 undoFailed，错误索引字段置 0。

5. TrapPDU

陷入是由代理发给管理站的非确认消息。SNMPv2 的陷入采用与 Get 等操作相同的 PDU 格式，这一点也是与原标准不同的。TrapPDU 的变量绑定表中应报告的内容如下。

- sysUpTime.0 的值，即发出陷入的时间。
- snmpTrapOID.0 的值，这是 SMPv2 MIB 对象组定义的陷入对象的标识符。
- 有关通知宏定义中包含的各个变量及其值。
- 代理系统选择的其他变量的值。

6. InformRequestPDU

这是管理站发送给管理站的消息，PDU 格式与 Get 等操作相同，变量绑定表的内容与陷入报文的相同，但是与陷入不同的是，这个消息是需要应答的。管理站收到通知请求后，首先要看应答报文的大小，如果应答报文大小超过本地或对方的限制，则返回错误状态 tooBig。如果接收的请求报文不是太大，则把有关信息传送给本地的应用实体，返回一个错误状态为 noErr 的响应报文，其变量绑定表与收到的请求 PDU 相同。

3.7.3　管理站之间的通信

SNMPv2 增加的管理站之间的通信机制是分布式网络管理所需要的功能，为此引入了通知报文 InformRequest 和管理站数据库（manager-to-manager MIB）。管理站数据库主要由以下 3 个表组成。

- snmpAlarmTable：报警表提供被监视的变量的有关情况。
- snmpEventTable：事件表记录 SNMPv2 实体产生的重要事件、报警事件，或者通知类型宏定义的事件。
- snmpEventNotifyTable：事件通知表定义了发送通知的目标和通知的类型。

由这 3 个表以及其他有关标量对象共同组成了 snmpM2M 模块，该模块表示管理站之间交换的主要信息。下面介绍以上 3 个表的内容。

报警表如图 3-29 所示，有 5 个变量，解释如下。

- snmpAlarmSampleType（4）采样类型，可取两个值：absoluteValue（1）和 deltaValue（2）。
- snmpAlarmStartUpAlarm（6）报警方式，可取 3 个值：risingAlarm（1）、fallingAlarm（2）和 risingOrFallingAlarm（3）。
- snmpAlarmRisingEventIndex（9）事件表索引，当被采样的变量超过上升门限时产生该事件。
- snmpAlarmFallingEventIndex（10）事件表索引，当被采样的变量低于下降门限时产生该事件。
- snmpAlarmUnavailableEventIndex（11）事件表索引，当被采样的变量不可用时产生该事件。

图 3-29　snmpAlarmTable

事件表共有 6 个变量，如图 3-30 所示。事件通知表有 4 个变量，如图 3-31 所示。这两个表已经对其中的变量做了解释。

图 3-30　snmpEventTable

snmpEventNotifyTable
└── snmpEventNotifyEntry
　　├── snmpEventNotifyIntervalRequested（1）传送通知请求的时间间隔
　　├── snmpEventNotifyRetransmissionsRequested（2）重传通知请求的次数
　　├── snmpEventNotifyLifetime（3）事件保持时间，超时后行失效
　　└── snmpEventNotifyStatus（4）行状态

图 3-31　snmpAlarmNotifyTable

3.8　SNMPv3

3.8.1　SNMPv3 管理框架

在 RFC2571 描述的管理框架中，以前叫做管理站和代理的东西现在统一叫做 SNMP 实体（SNMP entity）。实体是体系结构的一种实现，由一个 SNMP 引擎（SNMP engine）和一个或多个有关的 SNMP 应用（SNMP Application）组成。SNMP 实体的组成元素如图 3-32 所示。

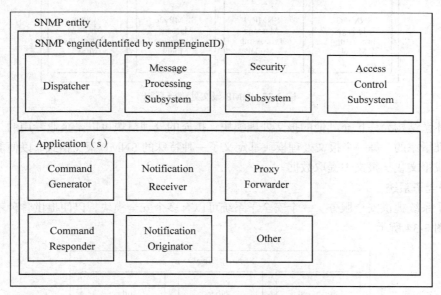

图 3-32　SNMP 实体

3.8.2　SNMP 引擎

SNMP 引擎提供下列服务。

- 发送和接收报文。
- 认证和加密报文。
- 控制对管理对象的访问。

SNMP 引擎的标识符为 snmpEngineID，这个标识在一个上层管理域中是无二义性的。由于

SNMP 引擎和 SNMP 实体具有一一对应的关系，所以 snmpEngineID 也是对应的 SNMP 实体的唯一标识。SNMP 引擎具有复杂的结构，它包含一个调度器（dispatcher）、一个报文处理子系统（message processing subsystem）、一个安全子系统（security subsystem），以及一个访问控制子系统（access control subsystem）。

1. 调度器

一个 SNMP 引擎只有一个调度器，它可以并发地处理多个版本的 SNMP 报文。调度器的功能如下。

- 发送/接收 SNMP 报文。
- 确定 SNMP 报文的版本，并交给相应的报文处理模块处理。
- 为接收 PDU 的 SNMP 应用提供一个抽象的接口。
- 为发送 PDU 的 SNMP 应用提供一个抽象的接口。

2. 报文处理子系统

报文处理子系统由一个或多个报文处理模块（message processing model）组成。每一个报文处理模块定义了一种特殊的 SNMP 报文格式，它的功能是按照预定的格式准备要发送的报文，或者从接收的报文中提取数据，如图 3-33 所示。

图 3-33　NMP 报文处理子系统

这种体系结构允许扩充其他的报文处理模块，扩充的处理模块可以是企业专用的，也可以是以后的标准增添的。每一个报文处理模块都定义了一种特殊的 SNMP 报文格式，以便能够按照这种格式生成报文或从报文中提取数据。

3. 安全子系统

安全子系统提供安全服务。一个安全子系统可以有多个安全模块，以便提供各种不同的安全服务，如图 3-34 所示。

图 3-34　安全子系统

安全子系统由安全模型和安全协议组成。每一个安全模块定义了一种具体的安全模型，说明可以防护的安全威胁，它提供安全服务的目标和使用的安全协议；安全协议说明了用于提供安全服务（如认证和加密）的机制、过程以及 MIB 对象。目前的标准提供了基于用户的安全模型（user-based security model）。

4. 访问控制子系统

访问控制子系统通过访问控制模块（access control model）提供授权服务，即确定是否允许访问一个管理对象，或者是否可以对某个管理对象实施特殊的管理操作，如图 3-35 所示。每个访问控制模块定义了一个具体的访问决策功能，用以支持对访问权限的决策。在应用程序的处理过程中，访问控制模块还可以通过已定义的 MIB 模块配置访问控制策略。SNMPv3 定义了基于视图的访问控制模型（view-based access control model）。

图 3-35　访问控制子系统

3.8.3　应用程序

SNMPv3 的应用程序分为以下 5 种，如图 3-32 所示。

- 命令生成器（command generators）：建立 SNMP Read/Write 请求，并且处理这些请求的响应。
- 命令响应器（command responders）：接收 SNMP Read/Write 请求，对管理数据进行访问，并按照协议规定的操作产生响应报文，返回给读/写命令的发送者。
- 通知发送器（notification originators）：监控系统中出现的特殊事件，产生通知类报文，并且要有一种机制，以决定向何处发送报文，使用什么 SNMP 版本和安全参数等。
- 通知接收器（notification receivers）：监听通知报文，并对确认型通知产生响应。
- 代理转发器（proxy forwarders）：在 SNMP 实体之间转发报文。

在 SNMP 的历史上使用的 "proxy" 一词有多种含义，但是在 RFC 2573 中则是专指转发 SNMP 报文，而不考虑报文中包含何种对象，也不处理 SNMP 请求，所以它与传统的 SNMP 代理（Agent）是不同的。

3.8.4　SNMP 管理站和代理

一个 SNMP 实体包含一个或多个命令生成器，以及通知接收器，这种实体传统上叫做 SNMP 管理站，如图 3-36 所示。

一个 SNMP 实体包含一个或多个命令响应器，以及通知发送器，这种实体传统上叫做 SNMP 代理，如图 3-37 所示。

3.8.5　基于用户的安全模型（USM）

SNMPv3 把对网络协议的安全威胁分为主要的和次要的两类。标准规定安全模块必须提供防护的两种主要威胁如下。

- 修改信息（modification of information）：未经授权的实体改变了进来的 SNMP 报文，企图实施未经授权的管理操作，或者提供虚假的管理对象。
- 假冒（masquerade）：未经授权的用户冒充授权用户的标识，企图实施管理操作。

图 3-36　管理站

图 3-37　SNMP 代理

标准还规定安全模块必须对以下两种次要威胁提供防护。

● 修改报文流（message stream modification）：由于 SNMP 通常是基于无连接的传输服务，重新排序报文流、延迟或重放报文的威胁都可能出现。这种威胁的危害性在于通过报文流的修改可能实施非法的管理操作。

- 消息泄露（disclosure）：SNMP 引擎之间交换的信息可能被偷听，对这种威胁的防护应采取局部的策略。

以下两种威胁是不必防护的，因为它们不是很重要，或者这种防护没有多大作用。

- 拒绝服务（denial of service）：因为在很多情况下拒绝服务和网络失效是无法区别的，所以可以由网络管理协议来处理，安全子系统不必采取措施。
- 通信分析（traffic analysis）：即由第三者分析管理实体之间的通信规律，从而获取需要的信息。由于通常都是由少数管理站来管理整个网络的，所以管理系统的通信模式是可预见的，防护通信分析就没有多大作用了。

因此，RFC2574 把安全协议分为以下 3 个模块。

- 时间序列模块：提供对报文延迟和重放的防护。
- 认证模块：提供数据完整性认证和数据源认证。
- 加密模块：防止报文内容泄露。

1. 时间序列模块

为了防止报文被重放和故意延迟，在每一次通信中有一个 SNMP 引擎被指定为是有权威的（authoritative，AU），而通信对方则是无权威的（non-authoritative，NA）。当 SNMP 报文要求响应时，该报文的接收者是有权威的。反之，当 SNMP 报文不要求响应时，该报文的发送者是有权威的。有权威的 SNMP 引擎维持一个时钟值，无权威的 SNMP 引擎跟踪这个时钟值，并保持与之松散同步。时钟由以下两个变量组成。

- snmpEngineBoots：SNMP 引擎重启动的次数。
- snmpEngineTime：SNMP 引擎最近一次重启动后经过的秒数。

SNMP 引擎首次安装时置这两个变量的值为 0。SNMP 引擎重启动一次，snmpEngineBoots 增值一次，同时 snmpEngineTime 被置 0，并重新开始计时。如果 snmpEngineTime 增加到了最大值 2 147 483 647，则 snmpEngineBoots 加 1，而 snmpEngineTime 回 0，就像 SNMP 引擎重新启动过一样。

另外还需要一个时间窗口来限定报文提交的最大延迟时间，这个界限通常由上层管理模块决定，延迟时间在这个界限之内的报文都是有效的。在 RFC2574 文件中，时间窗口定为 150s。

对于一个 SNMP 引擎，如果要把一个报文发送给有权威的 SNMP 引擎，或者要验证一个从有权威的 SNMP 引擎接收来的报文，那么它必须首先"发现"有权威的 SNMP 引擎的 snmpEngineBoots 和 snmpEngineTime 值。发现过程是由无权威的 SNMP 引擎（NA）向有权威的 SNMP 引擎（AU）发送一个 Request 报文，其中，

```
msgAuthoritativeEngineID=AU 的 snmpEngineID
msgAuthoritativeEngineBoots=0
msgAuthoritativeEngineTime=0
```

而有权威的 SNMP 引擎返回一个 Report 报文，其中，

```
msgAuthoritativeEngineID=AU 的 snmpEngineID
msgAuthoritativeEngineBoots=snmpEngineBoots
msgAuthoritativeEngineTime=snmpEngineTime
```

于是，无权威的 SNMP 引擎把发现过程中得到的 msgAuthoritativeEngineBoots 和 msgAuthoritative EngineTime 值存储在本地配置数据库中，分别记为 BootsL 和 TimeL。

当有权威的 SNMP 引擎收到一个认证报文时，从其中提取 msgAuthoritativeEngineBoots 和 msgAuthoritativeEngineTime 字段的新值，分别记为 BootsA 和 TimeA。如果下列条件之一成立，

则认为该报文在时间窗口之外。

- BootsL 为最大值 2 147 483 647。
- BootsA 与 BootsL 的值不同。
- TimeA 与 TimeL 的值之差大于 150s。

当无权威的 SNMP 引擎收到一个认证报文时，从其中提取 msgAuthoritativeEngineBoots 和 msgAuthoritativeEngineTime 字段的新值，分别记为 BootsA 和 TimeA。如果下列条件之一成立，

- BootsA 大于 BootsL。
- BootsA 等于 BootsL，而 TimeA 大于 TimeL。

则引起下面的重同步过程。

- 置 BootsL=BootsA。
- 置 TimeL=TimeA。

当无权威的 SNMP 引擎收到一个认证报文时，如果下列条件之一成立，则认为该报文在时间窗口之外。

- BootsL 为最大值 2 147 483 647。
- BootsA 小于 BootsL 的值。
- BootsA 与 BootsL 的值相等，而 TimeA 比 TimeL 的值小 150s。

值得注意的是，时间序列的验证必须使用认证协议，否则从报文中得到的 msgAuthoritativeEngineBoots 和 msgAuthoritativeEngineTime 就不可靠了。

2. 认证协议

报文认证码（Message Authentication Code，MAC）通常用于共享密钥的两个实体之间，这里的 MAC 机制使用散列（Hash）函数作为密码，所以叫做 HMAC。HMAC 可以结合任何重复加密的散列函数，如 MD5 和 SHA-1。所谓 HMAC-MD5-96 认证协议，就是使用散列函数 MD5 报文认证协议，输出的报文摘要长度为 96 位。

3. HMAC-MD5-96 协议

HMAC-MD5-96 是 USM 必须支持的第一个报文摘要认证协议。这个协议可以验证报文的完整性，还可以验证数据源的有效性，实现这个协议涉及下列变量。

- <userName>：表示用户名字的字符串。
- <authKey>：用户用于计算认证码的密钥，长 16 字节（128 位）。
- <extendedAuthKey>：在 authKey 后面附加 48 个 0 字节，组成 64 字节的认证码。
- <wholeMsg>：需要认证的报文。
- <msgAuthenticationParameters>：计算出的报文认证码。
- <authenticatedWholeMsg>：完整的认证报文。

计算报文摘要的过程如下。

（1）把 msgAuthenticationParameters 字段置为 12 个 0 字节。

（2）根据密钥 authKey 计算 K1 和 K2。

① 在 authKey 后面附加 48 个 0 字节，组成 64 字节的认证码 extendedAuthKey。

② 重复 0x36 字节 64 次，得到 IPAD。

③ 把 extendedAuthKey 与 IPAD 按位异或（XOR），得到 K1。

④ 重复 0x5C 字节 64 次，得到 OPAD。

⑤ 把 extendedAuthKey 与 OPAD 按位异或（XOR），得到 K2。

（3）把 K1 附加在 wholeMsg 后面，根据 MD5 算法计算报文摘要。

（4）把 K2 附加在上一步得到的结果后面，根据 MD5 算法计算报文摘要（16 字节），取前 12 字节作为最后的报文摘要，即得到报文认证码 MAC。

（5）用上一步得到的 MAC 代替 msgAuthenticationParameters。

（6）返回 authenticatedWholeMsg 作为被认证报文。

为了说明 HMAC-MD5 算法，下面列举取自 RFC2104 中的一个例子。

```c
/* Function: hmac_md5*/
void
hmac_md5(text, text_len, key, key_len, digest)
unsigned char* text;                /* pointer to data stream */
int   text_len;                     /* length of data stream */
unsigned char* key;                 /* pointer to authentication key */
int   key_len;                      /* length of authentication key */
caddr_t        digest;              /* caller digest to be filled in */
{
  MD5_CTX context;
  unsigned char k_ipad[65];         /*inner padding key XORd with ipad*/
  unsigned char k_opad[65];         /* outer padding key XORd with opad*/
  unsigned char tk[16];
  int i;
  /*if key is longer than 64 bytes reset it to key=MD5(key) */
      if (key_len > 64) {
            MD5_CTX      tctx;
            MD5Init(&tctx);
            MD5Update(&tctx, key, key_len);
            MD5Final(tk, &tctx);
            key = tk;
            key_len = 16;
      }
      /* the HMAC_MD5 transform looks like:
       * MD5(K XOR opad, MD5(K XOR ipad, text))
       * where K is an n byte key
       * ipad is the byte 0x36 repeated 64 times
       * opad is the byte 0x5c repeated 64 times
       * and text is the data being protected
       */

      /* start out by storing key in pads */
      bzero(k_ipad, sizeof k_ipad);
      bzero(k_opad, sizeof k_opad);
      bcopy(key, k_ipad, key_len);
      bcopy(key, k_opad, key_len);

      /* XOR key with ipad and opad values */
      for (i=0; i<64; i++) {
            k_ipad[i] ^= 0x36;
            k_opad[i] ^= 0x5c;
      }
                                                /* perform inner MD5 */
      MD5Init(&context);                        /* init context for 1st pass */
      MD5Update(&context, k_ipad, 64)           /* start with inner pad */
```

```
        MD5Update (&context, text, text_len); /* then text of datagram */
        MD5Final (digest, &context);                /* finish up 1st pass */
                                                    /* perform outer MD5 */
        MD5Init (&context);                         /* init context for 2nd pass */
        MD5Update (&context, k_opad, 64);           /* start with outer pad */
        MD5Update (&context, digest, 16);           /* then results of 1st hash */
        MD5Final (digest, &context);                /* finish up 2nd pass */
    }
```

下面是用实际的字符串进行测试的结果。

```
Test Vectors (Trailing '\0' of a character string not included in test):
    key =       0x0b0b0b0b0b0b0b0b0b0b0b0b0b0b0b0b
    key_len =   16 bytes
    data =      "Hi There"
    data_len =  8 bytes
    digest =    0x9 294 727a3 638bb1c13f48ef8 158bfc9d

    key =       "Jefe"
    data =      "what do ya want for nothing?"
    data_len =  28 bytes
    digest =    0x750c783e6ab0b503eaa86e310a5db738

    key =       0xAAAAAAAAAAAAAAAAAAAAAAAAAAAAAAAA
    key_len=    16 bytes
    data =      0xDDDDDDDDDDDDDDDDDDDD...
                ..DDDDDDDDDDDDDDDDDDDD...
                ..DDDDDDDDDDDDDDDDDDDD...
                ..DDDDDDDDDDDDDDDDDDDD...
                ..DDDDDDDDDDDDDDDDDDDD
    data_len =  50 bytes
    digest =    0x56be34 521d144c88dbb8c733f0e8b3f6
```

4. HMAC-SHA-96 认证协议

HMAC-SHA-96 是 USM 必须支持的第二个认证协议，与前一个协议不同的是，它使用 SHA 散列函数作为密码。计算 160 比特的报文摘要，然后截取前 96 比特作为 MAC，这个算法使用的 authKey 为 20 字节的认证码。

5. CBC-DES 对称加密协议

这是为 USM 定义的第一个加密协议，以后还可以增加其他的加密协议。数据的加密使用 DES 算法，56 位密钥，按照 CBC（Cipher Block Chaining）模式对 64 比特的明文块进行替代和换位，最后产生的密文也被分成 64 比特的块。在进行加密之前，先要对用户的私钥（16 字节）进行一些变换，产生数据加密用的 DES 密钥和初始化矢量（initialization vector，IV）。

（1）把 16 字节的私钥的前 8 字节用作 DES 密钥。由于 DES 密钥只有 56 比特，所以每一字节的最低位被丢掉。

（2）私有密钥的后 8 字节作为预初始化矢量 pre-IV。

（3）把加密引擎的 snmEngineBoots（4byte）和加密引擎维护的一个 32 比特整数级连起来，形成 8 字节的 salt。

（4）对 salt 和 pre-IV 进行异或运算（XOR），得到初始化矢量 IV。

（5）对加密引擎维护的 32 位整数加 1，使得每一个报文使用的 32 位整数都不同。

加密过程如下。

（1）被加密的数据是一个字节串，其长度应该是 8 的整数倍，如果不是，则应附加上需要的位数，实际附加什么值则无关紧要。

（2）明文被分成 64 比特的块。

（3）初始化矢量作为第一个密文块。

（4）把下一个明文块与前面产生的密文块进行异或运算。

（5）把前一步的结果进行 DES 加密，产生对应的密文块。

（6）返回第（4）步，直到所有的明文块被处理完。

解密过程如下。

（1）验证密文的长度，如果不是 8 的整数倍，则解密过程停止，返回一个错误。

（2）解密第一个密文块。

（3）把上一步的结果与初始化矢量进行异或，得到第一个明文块。

（4）把下一个密文块解密。

（5）把上一步的结果与前面的密文块进行异或运算，产生对应的明文块。

（6）返回第（4）步，直到所有的密文块被处理完。

6．密钥的局部化

用户通常使用可读的 ASCII 字符串作为口令字（password），所谓的密钥局部化，就是把用户的口令字变换成用户与一个有权威的 SNMP 引擎共享的密钥。虽然用户在整个网络中可能只使用一个口令，但是通过密钥局部化以后，用户与每一个有权威的 SNMP 引擎共享的密钥都是不同的。这样的设计可以防止一个密钥值的泄露而对其他有权威的 SNMP 引擎造成危害。

密钥局部化过程的主要思想是把口令字和相应的 SNMP 引擎标识作为输入，运行一个散列函数（如 MD5 或 SHA），得到一个固定长度的伪随机序列，作为加密密钥，其操作步骤如下。

（1）把口令字重复级连若干次，形成 1MB 的位组串，这一步的目的是防止字典攻击。

（2）对上一步形成的位组串运行一个散列函数，得到 Ku。

（3）把相应的 SNMP 引擎的 snmpEngineID 附加在 Ku 之后，然后再附加上一个 Ku（即两个 Ku 中间夹着一个 snmpEngineID），对整个字符串再一次运行散列函数，得到 64 比特的 Kul，这就是用户和 SNMP 引擎共享的密钥。

下面给出的算法使用 MD5 作为散列函数（也可用 SHA 作为散列函数）。

```
void password_to_key_md5 (
    u_char *password,          /* IN */
    u_int   passwordlen,       /* IN */
    u_char *engineID,          /* IN - pointer to snmpEngineID */
    u_int   engineLength,      /* IN - length of snmpEngineID */
    u_char *key)               /* OUT - pointer to caller 16-octet buffer */
{
    MD5_CTX     MD;
    u_char     *cp, password_buf[64];
    u_long      password_index = 0;
    u_long      count = 0, i;

    MD5Init (&MD);              /* initialize MD5 */
```

```
/**********************************************************/
/*      Use while loop until we've done 1 Megabyte    */
/**********************************************************/
while (count < 1 048 576) {
  cp = password_buf;
  for (i = 0; i < 64; i++) {
/**********************************************************/
/*      Take the next octet of the password, wrapping */
/*      to the beginning of the password as necessary. */
/**********************************************************/
    *cp++ = password[password_index++ % passwordlen];
  }
  MD5Update (&MD, password_buf, 64);
  count += 64;
}
MD5Final (key, &MD);                    /* tell MD5 we're done     */

/**********************************************************/
/*    Now localize the key with the engineID and pass     */
/*    through MD5 to produce final key                    */
/*    May want to ensure that engineLength <= 32,         */
/*    otherwise need to use a buffer larger than 64       */
/**********************************************************/
memcpy (password_buf, key, 16);
memcpy (password_buf+16, engineID, engineLength);
memcpy (password_buf+16+engineLength, key, 16);

MD5Init (&MD);
MD5Update (&MD, password_buf, 32+engineLength);
MD5Final (key, &MD);
return;
}
```

7. 密钥的更新

密钥修改越频繁，越不容易泄露，所以要经常改变密钥的值。密钥更新算法定义在文本约定 KeyChange 中。假设有一个旧密钥 keyOld 和一个单向散列算法 H（如 MD5 或 SHA），以及将要使用的新密钥 keyNew，则进行下面的步骤。

（1）通过一个伪随机数产生器生成一个随机值 R。

（2）把 R 和 keyOld 作为散列函数 H 的输入，计算出临时变量 T 的值。

（3）对 T 和 keyNew 进行异或运算（XOR），产生一个 delta。

（4）把 R 和 delta 发送给一个远程引擎。

远程引擎执行相反的过程，由 keyOld、接收到的随机值 R 和 delta 计算出新密钥值。

（1）把临时变量 T 初始化为 keyOld。

（2）把 T 和接收到的随机值 R 作为散列算法 H 的输入，计算结果作为新的 T 值。

（3）把 T 与接收到的 delta 进行异或（XOR），生成新密钥 keyNew。

如果窃听者得到了 R 和 delta，但是不知道旧密钥 keyOld，也无法计算新密钥。但是，如果 keyOld 被泄露，而且窃听者可以随时监视网络通信，获取每一个传送 R 和 delta 的报文，就能够不断计算出新的密钥，所以对待这样的攻击还是无能为力的。设计者建议，发送 R 和 delta 的报文要用旧密钥进行加密。这样，窃听者就只能用被密钥保护的信息来确定该密钥的值了。

3.8.6　基于视图的访问控制（VACM）模型

当一个 SNMP 实体处理检索或修改请求时，都要检查是否允许访问指定的管理对象，以及是否允许执行请求的操作。另外，当 SNMP 实体生成通知报文时，也要用到访问控制机制，以决定把消息发送给谁。在 VACM 模型中要用到以下概念。

- SNMP 上下文（context），上下文是 SNMP 实体可以访问的管理信息的集合。一个管理信息可以存在于多个上下文中，而一个 SNMP 实体也可以访问多个上下文。在一个管理域中，SNMP 上下文由唯一的名字 contextName 标识。
- 组（group），由二元组<securityModel，securityName>的集合构成。属于同一组的所有安全名 securityName 在指定的安全模型 securityModel 下的访问权限相同。组的名字用 groupName 表示。
- 安全模型（security model），表示访问控制中使用的安全模型。
- 安全级别（security level），在同一组中的成员可以有不同的安全级别：即 noAuthNoPriv（无认证不保密）、authNoPriv（有认证不保密）和 authPriv（有认证要保密）。任何访问请求都有相应的安全级别。
- 操作（operation），指对管理信息执行的操作，如读、写和发送通知等。

1. 视图和视图系列

为了安全，需要把某些组（group）的访问权限制在一个管理信息的子集中。提供这种能力的机制就是 MIB 视图。视图限定了 SNMP 上下文中管理对象类型（或管理对象实例）的一个特殊集合。例如，对于一个给定的上下文，可以有一个视图包含了该上下文中的所有对象，另外还可以有其他一些视图，分别包含上下文中管理对象的不同子集。一个组的访问权限不但被限制在一个或几个上下文中，而且被限定在一个指定的视图中。

由于管理对象类型是通过树结构的对象标识符（OBJECT IDENTIFIER）表示的，所以也可以把 MIB 视图定义成子树的集合，每一个子树都属于对象命名树，叫做视图子树。简单的 MIB 视图可能只包含一个视图子树，而复杂的 MIB 视图可表示为多个视图子树的组合。

虽然任何管理对象的集合都可以表示为一些视图子树的组合，但有时可能需要大量的视图子树来表示管理对象的集合。例如，有时要表示 MIB 表中的所有列对象，而大量的列对象可能出现在不同的子树中。由于列对象的格式是类似的，所以可以把它们聚合成一个结构，叫做视图树系列（view tree family）。

视图树系列由一个对象标识符（叫做系列名）和一个叫做掩码的比特串组成。掩码的每一位对应一个子标识符的位置，用于指明视图树系列名中的哪些子标识符属于给定的系列。对于一个管理对象实例，如果下列两个条件都成立，则该对象实例属于视图树系列。

- 管理对象标识符至少包含了系列名包含的那些子标识符。
- 对应于掩码为 1 的位，管理对象标识符中的子标识符必须与系列名中的对应子标识符相匹配。

例如，若表示系列名的对象标识符为 1.3.6.1.2.1，系列掩码为 3F，则 MIB-2 中的任何对象都属于这个视图树系列，所以，当系列掩码全为 1 时，视图树系列与系列名代表的子树相同。另外，当系列掩码的位数比视图树系列的子标识符少时，系列掩码可以用 1 补齐缺少的部分。

2. VACM MIB 的组成

VACM MIB 由以下几个表组成。

● vacmContextTable，这个表列出了本地可用的上下文的名字，该表只有一个列对象 vacmContextName，是一个只读的字符串。

● vacmSecurityToGroupTable，这个表把一个二元组<securityModel，securityName>映像到一个组名 groupName，如图 3-38 所示。securityModel 和 securityName 作为这个表的索引。

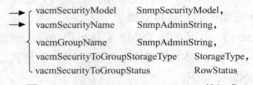

图 3-38　vacmSecurityToGroupTable 的组成

● vacmAccessTable，这个表规定了各个组的访问权限，如图 3-39 所示。其中的表项由一个外部对象 groupName，以及该表中的 3 个对象 vacmAccessContextPrefix、vacmAccessSecurityModel 和 vacmAccessSecurityLevel 索引。这个表包含了 3 个视图，readView、writeView 和 notifyView，分别控制读、写和通知操作的访问权限。还有一个变量 vacmAccessContextMatch，指明 vacmAccessContextPrefix 与 contextName 的匹配方式，exact（1）表示完全匹配，prefix（2）表示前缀部分匹配。

```
→   vacmAccessContextPrefix      SnmpAdminString,
→   vacmAccessSecurityModel      SnmpSecurityModel,
→   vacmAccessSecurityLevel      SnmpSecurityLevel,
    vacmAccessContextMatch       INTEGER,
    vacmAccessReadViewName       SnmpAdminString,
    vacmAccessWriteViewName      SnmpAdminString,
    vacmAccessNotifyViewName     SnmpAdminString,
    vacmAccessStorageType        StorageType,
    vacmAccessStatus             RowStatus
```

图 3-39　vacmAccessTable 的组成

● vacmViewTreeFamilyTable，这个表指明了用于访问控制的视图树系列，表行由变量 vacmViewTreeFamilyViewName 和 vacmViewTreeFamilySubtree 索引，如图 3-40 所示。其中的变量 vacmViewTreeFamilyType 指明对 MIB 对象的访问被允许还是被禁止，included（1）表示包含在内，即允许访问，excluded（2）表示排除在外，即禁止访问。

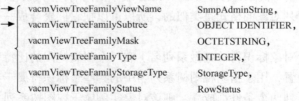

图 3-40　vacmViewTreeFamilyTable 的组成

3. 访问控制决策过程

访问控制过程如图 3-41 所示，对这个过程的解释如下。

（1）访问控制服务的输入由下列各项组成。

① securityModel：使用的安全模型。

② securityName：请求访问的用户名。

③ securityLevel：安全级别。

④ viewType：视图的类型，如读、写和通知等。

⑤ contextName：包含 variableName 的上下文。

⑥ variableName：管理对象 OID，由 object-type 和 object-instance 组成。

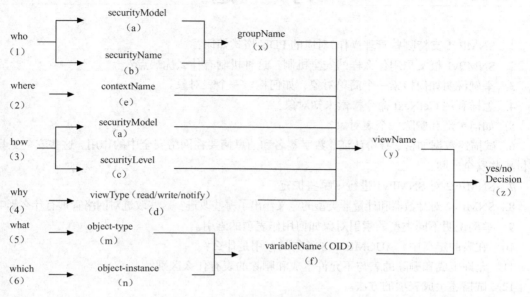

图 3-41　访问控制过程

（2）把 securityModel（a）和 securityName（b）作为表 vacmSecurityToGroupTabl 的索引（a，b），找到该表中的一行，得到组名 groupName（x）。

（3）把 groupName（x）和 contextName（e）、securityModel（a），以及 securityLevel（c）作为表 vacmAccessTable 的索引（e，x，a，c），找出其中的一个表行。

（4）从上一步选择的表行中，根据 viewType（d）选择适当的 MIB 视图，用 viewName（y）表示。再把 viewName（y）作为表 vacmViewTreeFamilyTable 的索引，选择定义了 variableNames 的表行的集合。

（5）检查管理对象的类型和实例是否存在于得到的 MIB 视图中，从而作出访问决策（z）。

在处理访问控制请求的过程中，可能返回的状态信息如下。

（1）从表 vacmContextTable 中查找由 contextName 表示的上下文信息。如果指定的上下文信息不存在，则向调用模块返回一个错误指示 noSuchContext。

（2）通过表 vacmSecurityToGroupTable 把 securityModel 和 securityName 映像为组名 groupName。如果该表中不存在这样的组合，则向调用模块返回一个错误指示 noGroupName。

（3）在表 vacmAccessTable 中查找变量 groupName、contextName、securityModel 和 securityLevel 的组合，如果这样的组合不存在，则向调用模块返回一个错误指示 noAccessEntry。

（4）如果变量 viewType 是"read"，则用 readView 检查访问权限；如果变量 viewType 是"write"，则用 writeView 检查访问权限；如果变量 viewType 是"notify"，则用 notifyView 检查访问权限。

（5）如果使用的视图是空的（viewName 长度为 0），则向调用模块返回错误指示 noSuchView；如果没有一个视图符合 viewType，则向调用模块返回错误指示 noSuchView；如果说明的变量名 variableName 不存在 MIB 视图中，则向调用模块返回错误指示 notInView；否则说明的变量名存在于 MIB 视图中，向调用模块返回一个调用成功的状态信息 accessAllowed。

习 题

1. SNMPv1 支持哪些管理操作?对应的 PDU 格式如何?
2. SNMPv1 报文采用什么样的安全机制？这种机制有什么优缺点？
3. 举例说明如何检索一个简单对象，如何检索一个表对象。
4. 怎样利用 GetNext 命令检索未知对象？
5. 如何更新和删除一个表对象？
6. 试描述数据加密、身份认证、数字签名和消息摘要在网络安全中的作用，这些安全工具能对付哪些安全威胁？
7. SNMPv2 对 SNMPv1 进行了哪些扩充？
8. SNMPv2 对计数器和计量器类型的定义作出了哪些改进？这些改进对网络管理有什么影响？
9. 举例说明不同类型的索引对象如何用作表项的索引。
10. 在表的定义中，AUGMENTS 子句的作用是什么？
11. 允许生成和删除的表与不允许生成和删除的表有什么区别？
12. 试描述生成表项的方法。
13. SNMPv2 管理信息库增加了哪些新的对象？
14. 试描述 SNMPv2 的 3 种检索操作的工作过程。
15. SNMPv2 的操作管理框架由哪些部分组成？它们对管理操作的安全有什么作用？
16. 管理站之间的通信有什么意义？需要哪些管理信息的支持？
17. 试描述 SNMPv2 加密报文的发送和接收过程。
18. SNMP 引擎是由哪些部分组成的？各部分的作用是什么？
19. 基于用户的安全模型可以防护哪些安全威胁？
20. 时间系列检验的工作原理是什么？这种检验不能防止哪些安全威胁？
21. HMAC-MD5-96 认证协议是怎样计算报文摘要的？试对其安全性进行分析。
22. SNMPv3 怎样进行密钥管理？
23. 视图是怎样定义的？在处理一个访问请求时，怎样进行访问控制决策？

第4章
远程网络监视

远程网络监视（remote network monitoring，RMON）是对 SNMP 标准的重要补充，是简单网络管理向 Internet 管理过渡的重要步骤。RMON 扩充了 SNMP 的管理信息库，可以提供有关 Internet 管理的主要信息，在不改变 SNMP 的条件下增强了网络管理的功能。

本章首先介绍 RMON 的基本概念，然后讲述远程网络监视的两个标准 RMON1 和 RMON2 的管理信息库，以及这些管理对象在网络管理中的应用。

4.1 RMON 的基本概念

MIB-2 提供的是关于单个设备的管理信息，如进出某个设备的分组数或字节数，而不能提供整个网络的通信情况。通常用于监视整个网络通信情况的设备叫做网络监视器（monitor）或网络分析器（analyzer）、网络探测器（probe）等。监视器观察 LAN 上出现的每个分组，并进行统计和汇总，给管理人员提供重要的管理信息，如出错统计数据（残缺分组数、冲突次数）、性能统计数据（每秒提交的分组数、分组大小的分布情况）等。监视器还能存储部分分组供以后分析用。监视器也根据分组类型过滤并捕获特殊的分组。通常每个子网配置一个监视器，并且与中央管理站通信，因此叫作远程监视器，如图 4-1 所示。监视器可以是一个独立设备，也可以是运行监视器软件的工作站或服务器等。图 4-1 中的中央管理站具有 RMON 管理能力，能够与各个监视器交

图 4-1 远程网络监视的配置

换管理信息。RMON 监视器或探测器实现 RMON 管理信息库（RMON MIB），这种系统与通常的 SNMP 代理一样包含一般的 MIB，另外，还有一个探测器进程，提供与 RMON 有关的管理功能。探测器进程能够读/写本地的 RMON 数据库，并响应管理站的查询请求，RMON 探测器也称为 RMON 代理。

4.1.1 远程网络监视的目标

RMON 定义了远程网络监视的管理信息库，以及 SNMP 管理站与远程监视器之间的接口。一般地说，RMON 的目标就是监视子网范围内的通信，从而减少管理站和被管理系统之间的通信负载。更具体地说，RMON 有下列功能。

● 离线操作。必要时管理站可以停止对监视器的轮询，有限的轮询可以节省网络带宽和通信费用。即使不受管理站查询，监视器也要持续不断地收集子网故障、性能和配置方面的信息，统计和积累数据，以便管理站查询时提供请求的管理信息。另外，在网络出现异常情况时，监视器要及时向管理站报告。

● 主动监视。如果监视器有足够的资源，通信负载也容许，监视器可以连续地或周期地运行诊断程序，收集并记录网络性能参数。在子网出现失效时通知管理站，给管理站提供有用的诊断信息。

● 问题检测和报告。如果主动监视消耗网络资源太多，监视器也可以被动地获取网络数据。可以配置监视器，使其连续观察网络资源的消耗情况，记录随时出现的异常条件（如网络拥塞），并在出现错误条件时通知管理站。

● 提供增值数据。监控器可以分析收集到的子网数据，从而减轻管理站的计算任务。例如，监视器可以分析子网的通信情况，计算出哪些主机通信最多，哪些主机出错最多等。这些数据的收集和计算由监视器来做，比由远处的管理站来做更有效。

● 多管理站操作。一个 Internet 可能有多个管理站，这样可以提高可靠性，或者分布地实现各种不同的管理功能。可以配置监视器使其能够并发地工作，为不同的管理站提供不同的信息。

不是每一个监视器都能实现所有这些目标，但是 RMON 规范提供了实现这些目标的基础架构。

4.1.2 表管理原理

在 SNMPv1 的管理框架中，对表操作的规定是很不完善的，至少增加和删除表行的操作是不明确的，这种模糊性常常是读者提问的焦点和用户抱怨的根源。RMON 规范包含一组文本约定和过程化规则，在不修改、不违反 SNMP 管理框架的前提下，提供了明晰而规律的行增加和行删除操作。下面讲述关于表管理的文本约定和操作过程。

1. 表结构

在 RMON 规范中增加了两种新的数据类型，以 ASN.1 表示如下。

```
OwnerString :: =DisplayString,
EntryStatus:: =INTEGER{valid(1), createRequest(2),
              underCreation(3), invalid(4)}
```

在 RFC1212 规定的管理对象宏定义中，DisplayString 被定义为长 255 字节的 OCTET STRING 类型，这里又给这个类型另外一个名字 OwnerString，从而赋予了新的语义。FC1757 把这些定义叫作文本约定（textual convention），其用意是增强规范的可读性。

　　每一个可读/写的 RMON 表中都有一个对象，其类型为 OwnerString，其值为表行所有人或创建者的名字，对象名以 Owner 结尾；RMON 的表中还有一个对象，其类型为 EntryStatus，其值表示行的状态，对象名以 Status 结尾，该对象用于行的生成、修改和删除操作。

　　RMON 规范中的表结构由控制表和数据表两部分组成，控制表定义数据表的结构，数据表用于存储数据。图 4-2 给出了这种表的一个例子。

```
rmlControlTable OBJECT-TYPE                          rmlDataTable OBJECT-TYPE
    SYNTAX    SEQUENCE OF RmlControlEntry                SYNTAX    SEQUENCE OF RmlDataEntry
    ACCESS    not-accessible                              ACCESS    not-accessible
    STATUS    mandatory                                   STATUS    mandatory
    DESCRIPTION                                           DESCRIPTION
       "A control table."                                    "A data table."
    : : ={exl 1}                                         : : ={exl 2}
rmlControlEntry   OBJECT-TYPE                         rmlDataEntry   OBJECT-TYPE
    SYNTAX    RmlControlEntry                             SYNTAX    RmlDataEntry
    ACCESS    not-accessible                              ACCESS    not-accessible
    STATUS    mandatory                                   STATUS    mandatory
    DESCRIPTION                                           DESCRIPTION
       "Defines a parameter that Control                     "A single data table
       a set of data table entries."                        entry."
    INDEX   {rmlControlIndex}                            INDEX   {rmlDataControlIndex,   rmlDataIndex }
    : : ={rmlControTable 1}                              : : ={rmlDataTable 1}
RmlControlEntry: : =SEQUENCE{                         RmlDataEntry : : =SEQUENCE{
rmlControlIndex   INTEGER,                            rmlDataControlIndex   INTEGER,
rmlControlParameter   Counter,                        rmlDataIndex    INTEGER,
rmlControlOwner      OwnerString,                     rmlDataValue      Counter}
rmlControlStatus     RowStatus}
rmlControlIndex   OBJECT-TYPE                         rmlDataControlIndex    OBJECT-TYPE
    SYNTAX   INTEGER                                      SYNTAX   INTEGER
    ACCESS   read-only                                    ACCESS   read-only
    STATUS   mandatory                                    STATUS   mandatory
    DESCRIPTION                                           DESCRIPTION
       "The value of this object uniquely                    "The control set of identified by a value of this
       identifies this rml Control entry."                  index is the same control set identified by the same
    : : ={rmlControEntry 1}                                  value of rmlControlIndex."
rmlControlParameter                                       : : ={rmlDataEntry 1}
    SYNTAX   INTEGER                                   rmlDataIndex   OBJECT-TYPE
    ACCESS   read-write                                    SYNTAX   INTEGER
    STATUS   mandatory                                     ACCESS   read-only
    DESCRIPTION                                            STATUS   mandatory
       "The value of this object characterizes            DESCRIPTION
       datatable rows associated with this entry."           "An index that uniquely identifies a particular
    : : ={rmlControEntry 2}                                  entry among all data entries associated with
rmlControlOwner    OBJECT-TYPE                               the same rmlControlEntry."
    SYNTAX   OwnerString                                  : : ={rmlDataEntry 2}
    ACCESS   read-write                               rmlDataValue    OBJECT-TYPE
    STATUS   mandatory                                    SYNTAX   Counter
    DESCRIPTION                                           ACCESS   read-only
       "The entry that configured this entry."            STATUS   mandatory
    : : ={rmlControEntry 3}                               DESCRIPTION
rmlControlStatus    OBJECT-TYPE                              "The value reported by this entry."
    SYNTAX   EntryStatus                                : : ={rmlDataEntry 3}
    ACCESS   read-write
    STATUS   mandatory
    DESCRIPTION
       "The status of this rml Control entry."
    : : ={rmlControEntry 4}
```

图 4-2　RMON 表的定义

该控制表包含下面的列对象。

● rmlControlIndex：唯一地标识 rmlControlTable 中的一行，该控制行定义了 rmlDataTable 中一个数据行集合，集合中的数据行由 rmlControlTable 的相应行控制。

● rmlControlParameter：控制参数应用于由控制行控制的所有数据行。通常有多个控制参数，而这个简单的表只有一个控制参数。

● rmlControlOwner：该控制行的主人或所有者。

● rmlControlStatus：该控制行的状态。

数据表由 rmlDataControlIndex 和 rmlDataIndex 共同索引。rmlDataControlIndex 的值与控制行的索引值 rmlControlIndex 相同，而 rmlDataIndex 的值唯一地指定了数据行集合中的某一行。图 4-3 给出了这种表的一个实例。图 4-3 中的控制表有 3 行，因而定义了数据表的 3 个数据行集合，例如，数据表中所有 rmlDataControlIndex 的值为 2 的行都由控制表的第 2 行控制，数据表中所有 rmlDataControlIndex 的值为 3 的行都由控制表的第 3 行控制。控制表第一行的所有者是 monitor，按照约定这是指代理本身。

图 4-3　RMON 表的实例

2. 增加行

管理站用 set 命令在 RMON 表中增加新行，并遵循下列规则。

（1）管理站用 SetRequest 生成一个新行，如果新行的索引值与表中其他行的索引值不冲突，则代理产生一个新行，其状态对象的值为 createRequest（2）。

（2）新行产生后，由代理把状态对象的值置为 underCteation（3）。管理站没有设置新值的列对象，代理可以设置为默认值，或者让新行维持这种不完整状态，这取决于具体的实现。

（3）新行的状态值保持为 underCteation（3），直到管理站产生了所有要生成的新行。这时由管理站置每一新行状态对象的值为 valid（1）。

（4）如果管理站要生成的新行已经存在，则返回一个错误。

以上算法的效果是，在多个管理站请求产生同一概念行时，仅最先到达的请求成功，其他请求失败。另外，管理站也可以把一个已存在的行的状态对象的值由 invalid 改写为 valid，恢复旧行的作用，这等于产生了一个新行。

3. 删除行

只有行的所有者才能发出 SetRequest PDU，把行状态对象的值置为 invalid（4），这样就删除了行。这是否是物理删除，取决于具体的实现。

4. 修改行

首先置行状态对象的值为 invalid（4），然后用 SetRequest PDU 改变行中其他对象的值。行状态的变化情况如图 4-4 所示。图 4-4 中的实线是管理站的作用，虚线是代理的作用。

图 4-4　行状态的转换

4.1.3　多管理站访问

RMON 监视器应允许多个管理站并发地访问，当多个管理站访问时可能出现下列问题。

- 多个管理站对资源的并发访问可能超过监视器的服务能力。
- 一个管理站可能长时间占用监视器资源，使得其他站不能访问。
- 占用监视器资源的管理站可能崩溃，但没有释放资源。

RMON 控制表中的列对象 Owner 规定了表行的所属关系，所属关系有以下用法，可以解决多个管理站并发访问的问题。

- 管理站能认识自己所属的资源，也知道自己不再需要的资源。
- 网络操作员可以知道管理站占有的资源，并决定是否释放这些资源。
- 一个被授权的网络操作员可以自主决定是否释放其他操作员保有的资源。
- 如果管理站经过了重启动过程，它应该首先释放不再使用的资源。

RMON 规范建议，所属标志应包括 IP 地址，管理站名，网络管理员的名字、地点和电话号码等。所属标志不能作为口令或访问控制机制使用。在 SNMP 管理框架中唯一的访问控制机制是 SNMP 视阈和团体名。如果一个可读/写的 RMON 控制表出现在某些管理站的视阈中，则这些管理站都可以进行读/写访问，但是控制表行只能由其所有者改变或删除，其他管理站只能进行读访问。

为了提供共享的功能，监视器通常配置一定的默认功能。定义这些功能的控制行的所有者是监视器，所属标志的字符串以监视器名打头，管理站只能以读方式访问这些功能。

4.2　RMON 的管理信息库

RMON 规范定义了管理信息库 RMON MIB，它是 MIB-2 下面的第 16 个子树。RMON MIB

分为 10 组，如图 4-5 所示。存储在每一组中的信息都是监视器从一个或几个子网中统计和收集的数据。这 10 个功能组都是任选的，但实现时有下列连带关系。

- 实现警报组时，必须实现事件组。
- 实现最高 N 台主机组时，必须实现主机组。
- 实现捕获组时，必须实现过滤组。

Rmon（mib-2 16）

   — statistics（1）以太子网的统计信息
   — history（2）子网的周期性统计信息
   — alarm（3）用于定义取样间隔和报警门限
   — host（4）关于一个主机的通信统计数据
   — hostTopN（5）某种参数最大的 N 台主机的统计数据
   — matrix（6）一对地址之间的通信统计数据
   — filter（7）对分组进行过滤的信息
   — capture（8）捕获特殊分组的信息
   — event（9）定义网络事件的信息
   — tokenRing（10）关于令牌环网的配置和统计信息

图 4-5　RMON MIB 子树

4.2.1　以太网的统计信息

RFC1757 定义的 RMON MIB 主要包含以太网的各种统计数据，以及有关分组捕获、网络事件报警方面的信息。本小节介绍以太网统计信息方面的内容。

1. 统计组

统计组提供一个表，该表的每一行表示一个子网的统计信息。其中大部分对象是计数器，记录监视器从子网上收集到的各种不同状态的分组数。统计组的所有对象如图 4-6 所示。其中有以下两个不是计数器类型的变量。

- etherStatsIndex（1）：整数类型，表项索引，每一表项对应一个子网接口。
- etherStatsDataSource（2）：类型为对象标识符，表示监视器接收数据的子网接口。这个对象的值实际上是 MIB-2 接口组中的变量 ifIndex 的实例。例如，若该表项对应 1 号接口，则 etherStatsDataSource 的值是 ifIndex.1。这样就把统计表与 MIB-2 接口组联系起来了。

图 4-6 中的对准错误是指非整数字节的分组。这个组只有 3 个变量，即 etherStatsDataSource、etherStatsOwer 和 etherStatsStatus 是可读/写的。把这 3 个变量设置为不同的值，监视器就可以从不同的子网接口收集同样的信息。显然，这些子网必须是以太网。

将统计组与 MIB-2 接口组比较会发现，有些数据是重复的，但是统计组提供的信息分类更详细，而且是针对以太网特点设计的。

将统计组与 dot3 统计表比较发现，也有些数据是相同的，但是统计的角度不同。dot3 统计表是收集单个系统的信息，而统计组收集的是关于整个子网的统计数据。

这个组的很多变量对性能管理是有用的，而变量 etherStatsDropEvents、etherStatsCRCAlignErrors 和 etherStatsUndersizePkts 对故障管理也有用。如果对某些出错情况要采取措施，可以对变量 etherStatsDropEvents、etherStatsCRCAlignErrors 或 etherStatsCollisions 分别设定门限值，超过门限

后产生事件警报，后面还将详细讨论这个问题。

statistcs（rmon 1）
etherStatsTable（1）
etherStatsEntry（1）
etherStatsIndex（1）索引，对应一个子网
etherStatsDataSource（2）监视器接收数据的以太网接口
etherStatsDropEvents（3）因资源不足而丢弃的分组数
etherStatsOctets（4）接收到的字节总数
etherStatsPkts（5）接收到的分组总数
etherStatsBroadcastPkts（6）接收到的广播分组数
etherStatsMulticastPkts（7）接收到的组播分组数
etherStatsCRCAlignErrors（8）接收到的 CRC 出错或有对准错误的分组数
etherStatsUndersizePkts（9）不足 64byte 的分组数
etherStatsOversizePkts（10）大于 1 518byte 的分组数
etherStatsFragments（11）不足 64byte 且 CRC 出错或有对准错误的分组数
etherStatsJabbers（12）大于 1 518byte 且 CRC 出错或有对准错误的分组数
etherStatsCollisions（13）子网上发生冲突的次数
etherStatsPkts64Octets（14）长度为 64byte 的分组数
etherStatsPkts65To127Octets（15）65～127byte 的分组数
etherStatsPkts128To255Octets（16）128～255byte 的分组数
etherStatsPkts256To511Octets（17）256～511byte 的分组数
etherStatsPkts512To1023Octets（18）512～1 023byte 的分组数
etherStatsPkts1024To1518Octets（19）1 024～1 518byte 的分组数
etherStatsOwer（20）行的所有者
etherStatsStatus（21）行的状态

图 4-6　RMON 统计组

2. 历史组

历史组存储的是以固定间隔取样所获得的子网数据。该组由历史控制表和历史数据表组成。控制表定义被取样的子网接口编号、取样间隔大小，以及每次取样数据的多少，而数据表则用于存储取样期间获得的各种数据。这个表的细节如图 4-7 所示。

历史控制表定义的变量 historyControlInterval 表示取样间隔长度，取值范围为 1～3 600s，默认值为 1 800s。变量 historyControlBucketsGranted 表示可存储的样品数，默认值为 50。如果都取默认值，则每 1 800s（30min）取样一次，每个样品记录在数据表的一行中，只保留最近的 50 行。

数据表中包含与以太网统计表类似的计数器，提供关于各种分组的计数信息。与统计表的区别是这个表提供一定时间间隔之内的统计结果，这样可以做一些与时间有关的分析计算，例如，可以计算子网利用率变量 etherHistoryUtilization。如果计算出取样间隔（Interval）期间收到的分组数 Packets 和字节数 Octets，则子网利用率可计算如下

$$Utilization = \frac{Packets \times (96 + 64) + Octets \times 8}{Interval \times 10^7}$$

其中，10^7 表示数据速率为 10Mbit/s。以太网的帧间隔为 96 比特，帧前导字段 64 比特，所以每个帧有（96+64）比特的开销。

history（rmon 2）
——historyControlTable（1）
——etherHistoryTable（2）

historyControlTable（1）
——historyControlEntry（1）
→ ——historyControlIndex（1）索引
——historyControlDataSource（2）被采样接口编号
——historyControlBucketsRequested（3）请求的吊桶数（默认值为50）
——historyControlBucketsGranted（4）实际得到的吊桶数
——historyControlInterval（5）采样间隔长度（默认值为1 800s）
——historyControlOwner（6）
——historyControlStatus（7）

etherHistoryTble（2）
——etherHistoryEntry（1）
→ ——etherHistoryIndex（1）索引，与historyControlIndex相同
→ ——etherHistorySampleIndex（2）索引，唯一标识一个样品
——etherHistoryIntervalStart（3）采样开始时 sysUpTime 的值
——etherHistoryDrapEvents（4）因资源不足而丢弃的分组数
——etherHistoryOctets（5）接收到的字节总数
——etherHistoryPkts（6）接收到的分组总数
——etherHistoryBroadcastPkts（7）接收到的广播分组数
——etherHistoryMulticastPkts（8）接收到的组播分组数
——etherHistoryCRCAlignErrors（9）接收到的 CRC 出错或有对准错误的分组数
——etherHistoryUndersizePkts（10）不足 64byte 的分组数
——etherHistoryOversizePkts（11）大于 1 518byte 的分组数
——etherHistoryFragments（12）不足 64byte 且 CRC 出错或有对准错误的分组数
——etherHistoryJabbers（13）大于 1 518byte 且 CRC 出错或有对准错误的分组数
——etherHistoryCollisions（14）冲突次数
——etherHistoryUtilization（15）表示子网利用率

图 4-7　RMON 历史组

历史控制表和数据表的关系如图 4-8 所示。控制表每一行有一个唯一的索引值，而各行的变量 historyControlDataSource 和 historyControlInterval 的组合值都不相同。这意味着一个子网可以定义多个取样功能，但每个功能的取样区间应不同。例如，RMON 规范建议，对每个被监视的接口至少应有两个控制行，一个行定义 30s 的取样周期，另一个行定义 30min 的取样周期。短周期用于检测突发的通信事件，而长周期用于监视接口的稳定状态。

从图 4-8 中可以看出，对应第 i 个（$1 \leqslant i \leqslant K$）控制行有 B_i 个数据行，这里 B_i 是控制变量 historyControlBucketsGranted 的值。一般来说，变量 historyControlBucketsGranted 的值由监视器根

据资源情况分配，但应与管理站请求的值 historyControlBucketsRequested 相同或接近。每一个数据行（也叫做吊桶 Bucket）保存一次取样中得到的数据，这些数据与统计表中的数据有关。例如，历史表中的数据 etherHistoryPkts 等于统计表中的数据 etherStatsPkts 在取样间隔结束时的值减去取样间隔开始时的值，如图 4-9 所示。

图 4-8　历史组控制表与数据表的关系

图 4-9　etherHistoryPkts 的值

当每一个取样间隔开始时，监视器就在历史数据表中产生一行，行索引 etherHistoryIndex 与对应控制行的 historyControlIndex 相同，而 etherHistorySampleIndex 的值则加 1。当 etherHistorySampleIndex 的值增至与 historyControlBucketsGranted 的值相等时，这一组数据行就当作循环使用的缓冲区，丢弃最老的数据行，保留最新数据行个数为 historyControlBucketsGranted。例如，在图 4-8 中，第一组已丢弃了 X 个老数据行，第二组则丢弃了 Y 个老数据行。

3. 主机组

主机组收集新出现的主机信息，其内容与接口组相同，如图 4-10 所示。

监视器观察子网上传送的分组，根据源地址和目标地址了解网上活动的主机，为每一个新出现（启动）的主机建立并维护一组统计数据。每一个控制行对应一个子网接口，而每一个数据行对应一个子网上的主机。这样主机表 hostTable 的总行数为

$$N = \sum_{i}^{k} N_i$$

其中，N_i=控制表第 i 行 hostControlTableSize 的值；k=控制表的行数；N=主机表的行数；i=控制表索引 hostControlIndex 的值。

图 4-10　RMON 主机组

例如，在图 4-11 中，监视器有两个子网接口（$k=2$）。子网 X 与接口 1 相连（对应的 hostControlIndex 值=1），有 3 台主机，所以该行的 hostControlTableSize 的值为 3（$N_1=3$）；子网 Y 与接口 2 相连，有两台主机，所以对应子网 Y 的值是 $hostControlIndex=2$，$N_2=2$。

图 4-11 RMON 计数器配置的例子

主机数据表 hostTable 的每一行由主机 MAC 地址 hostAddress 和接口号 hostIndex 共同索引，记录各个主机的通信统计信息。当主机控制表配置好以后，监视器就开始检查各个子网上出现的分组。如果发现有新的源地址出现，就在主机数据表中增加一行，并且把 hostControlTableSize 的值增加 1。理想的情况是监视器能够保存接口上发现的所有主机的数据，但监视器的资源有限，有时不得不按先进先出的顺序循环使用已建立的数据行。当一个新行加入时，同一接口的一个老行被删除，与同一接口有关的行变量 hostCreationOrder 的值减 1，而新行的 hostCreationOrder 值为 N_i。

主机时间表 hostTimeTable 与主机表 hostTable 内容相同，但是以发现时间 hostTimeCreationOrder 排序，而不是以主机的 MAC 地址排序，这个表有以下两种重要应用。

● 如果管理站知道表的大小和行的大小，就可以用最有效的方式把有关的管理信息装入 SNMP 的 Get 和 GetNext PDU 中，这样检索起来更快捷、更方便。由于该表是以 hostTimeCreationOrder 由小到大的顺序排列的，所以应答的先后顺序不会影响检索的结果。

● 这个表的结构方便了管理站找出某个接口上最新出现的主机，而不必查阅整个表。

主机组的两个数据表实际上是同一个表的两个不同的逻辑视图，并不要求监视器实现两个数据重复的表。另外，这一组的信息与 MIB-2 的接口组相同，但是这个组的实现也许更有效，暂时不工作的主机并不占用监视器资源。

4. 最高 *N* 台主机组

这一组记录某种参数最大的 *N* 台主机的有关信息，这些信息的来源是主机组。在一个取样间隔中，为一个子网上的主机组变量收集到的数据集合叫做一个报告。可见，报告是针对某个主机组变量的，是变量在取样间隔中的变化率。最高 *N* 台主机组提供的是一个子网上某种变量变化率最大的 *N* 台主机的信息。这个组包含一个控制表和一个数据表，如图 4-12 所示。

变量 hostTopNRateBase 为整数类型，可取下列值之一。

```
INTEGER { hostTopNInPkts(1),
          hostTopNOutPkts(2),
          hostTopNInOctets(3),
          hostTopNOutOctets(4),
          hostTopNOutErrors(5),
          hostTopNOutBroadcastPkts(6),
          hostTopNOutMulticastPkts(7)}
```

图 4-12　RMON 最高 N 台主机组

hostTopNRateBase 定义了要采样的变量，实际上就是主机组中统计的 7 个变量之一。数据表变量 hostTopNRate 记录上述变量的变化率。报告准备过程如下：开始时管理站生成一个控制行，定义一个新的报告，指示监视器计算一个主机组变量在取样间隔结束和开始时的值之差。取样间隔长度（s）存储在变量 hostTopNDutation 和 hostTopNTimeRemaining 中。在取样开始后，hostTopNDutation 保持不变，而 hostTopNTimeRemaining 递减，记录采样剩余时间。当剩余时间减到 0 时，监视器计算最后结果，产生 N 个数据行的报告。报告由变量 hostTopNIndex 索引，N 个主机以计算的变量值递减的顺序排列。报告产生后，管理站以只读方式访问。如果管理站需要产生新报告，则可以把变量 hostTopNTimeRemaining 置为与 hostTopNDutation 的值一样，这样原来的报告被删除，又开始产生新的报告。

5. 矩阵组

这个组记录子网中一对主机之间的通信量，信息以矩阵的形式存储。矩阵组如图 4-13 所示。

矩阵组由 3 个表组成。控制表的一行指明发现主机对会话的子网接口，其中的变量 matrixControlTableSize 定义了数据表的行数，而变量 matrixControlLastDeleteTime 说明数据表行被删除的时间，与 MIB-2 的变量 sysUpTime 相同。如果没有删除行，则 matrixControlLastDeleteTime 的值为 0。

数据表分成源到目标（SD）和目标到源（DS）两个表，它们的行之间的逻辑关系如图 4-14 所示。SD 表首先由 matrixSDIndex 索引，然后由源地址索引，最后由目标地址索引。而 DS 表首先由 matrixDSIndex 索引，然后由目标地址索引，最后由源地址索引。

matrix（rmon 6）
└── matrixControlTable（1）
└── matrixSDTable（2）
└── matrixDSTable（3）

matrixControlTable（1）
└── matrixControlEntry（1）
→ matrixControlIndex（1）索引
matrixControlDataSource（2）标识一个接口
matrixControlTableSize（3）数据表的行数
matrixControlLastDeleteTime（4）在数据表中删除一行的时间
matrixControlDOwner（5）
matrixControlStatus（6）

matrixSDTable（2）
└── matrixSDEntry（1）
→ matrixSDSourceAddress（1）源 MAC 地址
→ matrixSDDestAddress（2）目标 MAC 地址
→ matrixSDIndex（3）与控制索引相同
matrixSDPkts（4）从源到目标的分组数
matrixSDOctets（5）从源到目标的字节数
matrixSDError（6）从源到目标的错误分组数

matrixDSTable（3）
└── matrixDSEntry（1）
→ matrixDSSourceAddress（1）源 MAC 地址
→ matrixDSDestAddress（2）目标 MAC 地址
→ matrixDSIndex（3）与控制索引相同
matrixDSPkts（4）从目标到源的分组数
matrixDSOctets（5）从目标到源的字节数
matrixDSError（6）从目标到源的错误分组数

图 4-13　RMON 矩阵组

图 4-14　matrixSDTable 表行和 matrixDSTable 表行之间的逻辑关系

如果监视器在某个接口上发现了一对主机会话，则在 SD 表中记录两行，每行表示一个方向的通信。DS 表也包含同样的两行信息，但是索引的顺序不同。这样，管理站可以检索到一个主机向其他主机发送的信息，也容易检索到其他主机向某一个主机发送的信息。

如果监视器发现了一个会话，但是控制表定义的数据行已用完，监视器就需要删除现有的行。标准规定首先删除最近最少使用的行。

4.2.2 警报

RMON 警报组定义了一组网络性能的门限值，超过门限值时向控制台产生报警事件。显然，这一组必须和事件组同时实现。警报组由一个表组成（见图 4-15），该表的一行定义了一种警报：监视的变量、采样区间和门限值。

图 4-15 RMON 警报组

采样类型分为两种：absoluteValue（1）表示采样值直接与门限值比较；deltaValue（2）表示连续两次的采样值相减后与门限值比较，所以比较的是变化率，叫做增量报警。关于行生效后是否产生报警，alarmStartupAlarm 的取值有以下 3 种。

- risingAlarm（1）：该行生效后，第一个采样值大于上升门限（RisingThreshold），产生警报。
- fallingAlarm（2）：该行生效后，第一个采样值小于下降门限（FallingThreshold），产生警报。
- risingOrFallingAlarm（3）：该行生效后，第一个采样值大于上升门限或者小于下降门限，都产生警报。

警报组定义了如下报警机制。

（1）如果行生效后的第一个采样值小于上升门限，而后来的一个采样值变得大于上升门限，则产生一个上升警报。

（2）如果行生效后的第一个采样值大于上升门限，且 alarmStartupAlarm=1 or 3，则产生一个上升警报。

（3）如果行生效后的第一个采样值大于上升门限，且 alarmStartupAlarm=2，则当采样值落回上升门限以下，后又变得大于上升门限时则产生一个上升警报。

（4）产生一个上升警报后，除非采样值落回上升门限以下到达下降门限，并且又一次到达上升门限，否则将不再产生上升警报。

对下降警报的规则是类似的。这个规则的作用是避免信号在门限附近波动时产生很多报警，加重网络负载，这叫做滞后（hysteresis）报警机制。图 4-16 为一个报警的例子，本例中alarmStartupAlarm=1 or 3，有星号的地方应产生警报。

图 4-16　报警例子

关于增量报警方式（采样类型为 deltaValue），RMON 规范建议每个周期应采样两次，把最近两次采样值的和与门限比较，可以避免漏报超过门限的情况，试看下面的例子。

时间（s）	0	10	20
观察的值	0	19	32
增量值	0	19	13

如果上升门限是 20，则不报警。但是按双重采样规则，每 5s 观察一次，则有如下情况。

时间（s）	0	5	10	15	20
观察的值	0	10	19	30	32
增量值	0	10	9	11	2

可见在 15s 时，连续两次取样的和是 9+11=20，已达到报警门限，应产生一个报警事件。

4.2.3　过滤和通道

过滤组提供一种手段，使得监视器可以观察接口上的分组，通过过滤选择出某种指定的特殊分组。这个组定义了两种过滤器，数据过滤器是按位模式匹配，即要求分组的一部分匹配或不匹配指定的位模式；而状态过滤器是按状态匹配，即要求分组具有特定的错误状态（有效、CRC 错误等）。各种过滤器可以用逻辑运算（AND、OR 等）来组合，形成复杂的测试模式。一组过滤器的组合叫做通道（channel），可以对通过通道测试的分组计数，也可以配置通道，使得通过的分组产生事件（由事件组定义），或者通过的分组被捕获（由捕获组定义）。通道的过滤逻辑是相当复杂的，下面首先举例说明过滤逻辑。

1. 过滤逻辑

下面定义与测试有关的变量。

- input：被过滤的输入分组。
- filterPktData：用于测试的位模式。
- filterPktDataMask：要测试的有关位的掩码。

- filterPktDataNotMask：指示进行匹配测试或不匹配测试。

下面分步骤测试由简单到复杂的位模式匹配测试。

（1）测试输入分组是否匹配位模式，这需要逐位异或。

```
if(input ⊕ filterPktData= =0)   filterResult=match;
```

（2）测试输入分组是否不匹配位模式，这也需要逐位异或。

```
if(input ⊕ filterPktData! =0)   filterResult=mismatch;
```

（3）测试输入分组中的某些位是否匹配位模式，逐位异或后与掩码逐位进行逻辑与运算（掩码中对应要测试的位是 1，其余为 0）。

```
If((input ⊕ filterPktData)&filterPktDataMask= =0)   filterResult=match;
else filterResult=mismatch;
```

（4）测试输入分组中是否某些位匹配测试模式，而另一些位不匹配测试模式，这里要用到变量 filterPktDataNotMask，该变量有些位是 0，表示这些位要求匹配；有些位是 1，表示这些位要求不匹配。

```
relevant_bits_different=(input ⊕ filterPktData)& filterPktDataMask;
if((relevant_bits_different & ~filterPktDataNotMask )= =0)
    filterResult=successful_ match;
```

假定希望过滤出的以太网分组的目标地址为 0xA5，而源地址不是 0xBB。由于以太网数据分组的前 48 比特是目标地址，后 48 比特是源地址，所以有关变量设置如下。

filterPktDataOffset	=0
filterPktData	=0x0000 0000 00A5 0000 0000 00BB　　十六进制数字要 4 位分为一组
filterPktDataMask	=0xFFFF FFFF FFFF FFFF FFFF FFFF
filterPktDataNotMask	=0x0000 0000 0000 FFFF FFFF FFFF

其中变量 filterPktDataOffset 表示分组中要测试部分距分组头的距离为 0，即从头开始测试。

状态过滤逻辑是类似的。每一种错误条件是一个整数值，并且是 2 的幂。为了得到状态模式，只要把各个错误条件的值相加，就把状态模式转换成了位模式。例如，以太网有下面的错误条件。

- 0 分组大于 1518byte。
- 1 分组小于 64byte。
- 2 分组存在 CRC 错误或对准错误。

如果一个分组错误状态值为 6，则它有后两种错误。

2. 通道操作

通道由一组过滤器定义，被测试的分组要通过通道中有关过滤器的检查。分组是否被通道接收，取决于通道配置中的一个变量。

```
channelAcceptType:: =INTEGER｛acceptMatched（1），acceptFailed（2）｝
```

如果该变量的值为 1，则分组数据和分组状态至少要与一个过滤器匹配，则分组被接收；如果该变量的值为 2，则分组数据和分组状态与每一个过滤器都不匹配，分组被接收。channelAcceptType=1 的情况，可以用图 4-17 说明。

与通道操作有关的变量如下。

- channelAcceptType：其值和过滤器集合决定是否接收分组。
- channelMatches：该计数器对接收的分组计数。
- channelDataControl：控制通道开/关。

- channelEventStatus：当分组匹配时，该变量指示通道是否产生事件，是否被捕获。
- channelEventIndex：产生的事件的索引。

图 4-17　通道变量 channelAcceptType=1 的例子

根据这些变量的值，通道操作逻辑如下（result==1 表示分组通过检查，result==0 表示分组没有通过检查）。

```
if (((result==1)&&(channelAcceptType==acceptMatched))||
        ((result==0)&&(channelAcceptType==acceptFailed)))
{
        channelMatches = channelMatches+1;
        if(channelDataControl==ON)
        {
            if ((channelEventStatus!=eventFired)&&(channelEventIndex!=0))
                    generateEvent( ) ;
            if  (channelEventStatus==eventReady)
                    channelEventStatus=eventFired;
        }
}
```

3. 过滤组结构

过滤组由两个控制表组成（见图 4-18）。过滤表 filterTable 定义了一组过滤器，通道表 channelTable 定义由若干过滤器组成的通道。

过滤组每一行定义一对数据过滤器和状态过滤器，变量 filterChannelIndex 说明该过滤器所属的通道。通道组每一行定义一个通道。通道组的有关变量解释如下。

（1）channelDataControl：通道开关，控制通道是否工作，可取值 on（1）或 off（2）。

（2）channelTurnOnEventIndex：指向事件组的一个事件，该事件生成时，把有关的 channelDataControl 变量的值由 on 变为 off。当这个变量为 0 时，不指向任何事件。

（3）channelTurnOffEventIndex：指向事件组的一个事件，该事件生成时，把有关的 channelDataControl 变量的值由 off 变为 on。当这个变量为 0 时，不指向任何事件。

（4）channelEventIndex：指向事件组的一个事件，当分组通过测试时产生该事件。当这个变量为 0 时，不指向任何事件。

（5）channelEventStatus：事件状态，可取下列值。

- eventReady（1）：分组匹配时产生事件，然后值变为 eventFired（2）。
- eventFired（2）：分组匹配时不产生事件。
- eventAlwaysReady：每一个分组匹配时都产生事件。

图 4-18　RMON 过滤组

当变量 channelEventStatus 的值为 eventReady 时，如果产生了一个事件，则 channelEventStatus 的值自动变为 eventFired，再也不会产生同样的事件了。管理站响应事件通知后，可以恢复 channelEventStatus 的值为 eventReady，以便产生类似的事件。

4.2.4　包捕获和事件记录

1. 包捕获组

包捕获组建立一组缓冲区，用于存储从通道中捕获的分组。这个组由控制表和数据表组成，如图 4-19 所示。

图 4-19　RMON 包捕获组

变量 bufferControlFullStatus 表示缓冲区是否用完，可以取两个值，spaceAvailable（1）表示尚有存储空间，full（2）表示存储空间已占满。变量 bufferControlFullAction 表示缓冲区的两种不同用法，取值 lockWhenFull（1）表示缓冲区用完时不再接收新的分组，取值 wrapWhenFull（2）表示缓冲区作为先进先出队列循环使用。

还有一组参数说明分组在捕获缓冲区中如何存储，以及 SNMP Get 和 GetNext 如何从捕获缓冲区提取数据。

- bufferControlCaptureSliceSize（CS）：每个分组可存入缓冲区中的最大字节数。
- bufferControlDownloadSliceSize（DS）：缓冲区中每个分组可以被单个 SNMP PDU 检索的最大字节数。
- bufferControlDownloadOffset（DO）：SNMP 从缓冲区取得的第一字节距分组头的位移。
- captureBufferPacketLength（PL）：被接收的分组的长度。
- captureBufferPacketData：存储的分组数据。

设 *PDL* 是 captureBufferPacketData 的长度，则下面的关系成立。

$$PDL=Min（PL，CS）$$

显然，存储在捕获缓冲区中的分组数据既不能大于分组的实际长度，也不能大于缓冲区容许的最大长度。当 *CS* 大时，分组可全部进入缓冲区，当 *PL* 大时，只有一个分组片段存储在缓冲区中。无论是整个分组，还是分组片段，在缓冲区中都是以字节串的形式存储的。如果这个字节串大于 SNMP 报文长度，检索时就只能装入一部分。标准提供了两个变量（*DO* 和 *DS*）帮助管理站分次分段检索捕获缓冲区中的数据。变量 *DO* 和 *DS* 都是可读/写的。通常管理站先设置 *DO*=0，*DS*=100，可以读出缓冲区的前 100 字节。当然管理站也可以得到 *PL* 和分组的错误状态。如果有必要，再置 *DO*=100，检索分组的下一部分。

2. 事件组

事件组的作用是管理事件。事件是由 MIB 中其他地方的条件触发的，事件也能触发其他地方的作用。产生事件的条件在 RMON 其他组定义，如警报组和过滤组都有指向事件组的索引项。事件还能使这个功能组存储有关信息，甚至引起代理进程发送陷入消息。

事件组的对象如图 4-20 所示。该组分为两个表，事件表和 log 表，前者定义事件的作用，后者记录事件出现的顺序和时间。事件表中的变量 eventType 表示事件类型，可以取 4 个值，none（1）表示非以下 3 种情况，log（2）表示这类事件要记录在 log 表中，snmp-trap（3）表示事件出现时发送陷入报文，log-and-snmp-trap（4）表示 log（2）和 snmp-trap（3）两种作用同时产生。

图 4-20　RMON 事件组

4.3　RMON2 管理信息库

前面介绍的 RMON MIB 只能存储 MAC 层管理信息。后来对 RMON MIB 进行了扩充，使其能够监视 MAC 层之上的通信。这就是 RMON2，因而把前一标准叫做 RMON1。本节介绍 RMON2 的有关内容。

4.3.1　RMON2 MIB 的组成

RMON2 监视 OSI/RM 第 3 层到第 7 层的通信，能对数据链路层以上的分组进行译码。这使得监视器可以管理网络层协议，包括 IP。因而能了解分组的源和目标地址，能知道路由器负载的来源，使监视的范围扩大到局域网之外。监视器也能监视应用层协议，如电子邮件协议、文件传输协议、HTTP 协议等，这样监视器就可以记录主机应用活动的数据，可以显示各种应用活动的图表。另外，在网络管理标准中，通常把网络层之上的协议叫做应用层协议，以后提到的应用层包含 OSI 的第 5～第 7 层。

RMON2 扩充了原来的 RMON MIB，增加了 9 个新的功能组，如图 4-21 所示，对这些功能组介绍如下。

- 协议目录组（protocolDir）：这一组提供了表示各种网络协议的标准化方法，使管理站可以了解监视器所在的子网上运行什么协议。这一点很重要，特别对于管理站和监视器来自不同制造商时是完全必要的。

- 协议分布组（protocolDist）：提供每个协议产生的通信统计数据，如发送了多少分组、多少字节等。

- 地址映射组（addressMap）：建立网络层地址（IP 地址）与 MAC 地址的映射关系。这些信息在发现网络设备、建立网络拓扑结构时有用。这一组可以为监视器在每一个接口上观察到的每一种协议建立一个表项，说明其网络地址和物理地址之间的对应关系。

图 4-21　RMON2 MIB

- 网络层主机组（nlHost）：这一组类似于 RMON1 的主机组，收集网上主机的信息，如主机地址、发送/接收的分组/字节数等。但是与 RMON1 不同，这一组不是基于 MAC 地址，而是基于网络层地址发现主机。这样管理人员可以超越路由器看到子网之外的 IP 主机。

- 网络层矩阵组（nlMatrix）：记录主机对（源/目标）之间的通信情况，收集的信息类似于 RMON1 的矩阵组，但是按网络层地址标识主机。其中的数据表分为 SD 表、DS 表和 TopN 表，与 RMON1 的对应表也是类似的。

- 应用层主机组（alHost）：对应每个主机的每个应用协议（指第三层之上的协议）在 alHost 表中有一个表项，记录有关主机发送/接收的分组/字节数等。这一组用户可以了解每个主机上的每个应用协议的通信情况。

- 应用层矩阵组（alMatrix）：统计一对应用层协议之间的各种通信情况，以及某种选定的参数（如交换的分组数/字节数）最大的（TopN）一对应用层协议之间的通信情况。

- 用户历史组（usrHistory）：按照用户定义的参数，周期地收集统计数据。这使得用户可以研究系统中的任何计数器，如关于路由器—路由器之间的连接情况的计数器。

- 监视器配置组（probeConfig）：定义了监视器的标准参数集合，这样可以提高管理站和监视器之间的互操作性，使管理站可以远程配置不同制造商的监视器。

4.3.2　RMON2 增加的功能

RMON2 引入了两种与对象索引有关的新功能，增强了 RMON2 的管理能力和灵活性。下面介绍这两种新功能。

1. 外部对象索引

在 SNMPv1 管理信息结构的宏定义中，没有说明索引对象是否必须是被索引表的列对象。在 SNMPv2 的 SMI 中，已明确指出可以使用不是概念表成员的对象作为索引项。在这种情况下，必须在概念行的 DESCRIPTION 子句中给出文字解释，说明如何使用这样的外部对象唯一地标识概念行实例。

RMON2 采用了这种新的表结构，经常使用外部对象索引数据表，以便把数据表与对应的控制表结合起来。图 4-22 给出了这样的例子。这个例子与图 4-2 的 rm1 表类似，只不过改写成了 RMON2 的形式。在图 4-2 的 rm1 表中，数据表有两个索引对象。第一个索引对象 rm1DataControlIndex 只是重复了控制表的索引对象。在图 4-22 的数据表中，这个索引对象没有了，只剩下了唯一的索引对象 rm2DataIndex。但是在数据表的概念行定义中说明了两个索引 rm2ControlIndex 和 rm2DataIndex，同时在 rm2DataIndex 的描述子句中说明了索引的结构。

```
rm2ControlTable OBJECT-TYPE                      rm2DataTable OBJECT-TYPE
  SYNTAX    SEQUENCE OF Rm2ControlEntry            SYNTAX   SEQUENCE OF Rm2DataEntry
  ACCESS    not-accessible                         ACCESS   not-accessible
  STATUS    mandatory                              STATUS   mandatory
  DESCRIPTION                                      DESCRIPTION
    "A control table."                               "A data table."
  : : ={exl 1}                                     : : ={exl 2}
rm2ControlEntry  OBJECT-TYPE                      rm2DataEntry  OBJECT-TYPE
  SYNTAX    Rm2ControlEntry                        SYNTAX    Rm2DataEntry
  ACCESS    not-accessible                         ACCESS    not-accessible
  STATUS    mandatory                              STATUS    mandatory
  DESCRIPTION                                      DESCRIPTION
    "Defines a parameter that Control                 "A single data table
    a set of data table entries."                     entry."
  INDEX  {rm2ControlIndex}                         INDEX  {rm2ControlIndex,  rm2DataIndex }
  : : ={rm2ControTable 1}                          : : ={rm2DataTable 1}
Rm2ControlEntry: : =SEQUENCE{                     Rm2DataEntry : : =SEQUENCE{
  rm2ControlIndex   INTEGER,                        rm2DataIndex      INTEGER,
  rm2ControlParameter  Counter,                     rm2DataValue      Counter}
  rm2ControlOwner    OwnerString,
  rm2ControlStatus   RowStatus}
  rm2ControlIndex  OBJECT-TYPE                      rm2DataIndex    OBJECT-TYPE
  SYNTAX   INTEGER                                  SYNTAX   INTEGER
  ACCESS   read-only                                ACCESS   read-only
  STATUS   mandatory                                STATUS   mandatory
  DESCRIPTION                                       DESCRIPTION
    "The unique index for this                      "The index that uniquely identifies a particular
    rm2Control entry."                                entry among all data entries associated with the
  : : ={rm2ControEntry 1}                             same rm2ControlEntry."
rm2ControlParameter                               : : ={rm2DataEntry 1}
  SYNTAX   INTEGER                               rm2DataValue    OBJECT-TYPE
  ACCESS   read-write                             SYNTAX   Counter
  STATUS   mandatory                              ACCESS   read-only
  DESCRIPTION                                      STATUS   mandatory
    "The value of this object characterizes        DESCRIPTION
    data table rows associated with                   "The value reported by this entry."
    this entry."                                    : : ={rmlDataEntry 2}
  : : ={rm2ControEntry 2}
rm2ControlOwner    OBJECT-TYPE
  SYNTAX   OwnerString
  ACCESS   read-write
  STATUS   mandatory
  DESCRIPTION
    "The entry that configured this entry."
  : : ={rm2ControEntry 3}
rm2ControlStatus    OBJECT-TYPE
  SYNTAX   RowStatus
  ACCESS   read-write
  STATUS   mandatory
  DESCRIPTION
    "The status of this rm2Control entry."
  : : ={rm2ControEntry 4}
```

图 4-22　RMON2 的控制表和数据表

假设要检索第 2 控制行定义的第 89 个数据值，则可以给出对象实例标识 rm2DataValue.2.89。显然这样定义的数据表比 RMON1 的表少一个作为索引的列对象。另外 RMON2 的状态对象的类型为 RowStatus，而不是 EntryStatus，这符合 SNMPv2 的文本约定。

2. 时间过滤器索引

网络管理应用需要周期地轮询监视器，以便得到被管理对象的最新状态信息。为了提高效率，希望监视器每次只返回那些自上次查询以来改变了的值。SNMPv1 和 SNMPv2 中都没有解决这个问题的方法。然而 RMON2 的设计者却给出了一种新颖的方法，在 MIB 的定义中实现了这个功能，这就是用时间过滤器进行索引。

RMON2 引入了一个新的文本约定：

```
TimeFilter: : =TEXTUAL-CONVENTION
    STATUS      CURRENT
    DESCRIPTION
    "……"
    SYNTAX      TimeTicks
```

类型为 TimeFilter 的对象专门用于表索引，其类型也就是 TimeTicks。这个索引的用途是使管理站可以从监视器取得自从某个时间以来改变过的变量，这里的时间由类型为 TimeFilter 的对象表示。

为了说明时间过滤器的工作原理，考虑图 4-23 的例子。表 fooTable 有 3 个列对象，fooTimeMark 是时间过滤器（TimeFilter 类型），fooIndex 是表的索引，fooCounts 是一个计数器。假设表索引仅取值 1 和 2，则该表有两个基本行。这个表的一个实现如图 4-24 所示，分 6 个不同时刻表示出表的当前值。可以看出，监视器对每个基本行打上了该行计数器值改变时的时间戳。开始时间戳为 0，两个计数器的值都是 0。后来在 500s、900s 和 2 300s 时，计数器 1 的值改变，在 1 100s 和 1 400s 时，计数器 2 的值改变。如果管理站检索这个表，则发出下面的请求。

```
GetRequest(fooCounts . fooTimeMark 的值 . fooIndex 的值)
```

监视器按照下面的逻辑检查各个基本行。

```
if (timestamp-for-this-fooIndex ≧ fooTimeMark-value-in-Request)
    在应答 PDU 中返回这个实例
else  跳过这个实例
```

```
fooTable  OBJECT-TYPE                         fooTimeMark   OBJECT-TYPE
    SYNTAX   SEQUENCE OF FoolEntry                 SYNTAX     TimeFilter
    ACCESS   not-accessible                        ACCESS     not-accessible
    STATUS   current                               STATUS     current
    DESCRIPTION                                     DESCRIPTION
      "A control table."                               "A TimeFilter for this entry."
    : : ={ex  1}                                    : : ={fooEntry 1}
fooEntry  OBJECT-TYPE                          fooIndex   OBJECT-TYPE
    SYNTAX   FoolEntry                             SYNTAX     INTEGER
    ACCESS   not-accessible                        ACCESS     not-accessible
    STATUS   current                               STATUS     current
    DESCRIPTION                                     DESCRIPTION
      "One row in fooTable."                           "Basic row index for this entry."
    INDEX    {fooTimeMark, fooIndex}             : : ={fooEntry 2}
    : : ={fooTable  1}                         fooCounts   OBJECT-TYPE
FooEntry: : =SEQUENCE{                             SYNTAX     Counter32
    fooTimeMark   TimeFilter                       ACCESS     read-only
    fooIndex      INTEGER,                         DESCRIPTION
    fooCounts     Counter32 }                          "Current count for this entry."
                                                   : : ={fooEntry 3}
```

图 4-23　时间过滤器的例子

timestamp	fooIndex	fooCounts
0	1	0
0	2	0

（a）Time=0

timestamp	fooIndex	fooCounts
900	1	2
1100	2	1

（d）Time=1100

timestamp	fooIndex	fooCounts
500	1	1
0	2	0

（b）Time=500

timestamp	fooIndex	fooCounts
900	1	2
1400	2	2

（e）Time=1400

timestamp	fooIndex	fooCounts
900	1	2
0	2	0

（c）Time=900

timestamp	fooIndex	fooCounts
2300	1	3
1400	2	2

（f）Time=2300

图 4-24　时间过滤器索引的表

下面举例说明检索过程。假设管理站每 15s 轮询一次监视器，nms 表示时间，分辨率为 0.01s，于是有下列应答步骤。

（1）在 nms=1000 时，监视器开始工作，管理站第 1 次查询。

```
GetRequest(sysUpTime.0, fooCounts.0.1, fooCounts.0.2)
```

监视器在本地时间 600 时收到查询请求，计数器 1 在 500 时已变为 1，所以应答为：

```
Response(sysUpTime.0=600, fooCounts.0.1=1, fooCounts.0.2=0)
```

（2）在 nms=2500 时（15s 以后），监视器第 2 次查询，欲得到自 600 以后改变的值。

```
GetRequest(sysUpTime.0, fooCounts.600.1, fooCounts.600.2)
```

监视器在本地时间 2100 时收到查询请求，计数器 1 在 900 时已变为 2，计数器 2 在 1100 时变为 1，后又在 1400 时变为 2，所以应答为：

```
Response(sysUpTime.0=2100, fooCounts.600.1=2, fooCounts.600.2=2)
```

（3）在 nms =4000 时（15s 以后），监视器第 3 次查询，欲得到自 2100 以后改变的值。

```
GetRequest(sysUpTime.0, fooCounts.2100.1, fooCounts.2100.2)
```

监视器在本地时间 3600 时收到查询请求，计数器 1 的值已变为 3，计数器 2 无变化，所以应答为：

```
Response(sysUpTime.0=3600, fooCounts.2100.1=3)
```

（4）在 nms =5500 时（15s 以后），监视器第 4 次查询。

```
GetRequest(sysUpTime.0, fooCounts.3600.1, fooCounts.3600.2)
```

监视器在本地时间 5500 时收到查询请求，两个计数器均无变化，不返回新值。

```
Response(sysUpTime.0=5500)
```

可以看出，使用 TimeFilter 可以使管理站有效地过滤出最近变化的值。

4.4　RMON2 的应用

本节重点介绍 RMON2 新功能的应用，主要是网络协议的表示方法、用户历史的定义方法和监视器的标准配置方法等。

4.4.1　协议的标识

任何一个网络都可能运行许多不同的协议，有些协议是标准的，有些是专用于某种特定产品的。一个网络运行的各个协议之间还有复杂的关系，如可能同时运行多个网络层协议（IP、IPX），一个 IP 有多个数据链路层协议的支持，而 TCP 和 UDP 同时运行于 IP 之上等。在远程网络监视中，必须能够识别各种类型的网络协议，表示协议之间的关系，RMON2 提供了表示协议类型和协议关系信息的标准方法。

RMON2 用协议标识符和协议参数共同表示一个协议以及该协议与其他协议之间的关系。协议标识符是由字节串组成的分层的树结构，类似于 MIB 对象组成的树。RMON2 赋予每一个协议层 32 比特的字节串，编码为 4 个十进制数，表示为[a.b.c.d]的形式，这是协议标识符树的节点。例如，各种数据链路层协议被赋予下面的字节串。

- `ether2`　　　　=1[0.0.0.1]
- `llc`　　　　　=2[0.0.0.2]
- `snap`　　　　=3[0.0.0.3]
- `vsnap`　　　　=4[0.0.0.4]
- `wgAssigned`　=5[0.0.0.5]
- `anylink`　　　= [1.0.a.b]

最后的 anylink 是一个通配符，可指任何链路层协议。有时监视器可以监视所有的 IP 数据报，而不论它是包装在什么链路层协议帧中，都可以用 anylink 说明 IP 下面的链路层协议。

链路层协议字节串是协议标识符树的根，下面每个直接相连的节点是链路层协议直接支持的上层协议，或者说是直接包装在数据链路帧中的协议（通常情况下是网络层协议）。整个协议标识符树就是这样逐级构造的，如图 4-25 所示。这里表示的是以太网协议直接支持 IP，UDP 运行于 IP 之上，最后，SNMP 报文封装在 UDP 数据报中传送。用文字表示就是 ether2 .ip .udp .snmp。

图 4-25　协议标识符树

RMON2 的协议标识符的格式如图 4-26 所示。开头有一个字节的长度计数字段 cnt，后续各层协议的子标识符字段。每层协议的子标识符都与上述链路层协议字节串相似，是 32 比特，编码为 4 个十进制数。可以看到赋予以太 2 协议的字节串是[0.0.0.1]，以太网之上的协议的字节串形式为[0.0.a.b]，其中的 a 和 b 是以太 2 协议 MAC 帧中的类型字段的 16 比特二进制数，这 16 位用来表示 2 型以太网协议支持的上层协议。以太 2 规范为 IP 分配的字节串是[0.0.8.0]。与此类似，在 IP 头中的 16 位协议号表示 IP 支持的上层协议，IP 标准为 UDP 分配的编号是 17。UDP 为 SNMP 分配的端口号为 161。这样 4 层协议的字节串级联起来，前面加上 16 表示长度，就形成了完整的 SNMP 协议标识符。

```
16.0.0.0.1.0.0.8.0.0.0.0.17.0.0.0.161
```

图 4-26　协议标识符和协议参数的格式

应该强调的是对监视器能解释的每个协议都必须有一个协议标识符。假如有个监视器可以识别以太 2 帧、IP 和 UDP 数据报，以及 SNMP 报文，则 RMON2 MIB 中必须记录以下 4 个协议标识符。

```
ether2 （4.0.0.0.1）
ether2.ip （8.0.0.0.1.0.0.8.0）
ether2.ip.udp （12.0.0.0.1.0.0.8.0.0.0.0.17）
ether2.ip.udp.snmp （ 16.0.0.0.1.0.0.8.0.0.0.0.17.0.0.0.161）
```

从图 4-26 中可以看出协议参数的格式，长度计数字段后跟各层协议的参数。参数的每一个比特定义了一种能力。例如，最低两比特的含义如下。

（1）比特 0：表示允许上层协议 PDU 分段。例如，上层报文可以分成若干 IP 数据报传送，则 IP 层的参数比特 0 为 1。

（2）比特 1：表示可以为上层协议指定端口号。如 TFTP（Trivial File Transfer Protocol）协议，其专用端口号是 69。如果上层用户进程向端口 69 请求连接，TFTP 进程响应应用用户请求，派生出一个临时进程，并为其分配临时端口号，返回用户进程，用户就可以用 TFTP 传送文件了。

现在可以把上例中的协议标识符加上协议参数。如果表示 IP 之上的协议 PDU 可以分段传送，则有如下协议标识符和协议参数串。

```
16.0.0.0.1.0.0.8.0.0.0.0.17.0.0.0.161.4.0.1.0.0
```

4.4.2　协议目录表

RMON2 的协议目录表的结构如图 4-27 所示。其中的协议标识符 protocolDirID 和协议参数 protocolDirParameters 作为表项的索引，另外还为每个表项指定了一个唯一的索引 protocolDirLocalIndex，可由 RMON2 的其他组引用该表项。对另外 5 个变量解释如下。

● protocolDirDesc（4）：关于该协议的文字描述。

● protocolDirType（5）：协议类型是可扩展的，如果表中生成一个新项，则所表示的协议是该协议的孩子。协议类型具有地址识别能力，如果监控器可以区别源地址和目标地址，则分别对源和目标计数。

图 4-27　协议目录组

- protocolDirAddressMapConfig（6）：表示协议是否支持（网络层对数据链路层）地址映射。
- protocolDirHostConfig（7）：与网络层和应用层主机表有关。
- protocolDirMatrixConfig（8）：与网络层和应用层矩阵表有关。

4.4.3　用户定义的数据收集机制

关于历史数据收集在 RMON1 中是预先定义的，在 RMON2 中可以由用户定义。下面介绍的用户历史收集组规定了定义历史数据的方法。

历史收集组由 3 级表组成，第一级是控制表 usrHistoryControlTable。这个表说明了一种采样功能的细节（采样的对象数、采样区间数和采样区间长度等），它的一行定义了下一级的一个表。第二级是用户历史对象表 usrHistoryObjectTable，它也是一个控制表，说明采样的变量和采样类型。该表的行数等于上一级表定义的采样对象数。第三级表 usrHistoryTable 才是历史数据表，该表由第二级表的一行控制，记录各个采样变量的值和状态，以及采样间隔的起止时间。用户历史收集组如图 4-28 所示。

图 4-28　用户历史收集组

4.4.4　监视器的标准配置法

为了增强管理站和监视器之间的互操作性，RMON2 在监视器配置组中定义了远程配置监视器的标准化方法。这个组由如下标量对象和 4 个表组成。

- probeCapabilities：说明支持哪些 RMON 组。
- probeSoftwareRev：设备的软件版本。
- probeHardwareRev：设备的硬件版本。
- probeDateTime：监视器的日期和时间。
- probeResetControl：可以取不同的值，表示运行、热启动或冷启动等。
- probeDownloadFile：自举配置文件名。
- probeDownLoadTFIPServer：自举配置文件所在的 TFTP 服务器地址。
- probeDownloadAction：若取值 imageValid（1），则继续运行；若取值 downloadToPROM（2）或 downloadToRAM（3），则重启动，装入另外一个应用程序。
- probeDownloadStatus：表示不同的运行状态。

监视器配置组中的 4 个表是串行配置表、网络配置表、陷入定义表和串行连接表。串行配置表用于定义监视器的串行接口，它包含下列变量。

- serialMode：连接模式可以是直接连接或通过调制解调器连接。
- serialProtocol：数据链路协议可以是 SLIP 或其他协议。
- serialTimeout：终止连接之前等待的秒数。
- serialModemInitiString：用于初始化 Modem 的控制字符串。
- serialModemHangUpString：断开 Modem 连接的控制字符串。
- serialModemConnectResp：描述 Modem 响应代码和数据速率的 ASCII 串。
- serialModemNoConnectResp：由 Modem 产生的报告连接失效的 ASCII 串。
- serialDialoutTimeout：拨出等待时间。

网络配置表用于定义监视器的网络接口，它包含下列变量。

- netConfigIpAddress：接口的 IP 地址。
- netConfigSubnetMask：子网掩码。
- netDefaultGateway：默认网关的 IP 地址。

陷入定义表定义了陷入的目标地址等有关信息，它包含的变量如下。

- trapDestIndex：行索引。
- trapDestProtocol：接收陷入的团体名。
- trapDestAddress：传送陷入报文的协议。
- serialConnectIndex：接收陷入的站地址。

串行连接表存储与管理站建立 SLIP 连接需要的参数，其中有下列变量。

- serialConnectIndex：行索引。
- serialConnectDestIpAddress：SLIP 连接的 IP 地址。
- serialConnectType：可分为 direct（1）、modem（2）、switch（3）、modemSwitch（4）4 种类型。
- serialConnectDialString：控制建立 Modem 连接的字符串。
- serialConnectSwitchconnectSeg：控制建立数据交换连接的字符串。
- serialConnectDisconnectSeg：控制终止数据交换连接的字符串。
- serialConnectSwitchResetSeg：使数据交换连接复位的字符串。

习 题

1. 为什么需要 RMON？网络监视器能提供哪些管理信息？
2. RMON 对表对象的管理做出了什么改进？
3. 试仿照 RFC1757 为 FDDI 设备定义管理对象。
4. 试根据矩阵组定义的管理对象设计一个显示网络会话的工具。
5. 试写出产生下降警报的规则。
6. 举例说明 RMON 进行状态过滤的逻辑。
7. 试描述警报组、过滤组、事件组和包捕获组之间的关系。
8. RMON2 扩充了哪些功能组，它们的作用是什么？
9. 为什么要使用外部对象作为表的索引？
10. RMON2 如何标识协议之间的关系？
11. RMON 监视器如何配置？
12. 试把 RMON 对象划分到各个管理功能域中。

第5章
网络管理工具

常用的网络操作系统，无论是 Windows 还是 Linux 操作系统，都提供了一组实用程序来实现网络配置和管理功能。许多软件/硬件制造商则开发了大型的网络管理平台，也提供一些免费的网络管理小工具。根据具体的网络配置和管理目标选择适当的网管工具，不但可以优化网络的配置，还可以提高网络管理的效率。本章介绍常用的网络管理命令和网络管理工具的使用方法。

5.1 Wnidows 管理命令

Windows 操作系统提供了一组实用程序来实现简单的网络配置和管理功能，这些实用程序通常以 DOS 命令的形式出现。用键盘命令来显示和改变网络配置，感觉就像直接操控硬件一样，操作简单方便，效果立刻显现，能详细了解网络的配置参数，提高了网络管理的效率，掌握常用的网络管理命令是网管人员的基本技能，必须坚持使用，才能灵活操作。

Windows 操作系统的网络管理命令通常以.exe 文件的形式存储在 system 32 目录中，在开始菜单中运行命令解释程序 "cmd.exe" 进入 DOS 命令窗口，可以执行任何实用程序。下面的例子都是在 DOS 窗口中运行的。

5.1.1 ipconfig

ipconfig 命令相当于 Windows 95/98 中的图形化命令 Winipcfg，是最常用的 Windows 实用程序，可以显示所有网卡的 TCP/IP 配置参数、刷新动态主机配置协议（DHCP）和域名系统（DNS）的设置。ipconfig 的语法如下。

```
ipconfig [/all] [/renew[Adapter]] [/release[Adapter]] [/flushdns] [/displaydns]
[/registerdns] [/showclassid Adapter] [/setclassid Adapter [ClassID]]
```

对一些命令参数解释如下。

● /?

显示帮助信息，对本章中其他命令有同样作用。

● /all

显示所有网卡的 TCP/IP 配置信息。如果没有该参数，则只显示各个网卡的 IP 地址、子网掩码和默认网关地址。

● /renew [Adapter]

更新网卡的 DHCP 配置，如果使用标识符 Adapter 说明网卡的名字，则只更新指定网卡的配置，否则更新所有网卡的配置。这个参数只能用于动态配置 IP 地址的计算机。

● /release[*Adapter*]

向 DHCP 服务器发送 DHCP Release 请求，释放网卡的 DHCP 配置参数和当前使用的 IP 地址。

● /flushdns

刷新客户端 DNS 缓存的内容。在 DNS 排错期间，可以使用这个命令丢弃动态添加的缓存项。

● /displaydns

显示客户端 DNS 缓存的内容，该缓存中包含从本地主机文件中添加的预装载项，以及最近通过名字解析查询得到的资源记录。DNS 客户端服务使用这些信息可快速处理经常出现的名字的查询。

● /registerdns

刷新所有 DHCP 租约，重新注册 DNS 名字。在不重启计算机的情况下，可以利用这个参数排除 DNS 名字注册中的故障，解决客户机和 DNS 服务器之间的手工动态更新问题。可以利用"高级 TCP/IP 设置"来注册本地连接的 DNS 后缀，如图 5-1 所示。

● /showclassid *Adapter*

显示网卡的 DHCP 类别 ID。利用通配符"*"代替标识符 Adapter，可以显示所有网卡的 DHCP 类别 ID。这个

图 5-1 "高级 TCP/IP 设置"对话框

参数仅适用于自动配置 IP 地址的计算机。可以根据某种标准把 DHCP 客户机划分成不同的类别，以便于管理。例如，移动客户划分到租约期较短的类，固定客户划分到租约期较长的类。

● /setclassid　*Adapter*[*ClassID*]

对指定的网卡设置 DHCP 类别 ID。如果未指定 DHCP 类别 ID，则删除当前的类别 ID。

如果 *Adapter* 名称包含空格，则要在名称两边使用引号。网卡名称中可以使用通配符星号"*"，例如，Local*可以代表所有以字符串 Local 开头的网卡，*Con*可以表示所有包含字符串 Con 的网卡。

ipconfig 命令使用用户可以明确区分 DHCP 或自动专用 IP 地址（APIPA）配置的参数，举例如下。

（1）如果要显示所有网卡的基本 TCP/IP 配置参数，输入

```
ipconfig
```

（2）如果要显示所有网卡的完整 TCP/IP 配置参数，输入

```
ipconfig /all
```

（3）如果仅更新本地连接的网卡由 DHCP 分配的 IP 地址，输入

```
ipconfig /renew "Local Area Connection"
```

（4）在排除 DNS 名称解析故障时，如果要刷新 DNS 解析器缓存，输入

```
ipconfig /flushdns
```

（5）如果要显示名称以 Local 开头的所有网卡的 DHCP 类别 ID，输入

```
ipconfig /showclassid Local*
```

（6）如果要将"本地连接"网卡的 DHCP 类别 ID 设置为 TEST，输入

```
ipconfig /setclassid "Local Area Connection" TEST
```

用 ipconfig/all 命令显示的网络配置参数如图 5-2 所示。其中列出了主机名、网卡物理地址、DHCP 租约期、DHCP 分配的 IP 地址、子网掩码、默认网关和 DNS 服务器的 IP 地址等参数。图 5-3 是利用参数 showclassid 显示的"本地连接"的类别标识。

```
C:\Documents and Settings\Administrator>ipconfig/all

Windows IP Configuration

    Host Name . . . . . . . . . . . . : x4ep512rdszwjzp
    Primary Dns Suffix . . . . . . . :
    Node Type . . . . . . . . . . . . : Unknown
    IP Routing Enabled. . . . . . . . : Yes
    WINS Proxy Enabled. . . . . . . . : Yes

Ethernet adapter 本地连接:

    Connection-specific DNS Suffix  . :
    Description . . . . . . . . . . . : SiS 900-Based PCI Fast Ethernet Adapter
    Physical Address. . . . . . . . . : 00-03-0D-07-03-7F
    DHCP Enabled. . . . . . . . . . . : Yes
    Autoconfiguration Enabled . . . . : Yes
    IP Address. . . . . . . . . . . . : 100.100.17.24
    Subnet Mask . . . . . . . . . . . : 255.255.255.0
    Default Gateway . . . . . . . . . : 100.100.17.254
    DHCP Server . . . . . . . . . . . : 192.168.254.10
    DNS Servers . . . . . . . . . . . : 218.30.19.40
                                        61.134.1.4
    Lease Obtained. . . . . . . . . . : 2009年1月5日 8:10:14
    Lease Expires . . . . . . . . . . : 2009年1月5日 12:10:14
```

图 5-2　ipconfig/all 命令显示的结果

```
C:\Documents and Settings\Administrator>ipconfig /showclassid 本地连接

Windows IP Configuration

DHCP Classes for Adapter "本地连接":

    DHCP ClassID Name . . . . . . . . : 默认路由和远程访问类别
    DHCP ClassID Description  . . . . : 远程访问客户端的用户类别

    DHCP ClassID Name . . . . . . . . : 默认 BOOTP 的类别
    DHCP ClassID Description  . . . . : BOOTP 客户端的用户类别
```

图 5-3　ipconfig/showclassid 命令显示的结果

5.1.2　ping

ping 命令通过发送 ICMP 回声请求报文来检验与另外一个计算机的连接。它是一个用于排除连接故障的测试命令，如果不带参数，则显示帮助信息。ping 命令的语法如下。

```
ping [-t] [-a] [-n Count] [-l Size] [-f] [-i TTL] [-v TOS] [-r Count] [-s Count]
[{-j HostList | -k HostList}] [-w Timeout] [TargetName]
```

对以上命令参数解释如下。

● -t

持续发送回声请求直至输入 Ctrl-Break 或 Ctrl-C 被中断，前者显示统计信息，后者不显示统计信息。

● -a

用 IP 地址表示目标，进行反向名字解析，如果命令执行成功，则显示对应的主机名。

● -n *Count*

说明发送回声请求的次数，默认为 4 次。

● -l *Size*

说明回声请求报文的字节数，默认是 32，最大为 65 527。

● -f

在 IP 头中设置不分段标志，用于测试通路上传输的最大报文长度。

● -i *TTL*

说明 IP 头中 TTL 字段的值，通常取主机的 TTL 值，对于 Windows XP 主机，这个值是 128，最大为 255。

- -v *TOS*

说明 IP 头中 TOS（Type of Service）字段的值，默认是 0。

- -r *Count*

在 IP 头中添加路由记录选项，Count 表示源和目标之间的跃点数，其值范围为 1～9。

- -s *Count*

在 IP 头中添加时间戳选项，用于记录达到每一跃点的时间，Count 的值范围为 1～4。

- -j *HostList*

在 IP 头中使用松散源路由选项，HostList 指明中间节点（路由器）的地址或名字，最多 9 个，用空格分开。

- -k *HostList*

在 IP 头中使用严格源路由选项，HostList 指明中间节点（路由器）的地址或名字，最多 9 个，用空格分开。

- -w *Timeout*

指明等待回声响应的时间（μs），如果响应超时，则显示出错信息 "Request timed out"，默认超时间隔为 4s。

- TargetName

用 IP 地址或主机名表示目标设备。

使用 ping 命令必须安装并运行 TCP/IP。可以使用 IP 地址或主机名来表示目标设备。如果 ping 一个 IP 地址成功，而 ping 对应的主机名失败，则可以断定名字解析有问题。无论名字解析是通过 DNS、NetBIOS，还是通过本地主机文件，都可以用这个方法进行故障诊断，举例如下。

（1）如果要测试目标 10.0.99.221 并进行名字解析，输入

```
ping -a 10.0.99.221
```

（2）如果要测试目标 10.0.99.221，发送 10 次请求，每个响应为 1 000 字节，则输入

```
ping -n 10 -l 1 000 10.0.99.221
```

（3）如果要测试目标 10.0.99.221，并记录 4 个跃点的路由，则输入

```
ping -r 4 10.0.99.221
```

（4）如果要测试目标 10.0.99.221，并说明松散源路由，则输入

```
ping -j 10.12.0.1 10.29.3.1 10.1.44.1 10.0.99.221
```

ping www.163.com.cn 的结果如图 5-4 所示。

图 5-4　ping 命令的显示结果

5.1.3　arp

arp 命令用于显示和修改地址解析协议（ARP）缓存表的内容，缓存表项是 IP 地址与网卡地址对。计算机上安装的每个网卡各有一个缓存表。如果使用不含参数的 arp 命令，则显示帮助信

息。arp 命令的语法如下。

```
arp [-a [InetAddr] [-N IfaceAddr]] [-g [InetAddr] [-N IfaceAddr]] [-d InetAddr
[IfaceAddr]] [-s InetAddr EtherAddr [IfaceAddr]]
```

对以上命令参数解释如下。

● -a [*InetAddr*] [-N *IfaceAddr*]

显示所有接口的 ARP 缓存表。如果要显示特定 IP 地址的 ARP 表项，则使用参数 InetAddr；如果要显示指定接口的 ARP 缓存表，则使用参数-N IfaceAddr。这里，N 必须大写。InetAddr 和 IfaceAddr 都是 IP 地址。

● -g [*InetAddr*] [-N *IfaceAddr*]

与参数-a 相同。

● -d *InetAddr* [*IfaceAddr*]

删除由 InetAddr 指示的 ARP 缓存表项。要删除特定接口的 ARP 缓存表项，使用参数 IfaceAddr 指明接口的 IP 地址。要删除所有 ARP 缓存表项，使用通配符 "*" 代替参数 InetAddr。

● -s *InetAddr EtherAddr* [*IfaceAddr*]

添加一个静态的 ARP 表项，把 IP 地址 InetAddr 映射到物理地址 EtherAddr。参数 IfaceAddr 指定了接口的 IP 地址。

IP 地址 InetAddr 和 IfaceAddr 用点分十进制表示。物理地址 EtherAddr 由 6 字节组成，每字节用两个十六进制数表示，字节之间用连字符 "-" 分开，如 00-AA-00-4F-2A-9C。

用参数-s 添加的 ARP 表项是静态的，不会由于超时而被删除。如果 TCP/IP 停止运行，ARP 表项都被删除。为了生成一个固定的静态表项，可以在批文件中加入适当的 ARP 命令，并在机器启动时运行批文件，举例如下。

（1）要显示 ARP 缓存表的内容，输入

```
arp -a
```

（2）要显示 IP 地址为 10.0.0.99 的接口的 ARP 缓存表，输入

```
arp -a -N 10.0.0.99
```

（3）要添加一个静态表项，把 IP 地址 10.0.0.80 解析为物理地址 00-AA-00-4F-2A-9C，则输入

```
arp -s 10.0.0.80 00-AA-00-4F-2A-9C
```

使用 arp 命令添加一个静态发表项的例子如图 5-5 所示。

图 5-5　使用 arp 命令的例子

5.1.4　netstat

netstat 命令用于显示 TCP 连接、计算机正在监听的端口、以太网统计信息、IP 路由表、IPv4 统计信息（包括 IP、ICMP、TCP 和 UDP 等协议）、IPv6 统计信息（包括 IPv6、ICMPv6、TCP over IPv6、

UDP over IPv6 等协议）等。如果不使用参数，则显示活动的 TCP 连接。netstat 命令的语法如下。

```
netstat [-a] [-e] [-n] [-o] [-p Protocol] [-r] [-s] [Interval]
```

对以上参数解释如下。

- -a

显示所有活动的 TCP 连接，以及正在监听的 TCP 和 UDP 端口。

- -e

显示以太网统计信息，如发送和接收的字节数、出错的次数等。这个参数可以与-s 参数联合使用。

- -n

显示活动的 TCP 连接，地址和端口号以数字形式表示。

- -o

显示活动的 TCP 连接以及每个连接对应的进程 ID。在 Windows 任务管理器中可以找到与进程 ID 对应的应用。这个参数可以与-a、-n 和-p 联合使用。

- -p *Protocol*

用标识符 Protocol 指定要显示的协议，可以是 TCP、UDP、TCPv6 或者 UDPv6。如果与参数-s 联合使用，则可以显示协议 TCP、UDP、ICMP、IP、TCPv6、UDPv6、ICMPv6 或 IPv6 的统计数据。

- -s

显示每个协议的统计数据。默认情况下，统计 TCP、UDP、ICMP 和 IP 发送和接收的数据包、出错的数据包、连接成功或失败的次数等。如果与-p 参数联合使用，可以指定要显示统计数据的协议。

- -r

显示 IP 路由表的内容，其作用相当于路由打印命令 route print。

- *Interval*

说明重新显示信息的时间间隔，按 Ctrl+C 组合键则停止显示。如果不使用这个参数，则只显示一次。

Netstat 显示的统计信息分为 4 栏或 5 栏，解释如下。

（1）Proto，表示协议的名字（如 TCP 或 UDP）。

（2）Local Address，本地计算机的地址和端口。通常显示本地计算机的名字和端口名字（如 ftp），如果使用了-n 参数，则显示本地计算机的 IP 地址和端口号。如果端口尚未建立，则用 "*" 表示。

（3）Foreign Address，远程计算机的地址和端口。通常显示远程计算机的名字和端口名字（如 ftp），如果使用了-n 参数，则显示远程计算机的 IP 地址和端口号。如果端口尚未建立，则用 "*" 表示。

（4）State，表示 TCP 连接的状态，用下面的状态名字表示。

- CLOSE_WAIT：收到对方的连接释放请求。
- CLOSED：连接已关闭。
- ESTABLISHED：连接已建立。
- FIN_WAIT_1：已发出连接释放请求。
- FIN_WAIT_2：等待对方的连接释放请求。
- LAST_ACK：等待对方的连接释放应答。
- LISTEN：正在监听端口。
- SYN_RECEIVED：收到对方的连接建立请求。

- SYN_SEND：已主动发出连接建立请求。
- TIMED_WAIT：等待一段时间后将释放连接。

举例如下。

（1）要显示以太网的统计信息和所有协议的统计信息，则输入

```
netstat -e -s
```

（2）要显示 TCP 和 UDP 的统计信息，则输入

```
netstat -s -p tcp udp
```

（3）要显示 TCP 连接及其对应的进程 ID，每 4s 显示一次，则输入

```
nbtstat -o 4
```

（4）要以数字形式显示 TCP 连接及其对应的进程 ID，则输入

```
nbtstat -n -o
```

命令 netstat－o 4 显示的统计信息如图 5-6 所示，每 4s 显示一次，直到输入结束。

图 5-6　命令 netstat－o 4 显示的统计信息

5.1.5　tracert

tracert 命令与 UNIX 中的 traceroute 命令的功能相同，都是确定到达目标的路径，并显示通路上每一个路由器的 IP 地址。Tracert 只要多次向目标发送 ICMP 回声（echo）请求报文，每次增加 IP 头中 TTL 字段的值，就可以确定到达各个路由器的时间。显示的地址是路由器接近源的这一边的端口地址。tracert 命令的语法如下。

```
tracert [-d] [-h MaximumHops] [-j HostList] [-w Timeout] [TargetName]
```

对以上参数解释如下。

- -d

不进行名字解析，显示中间节点的 IP 地址，这样可以加快跟踪的速度。

- -h *MaximumHops*

说明地址搜索的最大跃点数，默认值是 30 跳。

- -j *HostList*

说明发送回声请求报文要使用 IP 头中的松散源路由选项，标识符 HostList 列出必须经过的中

间节点的地址或名字，最多可以列出 9 个中间节点，各个中间节点用空格隔开。

- -w *Timeout*

说明等待 ICMP 回声响应报文的时间（μs），如果接收超时，则显示星号"*"，默认超时间隔是 4s。

- *TargetName*

用 IP 地址或主机名表示的目标。

这个诊断工具通过多次发送 ICMP 回声请求报文来确定到达目标的路径，每个报文中的 TTL 字段的值都是不同的。通路上的路由器在转发 IP 数据报之前先要对 TTL 字段减一，如果 TTL 为 0，则路由器向源端返回一个超时（Time Exceeded）报文，并丢弃原来要转发的报文。在 tracert 第一次发送的回声请求报文中置 TTL=1，然后每次加 1，这样就能收到沿途各个路由器返回的超时报文，直至收到目标返回的 ICMP 回声响应报文。如果有的路由器不返回超时报文，这个路由器就是不可见的，显示列表中用星号"*"表示。

举例如下。

（1）要跟踪到达主机 corp7.microsoft.com 的路径，则输入

`tracert corp7.microsoft.com`

（2）要跟踪到达主机 corp7.microsoft.com 的路径，并且不进行名字解析，只显示中间节点的 IP 地址，则输入

`tracert -d corp7.microsoft.com`

（3）要跟踪到达主机 corp7.microsoft.com 的路径，并使用松散源路由，则输入

`tracert -j 10.12.0.1 10.29.3.1 10.1.44.1 corp7.microsoft.com`

利用命令 tracert www.163.com.cn 显示的路由跟踪列表如图 5-7 所示。

图 5-7　tracert 命令的显示结果

5.1.6　pathping

pathping 结合了 ping 和 tracert 两个命令的功能，可以显示通信线路上每个子网的时延和丢包率。pathping 在一段时间内向通路中的各个路由器发送多个回声请求报文，然后根据每个路由器返回的数据包计算统计结果。由于 pathping 命令显示了每个路由器（或链路）丢失数据包的程度，所以用户可以据此确定哪些路由器或者子网存在通信问题。pathping 命令的语法如下。

`pathping [-n] [-h MaximumHops] [-g HostList] [-p Period] [-q NumQueries [-w Timeout]`
`[-T] [-R] [TargetName]`

对以上参数解释如下。

- -n

不进行名字解析，以加快显示速度。

- -h *MaximumHops*

说明搜索目标期间的最大跃点数，默认是 30。

- -g *HostList*

在发送回声请求报文时使用松散源路由，标识符 HostList 列出了中间节点的名字或地址。最多可以列出 9 个中间节点，用空格分开。

- -p *Period*

说明两次 ping 之间的时间间隔（ms），默认为 1/4s。

- -q *NumQueries*

说明发送给每个路由器的回声请求报文的数量，默认为 100 个。

- -w *Timeout*

说明每次等待回声响应的时间，默认是 3s。

- -T

对发送的回声请求数据包附加上第二层优先标志（如 802.1p）。这样可以测试出不具备区分第二层优先级能力的设备，这个开关用于测试网络连接提供不同服务质量（QoS）的能力。

- -R

确定通路上的设备是否支持资源预约协议（RSVP），这个开关用于测试网络连接提供不同服务质量（QoS）的能力。

- *TargetName*

用 IP 地址或名字表示的目标。

pathping 命令的参数是大小写敏感的，所以 T 和 R 必须大写。为了防止网络拥塞，ping 的频率不能太快，这样也可以防止突发性丢包。

当使用-p *Period* 参数时，对每一个中间节点一次只发送一个回声请求包，对同一节点，两次 ping 之间的时间间隔是 *Period* × 跃点数。

当使用-w *Timeout* 参数时，多个回声请求包并行地发出，因此标识符 Timeout 规定的时间并不受 Period 规定的时间限制。

IEEE 802.1p 标准使得局域网交换机具有以优先级区分信息流的能力，向支持声音、图像和数据的综合业务迈进了一步。802.1p 定义了 8 种不同的优先级，分别用于支持时间关键的通信（如 RIP 和 OSPF 的路由更新报文）、延迟敏感的应用（如交互式语音和视频）、可控负载的多媒体流、重要的 SAP 数据，以及尽力而为（best-effort）的通信等。符合 802.1p 规范的交换机，具有多队列缓冲硬件，可以对较高优先级的分组进行快速处理，使这些分组能够越过低级别分组迅速通过交换机。

在传统的单一缓冲区交换机中，当信息传输出现拥塞时，所有分组将平等地排队等待，直到可继续前进。由于传统设备不能识别第二层优先级标签，那些带有优先标签的分组就会被丢弃，所以应用开关 T 可以区分传统交换机与可提供第二层优先级的交换机。

R 参数用于对资源预约协议的测试。RSVP 预约报文在会话开始之前，首先发送给通路上的每一个设备。如果设备不支持 RSVP，它返回一个 ICMP "目标不可到达" 报文；如果设备支持 RSVP，它返回一个 "预约错误信息" 报文。有一些设备什么信息也不返回，如果这种情况出现，则显示超时信息。

图 5-8 所示的例子显示了命令 C:\>pathping -n corp1 的输出。pathping 运行时产生的第一个结果就是路径列表，与 tracert 命令显示的结果相同。接着出现一个大约 125s 的"忙"消息，"忙"时间的长短随着跃点数的多少有所变化。这期间，从上述列表中的路由器以及它们之间的链路收集统计信息，最后显示测试结果。

```
Tracing route to corp1 [10.54.1.196]
over a maximum of 30 hops:
  0  172.16.87.35
  1  172.16.87.218
  2  192.168.52.1
  3  192.168.80.1
  4  10.54.247.14
  5  10.54.1.196
Computing statistics for 125 seconds...
                  Source to Here    This Node/Link
Hop  RTT     Lost/Sent = Pct    Lost/Sent = Pct  Address
  0                                                 172.16.87.35
                                   0/ 100 =   0%   |
  1  41ms     0/ 100 =  0%       0/ 100 =   0%   172.16.87.218
                                  13/ 100 =  13%   |
  2  22ms    16/ 100 = 16%       3/ 100 =   3%   192.168.52.1
                                   0/ 100 =   0%   |
  3  24ms    13/ 100 = 13%       0/ 100 =   0%   192.168.80.1
                                   0/ 100 =   0%   |
  4  21ms    14/ 100 = 14%       1/ 100 =   1%   10.54.247.14
                                   0/ 100 =   0%   |
  5  24ms    13/ 100 = 13%       0/ 100 =   0%   10.54.1.196
Trace complete.
```

图 5-8 命令 pathping 的显示结果

在图 5-8 所示的样本报告中，Node/Link Lost/Sent=Pct 和 Address 栏显示在 172.16.87.218 与 192.168.52.1 之间的链路上丢包率是 13%。第 2 跳和第 4 跳的路由器也丢失了数据包，但是对于它们转发的通信量不会产生影响。在图中的地址栏（Address）中，以直杠"|"表示由于链路拥塞而产生的丢包，至于路由器丢包的原因，则可能是设备过载了。

5.1.7 route

这个命令的功能是显示和修改本地的 IP 路由表，如果不带参数，则给出帮助信息。route 命令的语法如下。

```
route [-f] [-p] [Command [Destination] [mask Netmask] [Gateway] [metric Metric]]
[if Interface]
```

对以上参数解释如下。

● -f

删除路由表中的网络路由（子网掩码不是 255.255.255.255）、本地环路路由（目标地址为 127.0.0.0，子网掩码为 255.0.0.0）和组播路由（目标地址为 224.0.0.0，子网掩码为 240.0.0.0）。如果与其他命令（如 add、change 或 delete）联合使用，则在运行这个命令前先清除路由表。

● -p

与 add 命令联合使用时，一条路由被添加到注册表中，当 TCP/IP 启动时，用于初始化路由表。在默认情况下，系统重新启动时不保留添加的路由。与 print 命令联合使用时，显示持久路由列表。对于其他命令，这个参数被忽略。持久路由保存在注册表中的 HKEY_LOCAL_MACHINE\SYSTEM\CurrentControlSet\Services\Tcpip\Parameters\PersistentRoutes 位置。

● Command

表示要运行的命令，可用的命令如表 5-1 所示。

表 5-1   可用的命令

命　令	用　途
add	添加路由
change	修改已有的路由
delete	删除路由
print	打印路由

- *Destination*

说明目标地址，可以是网络地址（IP 地址中对应主机的比特都是 0）、主机地址或默认路由（0.0.0.0）。

- mask *Netmask*

说明目标地址对应的子网掩码。网络地址的子网掩码依据网络的大小而变化，主机地址的子网掩码为 255.255.255.255，默认路由的子网掩码为 0.0.0.0。如果忽略了这个参数，默认的子网掩码为 255.255.255.255。由于在路由寻址中具有关键作用，所以目标地址不能特异于对应的子网掩码。换言之，如果子网掩码的某个比特是 0，则目标地址的对应比特不能为 1。

- Gateway

说明下一跃点的 IP 地址。对于本地连接的子网，网关地址是本地子网中分配给接口的 IP 地址。对于远程路由，网关地址是相邻路由器中直接连接的 IP 地址。

- metric *Metric*

说明路由度量值（1～9 999），通常选择度量值最小的路由。度量值可以根据跃点数、链路速率、通路可靠性、通路的吞吐率，以及管理属性等参数确定。

- if *Interface*

说明接口的索引。使用 route print 命令可以显示接口索引列表。接口索引可以使用十进制数或十六进制数表示。如果忽略 if 参数，接口索引根据网关地址确定。

路由表中可能出现很大的度量值，这是 TCP/IP 根据 LAN 接口配置的 IP 地址、子网掩码和默认网关等参数自动计算的度量值。自动计算接口度量值是默认的，就是根据接口的速率调整路由度量，所以最快的接口生成了最低的度量值。要消除大的度量值，就要在"高级 TCP/IP 设置"对话框中取消选中"自动跃点计数"复选框，如图 5-9 所示。

可以用名字表示路由目标，如果在%Systemroot%\System32\Dtivers\Etc\hosts 或 Lmhosts 文件中存在相应的表项。可以用名字表示网关，只要这个名字可以通过标准方法解析为 IP 地址。

图 5-9　"高级 TCP/IP 设置"对话框

在使用命令 print 或 delete 时，可以忽略参数 Gateway，使用通配符来代替目标和网关。目标可以用一个星号"*"来代替。如果目标的值中包含星号"*"或问号"？"，也被看作是通配符，用于匹配被打印或被删除的目标路由。事实上，星号可以匹配任何字符串，问号则用于匹配任何单个字符。如 10.*.1、192.168.*和*224*都是合法的通配符。

如果使用了目标地址与子网掩码的无效组合，则显示"Route: bad gateway address netmask"的错误信息。当目标地址中的一个或多个比特被设置为"1"，而子网掩码的对应比特却被设置为

"0"时，会出现这种错误。为了检查这种错误，可以把目标地址和子网掩码都用二进制表示。子网掩码的二进制表示中，开头有一串"1"，代表网络地址部分，后跟一串"0"，代表主机地址部分。这样就可以确定，是否目标地址中属于主机的比特被设置成了"1"。

（1）要显示整个路由器的内容，输入

```
route print
```

（2）要显示路由表中以 10.开头的表项，输入

```
route print 10.*
```

（3）对网关地址 192.168.12.1 要添加一条默认路由，则输入

```
route add 0.0.0.0 mask 0.0.0.0 192.168.12.1
```

（4）要添加一条到达目标 10.41.0.0（子网掩码为 255.255.0.0）的路由，下一跃点地址为 10.27.0.1，则输入

```
route add 10.41.0.0 mask 255.255.0.0 10.27.0.1
```

（5）要添加一条到达目标 10.41.0.0（子网掩码为 255.255.0.0）的持久路由，下一跃点地址为 10.27.0.1，则输入

```
route -p add 10.41.0.0 mask 255.255.0.0 10.27.0.1
```

（6）要添加一条到达目标 10.41.0.0 255.255.0.0 的路由，下一跃点地址为 10.27.0.1，度量值为 7，则输入

```
route add 10.41.0.0 mask 255.255.0.0 10.27.0.1 metric 7
```

（7）要添加一条到达目标 10.41.0.0 255.255.0.0 的路由，下一跃点地址为 10.27.0.1，接口索引为 0x3，则输入

```
route add 10.41.0.0 mask 255.255.0.0 10.27.0.1 if 0x3
```

（8）要删除到达目标 10.41.0.0 255.255.0.0 的路由，输入

```
route delete 10.41.0.0 mask 255.255.0.0
```

（9）要删除路由表中所有以 10.开头的表项，则输入

```
route delete 10.*
```

（10）要把目标 10.41.0.0 255.255.0.0 的下一跃点地址由 10.27.0.1 改为 10.27.0.25，则输入

```
route change 10.41.0.0 mask 255.255.0.0 10.27.0.25
```

5.1.8　netsh

netsh 是一个命令行脚本实用程序，可用于修改计算机的网络配置。利用 netsh 也可以建立批文件来运行一组命令，或者把当前的配置脚本用文本文件保存起来，以后可用来配置其他的服务器。

1. netsh 上下文

netsh 利用动态链接库（DLL）与操作系统的其他组件产生交互作用。netsh 助手（helper）是一种动态链接库文件，提供了称为上下文（context）的扩展特性，这是一组可作用于某种网络组件的命令。netsh 上下文扩大了它的作用，可以对多种服务、实用程序或协议提供配置和监控功能。例如，Dhcpmon.dll 就是一种 netsh 助手文件，它提供了一组配置和管理 DHCP 服务器的命令。

运行 netsh 命令要从 cmd.exe 提示符开始，然后转到指定的上下文。可使用的上下文取决于已经安装的网络组件。例如，在 netsh 命令提示符（netsh>）下输入 dhcp，就会转到 DHCP 上下文，但是如果没有安装 DHCP 服务，则会出现下面的信息。

```
The following command was not found: dhcp.
```

2. 使用多个上下文

从一个上下文可以转到另一个上下文，后者叫做子上下文。例如，在路由上下文中可以转到

IP 或 IPX 上下文。

为了显示在某个上下文中可使用的子上下文和命令列表，可以在 netsh 提示符下输入上下文的名字，后跟问号"？"或"help"。例如，为了显示在路由（routing）上下文中可使用的子上下文和命令，在 netsh 提示符下输入

```
netsh>routing ? 或者 netsh>routing help
```

为了不改变当前上下文而完成另外一个上下文中的任务，可以在 netsh 提示符下输入命令的上下文路径。例如，要在 IGMP 上下文中添加"本地连接"接口而不改变到 IGMP 上下文，则输入

```
netsh>routing ip igmp add interface "Local Area Connection" startupqueryinterval=21
```

3. 在 cmd.exe 命令提示符下运行 netsh 命令

为了在远程 Windows Server 2003 中运行 netsh 命令，首先要通过"远程桌面连接"链接到正在运行终端服务器的 Windows Server 2003 系统中。在 cmd.exe 命令提示符下输入 netsh，就进入了 netsh> 提示符。netsh 的语法如下。

```
netsh [-a AliasFile] [-c Context] [-r RemoteComputer] [{NetshCommand|-f ScriptFile}]
```

对以上参数解释如下。

● -a *AliasFile*

运行 AliasFile 文件后，返回 netsh 提示符。

● -c *Context*

转到指定的 netsh 上下文，可用的上下文如表 5-2 所示。

● -r *RemoteComputer*

配置远程计算机。

● *NetshCommand*

说明要使用的 netsh 命令。

● -f *ScriptFile*

运行脚本后转出 netsh.exe。

表 5-2   netsh 上下文

上 下 文	解 释
AAAA	配置认证、授权、计费和审计（Authentication，Authorization，Accounting，and Auditing，AAAA）数据库，该数据库是 Internet 认证服务器、路由和远程访问服务器要使用的
DHCP	管理 DHCP 服务器
Diag	操作系统和网络服务的管理和故障诊断
Interface	配置 TCP/IP，显示配置和统计信息
RAS	管理远程访问服务器
Routing	管理路由服务器
WINS	管理 WINS 服务器

关于-r 参数的使用值得注意的是，如果在-r 参数中使用了另外的命令，则 netsh 在远程计算机上执行这个命令，然后返回到 cmd.exe 命令提示符下。如果使用-r 参数而没有使用其他命令，则 netsh 保持在远程模式。这个过程类似于在 netsh 命令提示符下执行 set machine 命令。在使用-r 参数时，只是在当前的 netsh 实例中配置目标机器。在转出并重新进入 netsh 后，目标机器又变成了本地计算机。远程计算机的名字可以是存储在 WINS 服务器上的名字、UNC（universal naming convention）名字、可以被 DNS 服务器解析的 Internet 名字，或者 IP 地址。

4. 在 netsh.exe 提示符下运行 netsh 命令

在 netsh>提示符下可以使用下面一些命令。

（1）.. ：转移到上一层上下文。

（2）abort：放弃在脱机模式下所做的修改。

（3）add helper *DLLName*：在 netsh 中安装 netsh 助手文件 DLLName。

（4）alias [*AliasName*]：显示指定的别名。

alias [*AliasName*][*string1* [*string2* ...]]：设置 AliasName 的别名为指定的字符串。

可以使用别名命令行替换 netsh 命令，或者将其他平台中更熟悉的命令映射到适当的 netsh 命令。下面是使用 alias 的例子，这个脚本设置了两个别名 Shaddr 和 Shp，并进入 netsh interface ip 上下文。

```
alias shaddr show interface ip addr
alias shp show helpers
interface ip
```

如果在 netsh 命令提示符下输入 shaddr，则被解释为 show interface ip addr 命令。如果在 Netsh 命令提示符下输入 shp，则被解释为 show helpers 命令。

（5）bye：转出 netsh。

（6）commit：向路由器提交在脱机模式下所做的改变。

（7）delete helper *DLLName*：删除 netsh 助手文件 DLLName。

（8）dump [*FileName*]：生成一个包含当前配置的脚本。如果要把脚本保存在文件中，则使用参数 FileName。如果不带参数，则显示当前配置脚本。

（9）exec *ScriptFile*：装载并运行脚本文件 ScriptFile。脚本文件运行在一个或多个计算机上。

（10）exit：从 netsh 转出。

（11）help：显示帮助信息，可以用/?、?或 h 代替。

（12）offline：设置为脱机模式。

（13）online：设置为联机模式。

在脱机模式下做出的配置可以保存起来，通过运行 commit 命令或联机命令在路由器上执行。从脱机模式转到联机模式时，在脱机模式下做出的改变会反映在当前正在运行的配置中，而在联机模式下做出的改变会立即反映在当前正在运行的配置中。

（14）popd：从堆栈中恢复上下文。

（15）pushd：把当前的上下文保存在堆栈中。

popd 与 pushd 配合使用，可以改变到新的上下文，运行新的命令，然后恢复前面的上下文。下面是使用这两个命令的例子，这个脚本首先从根脚本转到 interface ip 上下文，添加一个静态路由，然后返回根上下文。

```
netsh>
pushd
netsh>
interface ip
netsh interface ip>
set address local static 10.0.0.9 255.0.0.0 10.0.0.1 1
netsh interface ip>
popd
netsh>
```

（16）quit：转出 Netsh。

（17）set file {open *FileName*|append *FileName*|close}：复制命令提示符窗口的输出到指定的文件，其中的参数如下。

open *FileName*：打开文件 FileName，并发送命令提示符窗口的输出到这个文件。

append *FileName*：附加命令提示符窗口的输出到指定的文件 FileName。

Close：停止发送输出并关闭文件。

如果指定的文件不存在，则 netsh 生成一个新文件。如果指定的文件存在，则 netsh 重写文件中已有的数据。下面的命令生成一个叫做 session.log 的记录文件，并复制 netsh 的输入和输出到这个文件。

```
set file open c:\session.log
```

（18）set machine [[*ComputerName*=]*string*]：指定当前要完成配置任务的计算机，其中的字符串 string 是远程计算机的名字。如果不带参数，则指本地计算机。

在一个脚本中，可以在多个计算机上执行命令。在一个脚本中，首先利用 set machine 命令说明一个计算机 ComputerA，在这个计算机上运行随后的命令，然后利用 set machine 命令指定另外一个计算机 ComputerB，再在这个计算机上运行命令。

（19）set mode {online|offline}：设置为联机或脱机模式。

（20）show {alias|helper|mode}：显示别名、助手或当前的模式。

（21）unalias *AliasName*：删除指定的别名。

5.1.9　nslookup

nslookup 命令用于显示 DNS 查询信息、诊断和排除 DNS 故障。使用这个工具必须熟悉 DNS 服务器的工作原理。Nslookup 有交互式和非交互式两种工作方式，nslookup 的语法如下。

- nslookup [-option ...]：使用默认服务器，进入交互方式。
- nslookup [-option ...] – server：使用指定服务器 server，进入交互方式。
- nslookup [-option ...] host：使用默认服务器，查询主机信息。
- nslookup [-option ...] host server：使用指定服务器 server，查询主机信息。
- ? | /? | /help：显示帮助信息。

1. 非交互式工作

所谓非交互式工作，就是只使用一次 nslookup 命令，然后又返回到 cmd.exe 提示符下。如果只查询一项信息，可以进入这种工作方式。nslookup 命令后面可以跟随一个或多个命令行选项（option），用于设置查询参数。每个命令行选项由一个连字符"-"后跟选项的名字，有时还要加一个等号"="和一个数值。

在非交互方式中，第一个参数是要查询的计算机（host）的名字或 IP 地址，第二个参数是 DNS 服务器（server）的名字或 IP 地址，整个命令行的长度必须小于 256 个字符。如果忽略了第二个参数，则使用默认的 DNS 服务器。如果指定的 host 是 IP 地址，则返回计算机的名字。如果指定的 host 是名字，并且没有尾随的句点，则默认的 DNS 域名被附加在后面（设置了 defname），查询结果给出目标计算机的 IP 地址。如果要查找不在当前 DNS 域中的计算机，则其名字后面要添加一个句点"."（称为尾随点）。下面举例说明非交互方式的用法。

（1）应用默认的 DNS 服务器根据域名查找 IP 地址。

```
C:\>nslookup ns1.isi.edu
Server: ns1.domain.com
Address: 202.30.19.1
```

```
Non-authoritative answer:          #给出应答的服务器不是该域的权威服务器
Name: ns1.isi.edu
Address: 128.9.0.107               #查出的 IP 地址
```

（2）应用默认的 DNS 服务器根据 IP 地址查找域名。

```
C:\>nslookup 128.9.0.107
Server: ns1.domain.com
Address: 202.30.19.1

Name: ns1.isi.edu                  #查出的 IP 地址
Address: 128.9.0.107
```

（3）nslookup 命令后面可以跟随一个或多个命令行选项（option）。例如，要把默认的查询类型改为主机信息，把超时间隔改为 5s，查询的域名为 ns1.isi.edu，使用下面的命令。

```
C:\>nslookup -type=hinfo -timeout=5 ns1.isi.edu
Server: ns1.domain.com
Address: 202.30.19.1

isi.edu                                            #给出了 SOA 记录
        primary name server = isi.edu              #主服务器
        responsible mail addr = action.isi.edu     #邮件服务器
        serial    = 2009010800                     #查询请求的序列号
        refresh   = 7200 <2 hours>                 #刷新时间间隔
        retry        = 1800 <30 mins>              #重试时间间隔
        expire    = 604800 <7 days>                #辅助服务器更新有效期
        default TTL = 86400 <1 days>               #资源记录在 DNS 缓存中的有效期
C:\>
```

2. 交互式工作

如果需要查找多项数据，可以使用 nslookup 的交互工作方式。在 cmd.exe 提示符下输入 nslookup 然后按回车键，就进入了交互工作方式，命令提示符变成"＞"。

在命令提示符"＞"下输入 help 或?，会显示可用的命令列表（见图 5-10），如果输入 exit，则返回 cmd.exe 提示符。

在交互方式下，可以用 set 命令设置选项，满足指定的查询需要。下面给出几个常用子命令的应用实例。

（1）＞set all，列出当前设置的默认选项。

```
>set all
Server: ns1.domain.com
Address: 202.30.19.1

Set options:
   nodebug              #不打印排错信息
   defname              #对每一个查询附加本地域名
   search               #使用域名搜索列表
     ┊                        ┊
   MSxfr                #使用 MS 快速区域传输
   IXFRversion=1        #当前的 IXFR（渐增式区域传输）版本号
   srchlist=            #查询搜索列表
```

（2）set type=mx，查询本地域的邮件交换器信息。

```
C:\> nslookup
Default Server: ns1.domain.com
Address: 202.30.19.1
> set type=mx
> 163.com.cn
Server: ns1.domain.com
Address: 202.30.19.1

Non-authoritative answer:
163.com.cn        MX preference = 10, mail exchanger =mx1.163.com.cn
163.com.cn        MX preference = 20, mail exchanger =mx2.163.com.cn
mx1.163.com.cn    internet address = 61.145.126.68
mx2.163.com.cn    internet address = 61.145.126.30
>
```

```
Commands:   (identifiers are shown in uppercase,   [] means optional)
NAME - print info about the host/domain NAME using default server
NAME1 NAME2 - as above,   but use NAME2 as server
help or ? - print info on common commands
set OPTION - set an option
    all - print options,   current server and host
    [no]debug - print debugging information
    [no]d2 - print exhaustive debugging information
    [no]defname - append domain name to each query
    [no]recurse - ask for recursive answer to query
    [no]search - use domain search list
    [no]vc - always use a virtual circuit
    domain=NAME - set default domain name to NAME
    srchlist=N1[/N2/.../N6] - set domain to N1 and search list to N1,   N2,   etc.
    root=NAME - set root server to NAME
    retry=X - set number of retries to X
    timeout=X - set initial time-out interval to X seconds
    type=X - set query type   (for example,   A,   ANY,   CNAME,   MX,   NS,   PTR,   SOA,   SRV)
    querytype=X - same as type
    class=X - set query class   (for example,   IN （Internet），   ANY)
    [no]msxfr - use MS fast zone transfer
    ixfrver=X - current version to use in IXFR transfer request
server NAME - set default server to NAME,   using current default server
lserver NAME - set default server to NAME,   using initial server
finger [USER] - finger the optional NAME at the current default host
root - set current default server to the root
ls [opt] DOMAIN [> FILE] - list addresses in DOMAIN   (optional: output to FILE)
    -a - list canonical names and aliases
    -d - list all records
    -t TYPE - list records of the given type   (for example,   A,   CNAME,   MX,   NS,   PTR,   and so on)
view FILE - sort an 'ls' output file and view it with pg
exit - exit the program
```

图 5-10　nslookup 子命令

（3）server NAME，由当前默认服务器切换到指定的名字服务器 NAME。类似的命令 lserver 是由本地服务器切换到指定的名字服务器。

```
C:\> nslookup
Default Server:ns1.domain.com
Address:202.30.19.1
> server 202.30.19.2
Default Server: ns2.domain.com
Address: 202.30.19.2
```

（4）ls，这个命令用于区域传输，列出本地区域中的所有主机信息，ls 命令的语法如下。

```
ls [- a |-d | -t type] domain [> filename]
```

不带参数使用 ls 命令将显示指定域（domain）中所有主机的 IP 地址。-a 参数返回正式名称和别名，-d 参数返回所有数据资源记录，-t 参数将列出指定类型（type）的资源记录。任选的 filename 是存储显示信息的文件，如图 5-11 所示。

如果安全设置禁止区域传输，将返回下面的错误信息。

```
*** Can't list domain example.com : Server failed
```

（5）set type，该命令的作用是设置查询的资源记录类型。DNS 服务器中主要的资源记录有 A（域名到 IP 地址的映射）、PTR（IP 地址到域名的映射）、MX（邮件服务器及其优先级）、CNAM（别名）和 NS（区域的授权服务器）等类型。通过 A 记录可以由域名查地址，也可以由地址查域名。在图 5-12 中，用 set all 命令显示默认设置，可以看出 type=A+AAAA，这时可以进行正向查询和反向查询，如图 5-13 所示。

图 5-11　ls 命令的输出

图 5-12　set all 显示默认设置

图 5-13　查询 A 记录和 AAAA 记录

当查询 PTR 记录时，可以由地址查到域名，但是没有从域名查到地址，而是给出了 SOA 记录，如图 5-14 所示。

```
> set type=ptr                                              #查询PTR记录
> 211.151.91.165                                            #由地址查域名
服务器：[61.134.1.4]
Address: 61.134.1.4

非权威应答：
165.91.151.211.in-addr.arpa     name = 165.tsinghua.edu.cn  #查询成功，得到域名
> www.tsinghua.edu.cn                                       #由域名查地址
服务器：[61.134.1.4]
Address: 61.134.1.4

DNS request timed out.
    timeout was 2 seconds.
非权威应答：
www.tsinghua.edu.cn     canonical name = www.d.tsinghua.edu.cn

d.tsinghua.edu.cn
        primary name server = dns.d.tsinghua.edu.cn         #没有查出地址
        responsible mail addr = szhu.dns.edu.cn             但给出了SOA记录
        serial = 2007042815
        refresh = 3600 (1 hour)
        retry = 1800 (30 mins)
        expire = 604800 (7 days)
        default TTL = 86400 (1 day)
```
图 5-14   查询 PTR 记录

重新查询 A 记录，可以进行双向查询，如图 5-15 所示。

```
> set type=a                                  # 查询A记录
> www.tsinghua.edu.cn                         # 由域名查地址
服务器：[61.134.1.4]
Address: 61.134.1.4

非权威应答：
名称：    www.d.tsinghua.edu.cn
Address: 211.151.91.165                        # 查出地址，并给出别名
Aliases: www.tsinghua.edu.cn

> 211.151.91.165                              # 由地址查域名
服务器：[61.134.1.4]
Address: 61.134.1.4

名称：    165.tsinghua.edu.cn                  # 查询成功，得到域名
Address: 211.151.91.165

> _
```
图 5-15   查询 A 记录

（6）set type=any，对查询的域名显示各种可用的信息资源记录（A、CNAME、MX、NS、PTR、SOA、SRV 等），如图 5-16 所示。

```
> set type=any
> baidu.com
服务器：[218.30.19.40]
Address: 218.30.19.40

非权威应答：
baidu.com       internet address = 202.108.23.59
baidu.com       internet address = 220.181.5.97
baidu.com       nameserver = dns.baidu.com
baidu.com       nameserver = ns2.baidu.com
baidu.com       nameserver = ns3.baidu.com
baidu.com       nameserver = ns4.baidu.com
baidu.com       MX preference = 10, mail exchanger = mx1.baidu.com
>
```
图 5-16   显示查询域名的信息

（7）set debug，这个命令与 set d2 的作用类似，都是显示查询过程的详细信息，set d2 显示的信息更多，有查询请求报文的内容和应答报文的内容。图 5-17 是利用 set d2 显示的查询过程，这些信息可用于对 DNS 服务器进行排错。

```
> set d2
> 163.com.cn
服务器:  UnKnown
Address:  218.30.19.40

------------
SendRequest(), len 28
    HEADER:
        opcode = QUERY, id = 2, rcode = NOERROR
        header flags:  query, want recursion
        questions = 1,  answers = 0,  authority records = 0,  additional = 0

    QUESTIONS:
        163.com.cn, type = A, class = IN

------------
------------
Got answer (44 bytes):
    HEADER:
        opcode = QUERY, id = 2, rcode = NOERROR
        header flags:  response, want recursion, recursion avail.
        questions = 1,  answers = 1,  authority records = 0,  additional = 0

    QUESTIONS:
        163.com.cn, type = A, class = IN
    ANSWERS:
    -> 163.com.cn
        type = A, class = IN, dlen = 4
        internet address = 219.137.167.157
        ttl = 86400 (1 day)
------------
非权威应答:
------------
SendRequest(), len 28
    HEADER:
        opcode = QUERY, id = 3, rcode = NOERROR
        header flags:  query, want recursion
        questions = 1,  answers = 0,  authority records = 0,  additional = 0

    QUESTIONS:
        163.com.cn, type = AAAA, class = IN

------------
------------
Got answer (28 bytes):
    HEADER:
        opcode = QUERY, id = 3, rcode = NOERROR
        header flags:  response, want recursion, recursion avail.
        questions = 1,  answers = 0,  authority records = 0,  additional = 0

    QUESTIONS:
        163.com.cn, type = AAAA, class = IN

------------
名称:    163.com.cn
Address:  219.137.167.157

>
```

图 5-17　显示查询过程

5.1.10　net

Windows 中的网络服务都使用以 net 开头的命令。在 cmd.exe 提示符下输入 net /?，显示 net 命令的列表如下。

```
NET [ ACCOUNTS | COMPUTER | CONFIG | CONTINUE | FILE | GROUP | HELP |
      HELPMSG | LOCALGROUP | NAME | PAUSE | PRINT | SEND | SESSION |
      SHARE | START | STATISTICS | STOP | TIME | USE | USER | VIEW ]
```

如果要查看某个 net 命令的使用方法，则输入 net help "命令名"。例如，为显示 accounts 命令的用法，输入 c:\>net help accounts，结果如图 5-18 所示。

下面举出几个常用的 net 命令的例子。

- c:\>net user：显示所有用户的列表。
- c:\>net share：显示共享资源。
- c:\>net start：显示已启动的服务列表。
- c:\>net start telnet：启动 telnet 服务。

- c:\>net stop telnet：停止 telnet 服务。
- c:\>net use：显示已建立的网络连接。
- c:\>net view：显示计算机上的共享资源列表。
- c:\>net send 192.16.810.1："时间到了，请关机"向地址为 192.168.10.1 的计算机发送消息。

图 5-18　net 帮助命令

5.2　网络监视工具

用于采集网络数据流并提供数据分析能力的工具称为网络监视器。监视网络的目的是对数据流进行分析，发现网络通信中的问题。网络监视器能提供利用率和数据流量方面的统计数据，还能从网络通信流中捕获数据帧，并筛选、解释、分析这些数据帧的内容，判断其来源和去向。目前大多数网络都是基于以太网构建的，广播通信方式决定了在一台计算机上可以采集到子网内的全部通信流，因此网络监视器的有效范围遍及边界路由器以内的全部通信主机。

目前最常用的网络监视工具有 Sniffer、NetXray 和 Ethereal 等，其中 Sniffer 使用最为普遍。下面介绍 Sniffer 的功能和使用方法。

5.2.1　网络监听原理

由于以太网采用广播通信方式，所以在网络中传送的分组可以出现在同一冲突域中的所有端口上。在常规状态下，网卡控制程序只接收发送给自己的数据包和广播包，把目标地址不是自己的数据包丢弃。如果把网卡配置成混杂模式（promiscuous mode），它就能接收所有分组，无论是否是发送给自己的。

采用混杂模式的程序可以把网络连接上传输的所有分组都显示在屏幕上。有些协议（如 FTP 和 Telnet）在传输数据和口令字时不进行加密，采用混杂模式的网络扫描器就可以解读和提取有用的信息，这给网络黑客造成了可乘之机。利用网络监听技术，既可以进行网络监控，解决网络管理中的问题，又可以进行网络窃听，实现网络入侵的目的。

当一个主机采用混杂模式进行网络监听时，是可以被检查出来的。这里主要有两种方法，一种是根据时延来判断。由于采用混杂模式的主机要处理大量的分组，所以它的负载必定很重，如果发现某个计算机的响应很慢，就可以怀疑它是工作于混杂模式。另外一种方法是使用错误的 MAC 地址和正确的 IP 地址向它发送 ping 数据包，如果它接收并应答了这个数据包，就一定是采用混杂模式进行通信的。

混杂模式通信被广泛使用在恶意软件中，最初是为了获取根用户权限（root compromise），继而进行 ARP 欺骗（ARP spoofing）。因为凡是进行 ARP 欺骗的计算机必定把网卡设置成了混杂模式，所以检测那些滥用混杂模式的计算机是很重要的。

5.2.2　网络嗅探器

嗅探器（sniffer）就是采用混杂模式工作的协议分析器，可以用纯软件实现，运行在普通的计算机上，也可以做成硬件，用独立设备实现高效率的网络监控。"Sniffer Network Analyzer"是美国网络联盟公司（Network Associates INC，NAI）的注册商标，然而许多采用类似技术的网络协议分析产品也可以叫做嗅探器。NAI 是电子商务和网络安全解决方案的主要供应商，它的产品除 Sniffer Pro 外，还有著名的防毒软件 McAfee。

常用的 Sniffer Pro 网络分析器可以运行在各种 Windows 平台上。Sniffer 软件安装完成后，在文件菜单中选择 Select Settings，出现如图 5-19 所示的界面，在这里可以选择用于监控的网卡，使其置于混杂模式。

图 5-19　设置网卡

5.2.3　Sniffer 软件的功能和使用方法

Sniffer Pro 主要包含以下 4 种功能组件。

（1）监视：实时解码并显示网络通信流中的数据。

（2）捕获：抓取网络中传输的数据包并保存在缓冲区或指定的文件中，供以后使用。

（3）分析：利用专家系统分析网络通信中潜在的问题，给出故障症状和诊断报告。

（4）显示：对捕获的数据包进行解码并以统计表或各种图形方式显示在桌面上。

网络监控是 Sniffer 的主要功能，其他功能都是为监控功能服务的，网络监控可以提供下列信息。

（1）负载统计数据，包括一段时间内传输的帧数、字节数、网络利用率、广播和组播分组计数等。

（2）出错统计数据，包括 CRC 错误、冲突碎片、超长帧、对准出错、冲突计数等。

（3）按照不同的底层协议进行统计的数据。

（4）应用程序的响应时间和有关统计数据。

（5）单个工作站或会话组通信量的统计数据。

（6）不同大小数据包的统计数据。

图 5-20 是 Sniffer 的系统界面。当 Sniffer 工作时，单击"主控板"按钮，可以显示网络利用率、数据包数/s 和错误数/s 3 个计量表。这个窗口下面有 3 个选项，如图 5-21 所示。

- Network：显示网络利用率等统计信息。
- Detail Errors：显示出错统计信息。
- Size Distribution：显示各种不同大小分组数的统计信息。

图 5-20　Sniffer 主菜单

图 5-21　Sniffer 主控板

单击"主机表"按钮，可以显示通信最多的前 10 个主机的统计数据，如图 5-22 所示。单击"矩阵"按钮，可以显示主机之间进行会话的情况，如图 5-23 所示。其他按钮的使用是类似的，由于 GUI 界面直观易用，读者可以利用帮助信息熟悉 Sniffer 的使用方法。

图 5-22　主机表

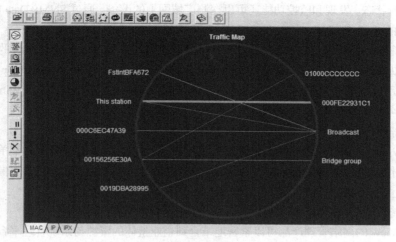

图 5-23　矩阵显示

5.3　网络管理平台

5.3.1　HP OpenView

HP OpenView 由多个功能套件组成，形成了一个集网络管理和系统管理为一体的完整系统，HP OpenView 包括以下套件。

● HP OpenView Operations：一体化的网络和系统管理平台，能支持数百个受控节点和数千个事件。

● HP OpenView Reporter：报告管理软件，为分布式 IT 环境提供灵活易用的报告管理解决方案，通过 Web 浏览器可以发布和访问各种管理报告。

● HP OpenView Performance：端到端的资源和性能管理软件，能收集、统计和记录来自应用、数据库、网络和操作系统的资源和性能测量数据。

● HP OpenView GlancePlus：实时诊断和监控软件，可以显示系统级、应用级和进程级的性能视图，诊断和识别系统运行中的问题和性能瓶颈。

● HP OpenView GlancePlus Pak 2000：全面管理系统可用性的综合性产品。在 GlancePlus Pak 的基础上增加了单一系统事件与可用性管理，可监控系统中的关键事件，使系统处于最佳性能状态。

● HP OpenView Database Pak 2000：服务器与数据库的性能管理软件。它提供强大的系统性能诊断功能，可以检测关键事件并采取修复措施，可提供 200 多种测量数据和 300 多种日志文件。

以上模块既相对独立，又可集成在一起，为企业提供高可用性的系统管理解决方案。

HP OpenView 最初是为网络管理设计的，其基础产品是网络节点管理器（network node manager，NNM）。NNM 作为网络和系统管理的基础平台，可以与第三方管理应用集成在一起，形成强大的综合网络管理环境。HP OpenView NNM 的主要功能特点如下。

（1）自动发现网络的拓扑结构，全面管理网络中的各种设备。

NNM 能够自动发现网络节点，监测网络连接，生成和记录 TCP/IP 网络视图，通过不同颜色表示网络设备的运行状态。发现和监控功能还可以探测广域网上的设备。通过 SNMP Data Presenter，用户可以查询网络的 SNMP 信息。

（2）具有管理大型、多节点网络的能力，可以适应多厂商设备、多操作系统的异构型环境。

NNM 可以管理 1 000 个以上的节点，能够适应地理上分布的网络环境。HP OpenView 是一种支持多厂商应用软件的管理平台，可以支持 21 种操作系统中的智能代理，包括 Windows、Netware 和不同厂商的各种 UNIX 等。

（3）网络管理采用易于操作的图形界面。

HP OpenView 采用图形用户界面，管理人员可以通过熟悉的单击、拖动、菜单选项等技术进行网络管理操作。使用 OpenView Windows 的窗格和缩放功能，在保持全网总图像的同时，可以将视点聚焦于重点子图的关键区域。

（4）与系统管理有机集成在一起。

HP OpenView 的网络管理产品可以紧密地结合到企业整体的资源与系统管理平台中，例如，HP OpenView Operation 中就内嵌了 NNM 模块。其他的网络管理模块都可以在 HP OpenView Operation 的操作平台上执行操作和显示数据。

（5）可以有针对性地选择搜集到的信息。

NNM 对于搜集到的信息具有简化功能，可提供发现过滤、拓扑过滤、图像过滤 3 种过滤方式，使管理人员可以根据需要选择要监控的对象，定制视图显示的内容和管理节点之间传输的信息。

（6）网络管理信息传输不会过多地占用网络资源。

NNM 一方面可以对网络中的信息进行过滤，另一方面可以在本地处理网络故障，只把故障事件和处理结果上报给上层控制台，从而减少了网络管理信息传输的通信流量。

（7）分布式的体系结构和远程管理操作。

HP OpenView 的分布式解决方案便于协调管理人员的管辖范围，实现分层次的网络管理模式。NNM 能够通过 Web 界面访问网络拓扑和网管数据，在万维网的任何地点都可以进行远程管理操作。采用 HP OpenView Web Launcher 还可以在任何地点启动基于 Java 的 HP OpenView 应用，带有密码校验的登录过程确保了管理的安全性。

（8）故障的发现、显示与排除。

NNM 能自动对网络进行监测，搜集网络中的故障和报警信息。NNM 采用事件关联技术，使得网管人员能够快速定位和排除故障。通过高级事件关联引擎把事件与高层次报警关联起来，可以立即发现网络故障的根本原因。

（9）与其他网管工具的集成。

HP OpenView 提供了 SNMP 管理信息库的标准管理功能，用户还可以对 MIB 数据库进行扩展。HP OpenView 提供了标准的开发工具，用于开发可集成到管理平台上的应用软件。HP OpenView 已经被众多厂商作为其网络设备管理的平台软件。

（10）功能强大、简单易用的二次开发能力。

HP OpenView 提供的各种应用开发包采用图形用户界面，无需具备特殊开发技巧就可以开发网管应用程序。HP OpenView 提供了基于 C 语言的 API，具有功能强大的可供调用的管理函数和公共服务，支持第三方合作伙伴开发多平台的、可扩展的分布式网络管理应用软件。

5.3.2　IBM Tivoli NetView

Tivoli NetView 是 IBM 公司的网络管理工具，能够提供整个网络环境的完整视图，实现对网络产品的管理。它采用 SNMP 对网络上的设备进行实时监控，对网络中发生的故障进行报警，从而减少系统管理的难度和管理工作量。

IBM Tivoli NetView 网络管理解决方案可以实现的主要功能如下。

（1）网络拓扑管理。

NetView 能够自动发现联网的 IP 节点，包括路由器、交换机、服务器和 PC 等，并自动生成拓扑连接。NetView 还可以按照地理位置对网络拓扑图形进行定制，使之与实际的网络结构更加吻合。Tivoli 网络管理拓扑显示界面如图 5-24 所示。

NetView 提供的 SmartSet 功能可以将具有相同属性的管理对象做成一个集合。例如，用户可以把重要的路由器放在一起作为一个集合，进行统一的管理设置。SmartSet 甚至不需要手工加入对象，管理员只需设置加入集合的条件，SmartSet 就能够动态发现符合条件的设备并自动加入集合视图，从而为管理员提供了很大的便利。

图 5-24　Tivoli 网络管理拓扑显示界面

（2）网络故障管理。

网络故障管理是网络管理的核心。NetView 的图形化网络拓扑结构可以迅速发现出现故障的资源，并帮助管理员分析故障原因。当网络中的设备出现故障、死机或链路中断时，NetView 会及时在屏幕上显示报警信号，便于网络管理人员进行诊断，并排除故障。

（3）网络性能管理。

NetView 的 SnmpCollect 功能可以自动采集重要的网络性能数据，如 IP 流量、带宽利用率、出错包数量、丢弃包数量、SNMP 流量等。通过设置各种参数的阈值，NetView 能够自动发出报警信号，或自动运行已定义的管理操作。NetView 可以用图形的方式显示网络性能数据的变化情况，或者将管理数据存放在关系数据库中，以便于以后进行检索和分析。图 5-25 为网络性能分析视图。

图 5-25　网络性能分析监控显示

Tivoli 数据仓库为网络性能管理提供集中的历史统计和报表分析，帮助管理人员从大量数据中及时发掘出可用于判断网络运行状态的数据，并生成各种报表和图形化的分析报告。

（4）网络设备管理。

Tivoli NetView 是使用最广泛的网络管理平台之一，支持业界标准 API，能够与主要网络设备厂商的设备管理软件（如 Cisco Works、Nortel Optivity、3com Transcend 等）方便地集成。

（5）管理权限分配。

NetView 可以为管理员定义不同的管理角色，不同的管理角色可以被授权管理不同地域范围的设备，没有权限管理的设备不会出现在网络拓扑视图中。

（6）Web 管理功能。

NetView 通过 Web 控制台实现了分布式的网络管理。NetView Web 控制台为用户提供了一个灵活、可配置的环境，便于用户远程访问网络设备、浏览交换机的端口、检查路由器的工作状态、查看 MAC 地址等。

（7）支持 MPLS 管理功能。

NetView 7.1 支持对多协议标记交换（MPLS）设备的识别，并能查询有关 MPLS 的数据，可以管理 LSR（label switch routers）设备。

（8）交换机的故障定位。

IBM Tivoli Switch Analyzer 提供了第二层交换设备的发现功能，能够识别包括第二层和第三层交换设备在内的各种设备之间的关系。正确的关联分析可以区分不同的设备，无论是 IP 寻址的端口，还是第二层交换机上非 IP 寻址的端口、板卡或插件。

5.3.3　CiscoWorks for Windows

CiscoWorks for Windows 是基于 Web 的网络管理解决方案，主要应用于中小型企业网络，提供了一套功能强大、价格低廉且易于使用的监控和配置工具，用于管理 Cisco 的交换机、路由器、集线器、防火墙和访问服务器等设备。使用 Ipswitch 公司的 WhatsUp Gold 工具，还可以管理网络打印机、工作站、服务器和其他网络设备。CiscoWorks for Windows 中包含下列组件。

1．CiscoView

CiscoView 可以提供设备前后面板的视图，能够以不同颜色动态地显示设备状态，并提供对特定设备组件的诊断和配置功能。CiscoView 启动后，可以从设备列表中选择要监视的设备。如果要监视的设备不在设备列表中，则直接输入设备 IP 地址。选择一个设备之后，将出现有关该设备信息的页面，如图 5-26 所示。

图 5-26　Cisco View 信息界面

2.　WhatsUp Gold

WhatsUp Gold 是一种基于 SNMP 的图形化网络管理工具，可以通过自动或手工创建网络拓扑结构图，管理整个企业网络，支持监视多个设备，具有网络搜索、拓扑发现、性能监测和警报追踪等功能。WhatsUp Gold 的界面如图 5-27 所示。

图 5-27　WhatsUp Gold 用户界面

3.　门限管理

门限管理器（threshold manager）能够在支持 RMON 的 Cisco 设备上设置门限值并提取事件信息，以增强排除网络故障的能力。使用 Threshold Manager 之前，必须建立门限模板。Cisco 公司提供了一些预定义的模板，用户也可以定义自己的模板。Threshold Manager 管理界面如图 5-28 所示。

图 5-28　Threshold Manager 管理界面

在图 5-28 中，Event Log 窗口以表格的方式显示越界事件信息，并把 RMON 日志记录保存在被管理设备上；Device Threshold 窗口用来设置和显示阈值；Templates 窗口用来显示所有默认的或用户定制的模板，也可以建立新的模板；Trap Receivers 窗口可以添加或删除接收陷入事件的管理站点；Preferences 窗口用来设置 Threshold Manager 的属性。

4. Show Commands

Show Commands 使用户不必记住各个设备的命令行语法，使用 Web 浏览器进行简单操作就可以获取设备的系统信息和协议信息。Show Commands 在 Web 页面的左边以树形结构显示设备支持的命令列表，如图 5-29 所示。用户选择一个命令后，Show Commands 将执行选择的命令，并显示命令行的输出信息。

图 5-29　Show sComands 操作界面

第6章
网络分析系统

科来网络分析系统是一种优秀的网络分析产品，它可以安装在笔计本电脑上，在任何有问题的地方采集网络数据包并进行实时的故障诊断，也可以通过回放由数据包组成的存档文件，实现对网络历史问题的回溯分析。

6.1　科来网络分析系统简介

科来网络分析系统能够针对各种网络问题，制定对症下药的网络管理解决方案，帮助企业把网络故障和安全风险降到最低，提升网络性能。

6.1.1　科来网络分析系统的特性

科来网络分析系统的界面如图 6-1 所示，该分析系统具有如下特性和功能。

图 6-1　科来网络分析系统界面

1. 友好的用户界面

科来网络分析系统采用简洁、直观的界面把网络信息统计和诊断结果呈现给用户。在自定义图表、专家诊断、概要统计、协议统计和节点统计等视图上提供了详细的网络故障、性能分析和安全数据信息，管理人员可以快速发现并解决网络中的问题。

2. 方便部署

科来网络分析系统可以部署在内网中，也可以部署内网与外网之间的界面上，它能够跨VLAN进行数据监测，不需要安装到每一台机器上，只需安装在一台管理机器上，即可以对局域网进行监视和分析。管理人员可以根据需要决定系统的安装位置。

3. 网络档案功能

网络档案用于保存某个特定网络的配置信息。在不同的网络位置进行实时抓包分析，可以为每个网络创建对应的网络档案。用户可以自行定义和配置网络档案，还可以添加、编辑、删除或者复制网络档案，直接调用新的网络档案进行网络分析。

4. 灵活的分析方案

系统提供了多样化的网络分析解决方案。所有的分析方案均提供相同的视图呈现，但是根据不同的设置，其诊断和统计的网络事件和分析对象有所不同。用户可以根据分析需求自行添加、删除和编辑分析方案，以达到更具针对性的分析目的。

5. 专家诊断功能

在无需人工参与的情况下，专家诊断功能可以实时诊断出网络中的故障，并自动告诉用户发生故障的原因和推荐的解决方案。系统的诊断视图采用3个分隔的子窗口，显示不同的数据信息，用户可以直观地看到每个诊断事件的详细描述。

6. 丰富的诊断工具

科来网络分析系统装备了丰富的网络诊断工具，如过滤器、常规网络分析视图、ping工具、MAC地址扫描器、数据包播放器和数据包生成器等网络监视和故障诊断的工具。

6.1.2　科来网络分析系统的部署和安装

1. 科来网络分析系统的部署

（1）在共享式网络中部署

如果网络系统是由一台集线器连接的共享式网络，则系统部署非常方便。只需在集线器上连接的任意一台计算机上安装该系统，即可对网络中的所有数据包进行捕获和分析。其拓扑结构如图6-2所示。

（2）在交换式网络中部署

当公司系统是由一台交换机连接的网络时，由于交换机转发机制的原因，在一台计算机上部署的系统不会接收到网络中的所有数据包。这时可以在交换机上配置端口镜像，将该系统部署在镜像端口上，这样就可以对网络中的所有数据包进行捕获和分析。

有些交换机不具备管理功能，不能够通过端口镜像来实现网络监控分析，在这种情况下，可串接一个分接器（Tap）或者集线器（Hub）来进行系统部署。连接分接器的方案如图6-3所示。

串接Tap时需在管理机上安装双网卡，并且管理机不能上网，仅能对网络信息进行捕获和分析。如需上网，需另外安装网卡，因此这种方式成本较高。

图 6-2　共享式网络

图 6-3　串接 Tap

　　在网络中串接一台集线器的方案如图 6-4 所示，将管理机连接在集线器上，可以对网络中的信息进行捕获和分析，但是在网络流量大时对传输性能会有影响。这种方式成本较低。

（3）对网络进行定点分析的部署方法

　　在互联规模较大、拓扑结构较复杂的网络中，一般的做法是对网络中一个特定的部分进行分析和检测。这时可以把网络分接器或集线器串接在网络的特定部分，方便进行局部数据的捕获和分析，如图 6-5 所示。

图 6-4　串接 Hub

图 6-5　定点分析一个网段

（4）使用代理服务器

　　如果网络中存在代理服务器，只需将该系统部署在代理服务器上，即可对网络中的数据进行捕获和分析，如图 6-6 所示。

2. 科来网络信息分析系统的安装

（1）安装步骤

首先以管理员权限登录 Windows，并下载科来网络分析系统（下载网址：http://www.colasoft.com.cn/download/capsa.php）。下载完成后，双击安装文件，出现如图 6-7 所示的安装界面。

单击"下一步"按钮继续安装，出现选择安装组件的窗口，如图 6-8 所示。

选择所有组件，并单击"下一步"按钮，直到出现"完成"按钮，单击后完成安装过程。

（2）软件的激活和授权

产品激活是验证产品授权的措施，是保护合法用户使用权益的有效手段，产品只有激活后才能正常使用。一个产品授权只能绑定在一台服务器（或 PC）上。系统提供两种激活方式：在线激活和授权文件激活。激活步骤如下。

产品安装完成后，弹出"科来产品激活向导"对话框，如图 6-9 所示。

图 6-6　使用代理服务器

图 6-7　安装科来网络分析系统

图 6-8　选择安装组件

图 6-9　产品激活向导

单击"下一步"按钮，进入序列号输入页面，在此页面中输入产品序列号，如图 6-10 所示。

图 6-10　输入序列号

用户需要选择激活方式。如果安装产品的服务器（或 PC）能够连接到互联网，请选择"在线激活"。选择后单击"下一步"按钮，激活成功后，出现如图 6-11 所示的提示信息。

图 6-11　使用在线激活成功

如果选择"导入授权文件激活"，单击"下一步"按钮，进入授权文件激活界面，如图 6-12 所示。

图 6-12　使用授权文件激活

有两种方法可以获取授权文件。

方法一：适用于安装产品的服务器（或 PC）能够连接到互联网，但是无法正常在线激活的情况。单击对话框中的链接，进入 Web 页面，将激活信息保存为授权文件。

方法二：适用于安装产品的服务器（或 PC）没有连接互联网的情况。用户要将"产品序列号"和"产品安装号"发送到 support@colasoft.com.cn 邮箱，返回的授权文件中包含产品激活号，将激活号输入指定地方，即可完成产品激活。

导入授权文件后，单击"下一步"按钮，产品进行离线激活，激活成功后，出现的提示信息如图 6-13 所示。

图 6-13　使用授权文件激活成功

（3）系统启动方式

安装完成后，可以在桌面和开始菜单上建立系统快捷方式；也可以在开始菜单上选择"运行"，直接输入命令 csnas 或者 csnas.exe 来启动程序。

系统的启动界面如图 6-14 所示。

图 6-14　科来网络分析系统界面

6.1.3　分析方案

图 6-14 所示的系统界面包括如下选项。

1. 选择分析模式。

（1）**实时分析。**实时分析就是对当前选定的网络适配器上捕获的数据包进行分析。实时分析提供了直观的适配器流量现状显示。

（2）**回放分析。**回放分析是对之前保存的数据包进行回溯分析。回放分析时，可选择本地磁盘中一个或多个数据包文件，系统会将这些文件添加到回放分析数据包列表中。

2. 选择适配器

开始分析任务之前，必须选择网络适配器。系统会自动获取主机上所有网卡的相关信息并列表显示。网卡的显示内容为：网卡名称、IP 地址、传输速度、总数据包个数、每秒位数（bit/s）、每秒数据包数（pps）以及利用率等。

3. 选择分析方案

针对不同的网络业务应用问题，科来网络分析系统 2010 提供了多样化的分析方案。分析方案由若干分析设置组合而成，包括数据统计设置、分析模块设置、诊断设置、日志设置、警报设置、图表设置等。对于每一次分析任务，用户都可以根据分析需求自行定义、添加、删除和编辑分析方案，以达到更具针对性的分析目的。

系统默认提供 7 个常规的分析方案。

（1）全面分析

全面分析方案对网络对象进行精细的分析：包括物理地址、IPv4 地址、物理地址分组、IPv4 地址分组、协议、物理流、IPv4 流、TCP 流、UDP 流，以及每个物理地址、IPv4 地址、物理地址分组、IPv4 地址分组的协议明细和流量，并且能够自动诊断和分析网络故障事件，创建警报、自定义绘制报表和图表。

（2）高性能分析

高性能分析方案是针对大流量网络环境而提供的快速流量统计分析方案，以较高的性能分析网络中的主要对象，包括物理地址、IPv4 地址、物理地址分组、IPv4 地址分组、协议、物理流、IPv4 流、TCP 流和 UDP 流，以及每个对象的流量，并绘制用户选定的图表和报表。

（3）安全分析

安全分析方案对网络系统进行安全评估和攻击检测，发现潜藏的安全隐患，并以多种方式报告给网络管理者。

安全分析又分为安全综合分析和应用层安全分析两种，前者分析各个协议层的安全事件，后者分析 HTTP、POP3、SMTP 和 DNS 协议，以及 FTP 的安全性。

（4）DNS 应用分析

DNS 应用分析方案主要分析 DNS 网络应用，诊断 DNS 网络应用的故障、性能，并保存 DNS 日志记录。

（5）HTTP 应用分析

HTTP 应用分析方案主要分析 HTTP 网络应用的数据流量、客户端和服务器的流量统计、诊断 HTTP 网络应用的故障，并分析其性能。

（6）Email 应用分析

Email 高级分析方案主要用于统计 SMTP 和 POP3 协议的流量，并进行故障诊断。

（7）FTP 应用分析

FTP 高级分析方案主要统计 FTP 网络应用流量、日志记录，并进行故障诊断。

统计分析是对网络进行实时监控和实时分析，并将统计结果自动展现在各个视图中。用户可以对统计分析结果进行复制、导出、打印、生成日志和生成报表等各种操作。

在科来网络分析系统 2010 中，网络计数器多达上百种，增加了网络错误的监测、数据包大小分布的统计、协议树的拓展分析和图形化统计，加强了利用率的分析。

统计分析包括如下内容。

● 概要统计：提供了近百个统计计数器，快照功能允许用户对特定时段的数据变化进行比较。每个网络协议和网络端点都有自己的概要统计，用户可以开启多个窗口，比较不同协议或端点之间的概要统计。

● 端点统计：以独立的视图分别展现物理地址和 IP 地址等通信信息。通过网络端点统计分析功能，用户可以快速查找定位通信量最大的 IP 端点和物理端点。系统还支持每个网络协议的端点流量的统计排名，例如，用户可以知道使用 HTTP 流量最大的前五个 IP 端点。

● 协议统计：用不同的色彩，按照网络协议封装顺序展现每个协议的统计信息。除了全局的协议统计，还可提供每个网络端点的协议统计数据。

● 会话统计：根据物理地址、IP 地址、TCP 连接、UDP 会话来统计网络中的会话信息，并在子窗口中显示当前选定会话的数据包等信息。通过查看每条会话，可以知道其源地址、目标地址、收发的各个数据包，以及数据包的大小等信息。

● 矩阵统计：可对网络中通信的节点和会话进行详细统计，可以通过不同的统计类型来查看矩阵视图，此外，还能自定义显示选项。

● 图表统计：提供灵活的图表自定义功能，用户可以创建各种类型的图表，除了全局图表，也支持采集和显示每个协议和网络端点的数据图表。

● 报表统计：自动生成多种类型的报表，包括概要统计、诊断统计、TOP N 统计等报表。用户可以选择报表选项。生成报表后，还可以将生成的报表以 html、pdf 及 mht 格式保存到磁盘中。

6.1.4　系统界面

科来网络分析系统的主界面包含：系统主菜单、功能区、节点浏览器、主视图区、警报浏览器和分析状态栏等 6 个部分，下面简要介绍这个界面。

当用户选择好网络适配器并设置分析方案后，单击界面中的"开始"按钮（见图 6-14），系统将进入分析界面，如图 6-15 所示。

图 6-15　科来网络分析系统主界面

1. 系统主菜单

单击窗口左上角的 按钮，即可打开系统主菜单界面，如图 6-16 所示。

系统主菜单包括新建、导出数据包、定时分析、全局配置导入导出、打印、资源、产品和关闭等选项。各个选项的功能如表 6-1 所示。

图 6-16　系统主菜单

表 6-1　　　　　　　　　　　　系统主菜单按钮功能

选　项	组　合　键	功　能　描　述
新建	Ctrl+N	创建一个新的数据分析工程
导出数据包		将缓存中的数据导出至本地磁盘
定时分析		设定时间，自动开始捕获数据并进行分析
全局配置导入导出		导入/导出系统全局配置，包括用户自定义方案和网络档案等
打印…	Ctrl+P	打印当前工程视图的数据
资源		快速访问科来官网以及 CSNA 网络分析社区
产品		产品注册、激活、更新、检查等
关闭		关闭当前分析工程，返回系统引导界面
最近打开的数据包文件		显示最近使用过的数据包文件，以便快速打开
系统选项		系统常见选项及解码器设置
退出系统		退出程序

2. 全局功能区

全局功能区如图 6-17 所示，这些是对网络数据包进行捕获和分析时使用的功能按钮，其中有分析、系统、工具和视图 4 个标签。分析标签主要用于分析工程中相关信息的设置和修改；系统标签主要包含系统全局配置菜单和系统版本和授权等相关信息；工具标签主要用于添加和配置网络分析辅助工具，如 ping 工具、数据包播放器等；视图标签用于对系统信息的表现方式进行修改和设置。

（1）分析标签

分析标签包含 7 个部分。

捕捉部分有 4 个按钮：网络适配器、过滤器、开始和停止。网络适配器是选择和确认捕获数据的网络适配器；过滤器是启用过滤功能，显示符合条件的捕获数据包；开始和停止按钮用于控制数据捕获和分析的过程。在开始捕获当前工程的数据包之后，系统将清空之前的所有捕获数据，重新开始捕获数据。

图 6-17　全局功能区

网络档案设置部分包括基本设置、网络分组和名字表等。

分析方案设置部分包括要分析的对象、数据包存储设置、日志设置、诊断设置等。

数据存储部分是对数据包和日志文件的保存进行设置，这些功能要在开始分析任务之前配置完毕。对正在运行的分析工程，如果更改数据包缓存的大小，将会清空数据包缓存中的所有数据包。

仪表盘部分显示当前网络的实际利用率和正在运行的分析工程的每秒数据包个数。

流量趋势图实时显示当前网络流量趋势。

数据包缓存部分直观地显示当前捕捉的数据包对缓存的占用情况；可以对数据包缓存进行导出、清空和锁定等操作。如果要修改当前正在运行的分析工程的数据包缓存，可单击"清空"按钮。在清空当前数据包缓存中的所有数据包后，再重新捕获和分析。

（2）系统标签

系统标签如图 6-18 所示。

图 6-18　系统标签

系统标签包括**资源**和**产品**两部分。资源部分用于访问科来官方网站和 CSNA 网络分析社区，产品部分用于检查产品的授权号码和更新软件、查看当前软件版本等相关信息。

（3）工具标签

工具标签如图 6-19 所示。

图 6-19　工具标签

工具标签包含科来网络分析系统自带的网络分析小工具：ping 工具、数据包播放器、数据包生成器和 MAC 地址扫描器等。这些工具用于分析和检测特殊网络状况。

（4）视图标签

视图标签如图 6-20 所示。

图 6-20 视图标签

试图标签包括 3 个部分：显示/隐藏、物理地址显示格式和 IP 地址显示格式。

显示/隐藏部分用于选择是否显示或隐藏节点浏览器/警报浏览器以及在线资源窗口。

物理地址显示格式部分用于设置物理地址显示格式：仅显示物理地址、仅显示物理名字、同时显示物理名字和地址，以及显示物理厂商。

IP 地址显示格式部分用于设置节点 IP 地址的显示方式，包括仅显示 IP 地址、仅显示 IP 名字、IP 名字和地址 3 个选项。

3. 节点浏览器

科来网络分析系统的节点浏览器界面如图 6-21 所示。

节点浏览器是科来网络分析系统的特色功能之一，其快速的节点定位和数据过滤功能使得用户可以非常方便地进行故障分析，极大地提高了网络分析的效率。其最大的用途就是快速选择需要查看的节点，查看该节点对应的网络数据。用户可以很方便地定位到整个网络，也可以定位到某个 IP 段，或某个 IP 地址。右边的视图区会根据选择的节点显示相关的数据信息。

在节点浏览器中，每个节点前面均有一个小图标，该小图标可显示节点的地址类型，如 图标表示广播地址， 图标表示 Internet 地址。

节点浏览器支持键盘上的方向键操作，可以使用向上或者向下箭头选择数据包，用向左或者向右箭头可以收缩或者展开相应节点。

节点浏览器中最上方有一个工具栏，如图 6-22 所示。

图 6-21 节点浏览器

图 6-22 节点浏览器工具栏

工具栏中的 5 个按钮从左至右分别是"添加到名字表""添加到过滤器""生成图表""生成警报""生成报表"按钮。

4. 警报浏览器

警报浏览器主要提供实时的全局警报，以醒目的方式提醒管理员当前发生的事件，并在主视图右下角最小化显示当前触发的警报数量。用户还可以自定义警报功能，从其他几个视图中选择需要的网络对象创建警报。系统默认情况下，并不提供任何警报预设。用户可根据实际的网络运行环境和要求创建所需的警报。警报浏览器窗口如图 6-23 所示。

图 6-23　警报浏览器

科来网络分析系统的警报类型分为安全警报、性能警报和故障警报 3 类。所有警报按照树状方式统计并显示在警报浏览器窗口中。在该区域，可以对已创建的警报进行修改、解除和创建新的警报等操作。

警报浏览器标题栏下方是警报统计管理区工具栏，工具栏的按钮从左至右分别是："显示切换""生成警报""删除警报""已触发警报""已解除警报""属性按钮"和"警报设置"按钮。各个按钮功能描述如表 6-2 所示。

表 6-2　　　　　　　　　　　　　　警报浏览器功能描述

按 钮 名 称	功 能 描 述
显示切换	警报统计管理区支持分层显示和平铺显示 分层显示：按照节点浏览器的分层结构进行节点分层 平铺显示：将所有节点平铺于浏览器中，依次显示所有节点
生成警报	创建新的警报
删除警报	删除已创建的警报
已触发警报	单击该按钮可查看已经触发的警报
已解除警报	单击该按钮可查看已经解除的警报
属性按钮	单击该按钮可查看并修改选中的警报属性（双击选中的警报也可查看该警报的属性）
警报设置	单击该按钮可进行启用/禁用、导入/导出、添加/删除警报等操作

当警报浏览器最小化时，会将警报浏览器放入状态栏右下角，如图 6-24 所示。

图 6-24　警报浏览器最小化

当警报浏览器最小化时，单击图 6-24 中的"警报浏览器"，可弹出警报浏览器，单击右边的颜色小圆圈，可弹出警报触发的说明窗口。

5. 状态栏

系统状态栏如图 6-25 所示。

图 6-25　状态栏

状态栏最左侧是当前网络分析工程的基本情况和分析方案名称，通过它可以快速了解当前分析的方案。

左边第二个按钮是选择适配器按钮，此处显示当前分析工程中使用的网络适配器，已经选用的网络适配器和可以选用的适配器均显示。单击它可以方便地查看、更改和启用当前使用的适配器。

过滤按钮显示当前分析工程是否使用了过滤器，使用过滤器时，过滤器按钮为点亮状态，未启用时，过滤器按钮为灰色。

持续时间部分显示当前工程中已经持续捕获和分析的时间。

捕获状态显示在当前分析工程中捕获的数据包个数和过滤的数据包个数。

6．系统选项

系统选项用于进行系统常规设置和解码器设置，如果需要更改某些设置，可以单击系统左上角的主菜单按钮，打开系统菜单，在该菜单的右下角，单击"系统选项"按钮（见图 6-16），打开系统选项对话框。

（1）解码器选项

系统选项中"解码器"的内容，如图 6-26 所示。其中显示科来网络分析系统支持的所有协议解码模块，可以选择和组合协议解码模块进行解码分析。默认情况下，系统开启所有的解码模块对数据包进行解码分析。

图 6-26　系统选项

（2）定制协议

分析一个目标网络时，允许用户根据自己的需要定义未知协议。自定义的协议和系统支持的所有协议均可以在协议视图中统计和分析出来。用户可以通过图 6-27 所示的格式自行定制协议。

（3）定时分析

当需要分析目标网络在特定时间段内的数据时，可以添加定时分析任务，当达到指定时间时，系统自动开始捕捉数据并进行分析。

在"系统选项"对话框中，选择"定时分析"，并单击"添加"按钮，打开"定时分析设置"对话框，如图 6-28 所示。

图 6-27　自定义协议

图 6-28　"定时分析设置"对话框

6.1.5　过滤器

用户可在系统功能区的"分析"页面中，单击"过滤器"按钮打开过滤器设置对话框。科来网络分析系统提供了一个默认的过滤器列表。这些过滤器都是以协议为条件的过滤器，每个过滤器都可以使用"接收"和"拒绝"来指定其过滤条件。也可以随意组合其中的过滤器来制定数据包的捕获范围。

通过数据包过滤器列表页面可以自定义捕捉数据包的过滤器。如果没有设定过滤器，科来网络分析系统将捕捉和分析所有数据包。

过滤器在科来网络分析系统中被分为简单过滤器和高级过滤器。用户可以通过设置 IP、端口、协议、数据包值等条件来过滤数据包。在过滤器列表中，可以通过"接受""排除"等逻辑关系来组合过滤设置。

设置过滤器是改变捕获数据范围的重要手段。通过过滤器，可以只捕获所需的特定数据包，把重要的数据分离出来。这样，用户就可以只关注存在网络故障或网络攻击的数据信息，而不用在大量的数据中逐个寻找。

如果用户感兴趣，可以设定查找病毒的过滤器，或者设定查找 BT 数据包的过滤器。按照直观性，把过滤器的设置又分为"简单过滤器"和"高级过滤器"。由于高级过滤的筛选条件多于简单过滤，所以简单过滤器可以转换为高级过滤器，而高级过滤器转换为简单过滤器将会丢失一些筛选条件。

1．使用简单过滤器

在图 6-17 所示的界面中，单击"过滤器"按钮，启用过滤器，并进入"设置数据包过滤器"对话框，如图 6-29 所示。

在左边的过滤器默认列表中选择需要使用的过滤器，用右边的"接收"或者"拒绝"复选框来指定其逻辑关系，也可以选择多个过滤器来随意组合数据包的捕获范围。选定一个过滤器双击，进入过滤器的编辑界面，如图 6-30 所示。

图 6-29　数据包过滤器

图 6-30　简单过滤器

简单过滤器可以使用一些常用的条件对数据包进行筛选和过滤，如 IP 地址、MAC 地址、端口号和协议等。也可以设定数据包的传输方向，如地址 1→地址 2、地址 2→地址 1、地址 1↔地址 2 等，更加具体和精确地进行数据筛选和过滤。

端口号的过滤条件设定与地址设定方式相同。

单击"协议规则"并单击"选择"按钮，打开"协议规则"对话框，如图 6-31 所示。在协议过滤方式中，系统提供了完整的协议树展示结构，可以选择一种或多种协议作为过滤条件。在选择协议时，可以采用协议类型的列表方式或分层方式来显示，以便于选择协议和设定协议过滤条件。

图 6-31 选择协议规则显示方式

通过设定这些条件，可以定义较为简单的过滤器，选择捕获的数据。

2. 使用高级过滤器

单击图 6-30 中的"高级过滤器"选项卡。

简单过滤器使用 IP 地址、端口号等对数据包进行过滤。高级过滤器增加了"数据包值"、数据包大小和数据包模式配置 3 个筛选条件，并提供了多种逻辑关系组合条件对数据包进行筛选。

在高级过滤器中，系统提供了一个过滤关系图，从中可以非常直观地看到系统对数据包的过滤情况。过滤关系图通过网卡到达主机的路径，非常精确和直观地将网络管理人员设定的过滤条件的逻辑关系展现出来，如图 6-32 所示。

图 6-32 "高级过滤器"选项卡

在图 6-32 所示的"高级过滤器"选项卡中有一个过滤工具条，通过过滤工具条可以将设定的过滤条件进行各种逻辑组合。

过滤工具条上各个按钮的功能如表 6-3 所示。

表6-3　　　　　　　　　　　　　　　过滤工具条按钮功能

命　令	功　能　描　述
与（and）	提供"与"关系，必须同时满足关联的两个条件
或（or）	提供"或"关系，至少要满足其中一个条件
非（Not）	提供"否"关系，满足条件与设定的条件相反
Edit	编辑选择的过滤器设置
Delete	删除选择的过滤条件
显示图标	显示过滤器图标
显示细节	显示过滤器详细信息

创建高级过滤器时，可以通过过滤器的工具条组合各种条件，监测某段网络范围的使用 BT 的过滤器设置如图 6-32 所示。

第一个条件满足一个网段范围：192.168.0.1～192.168.0.200

第二个条件排除一个 IP：192.168.0.65

第三个条件满足其中一种条件：使用 BitTorrent 协议，或者端口范围为 6881～6889 的数据包。

在设置的每个过滤条件中，单击鼠标右键，快捷菜单显示相关的属性设置：编辑或删除过滤条件、新增过滤条件、显示或隐藏过滤条件的细节信息等。

除了使用过滤条件逻辑组合以外，高级过滤器还可以通过更为精准的条件进行过滤。

（1）使用数据包值进行过滤

科来网络分析系统的高级过滤器中，可以设定数据包值的规则来对经过网络适配器的数据包进行过滤，设置方法如图 6-33 所示。

图 6-33　设定数据包值规则

（2）使用数据包大小进行过滤

可以设定数据包的大小，对经过网络适配器的数据包进行过滤，设置方法如图 6-34 所示。

（3）通过数据包内容进行过滤

可以设定具体数据包的内容，对数据包进行过滤，其设置界面如图 6-35 所示。

图 6-34　设定数据包大小规则

图 6-35　设定数据包内容规则

6.2 常规分析视图

图表可以使分析结果更为直观，更易于发现问题和故障。科来网络分析系统提供了"我的图表"功能，让统计分析数据的展现更为直观易读。系统提供的视图有折线图、柱状图、面积图、饼图等多种形式。除了系统提供的内建图表形式以外，系统还提供了自定义图表功能。网络管理人员可以根据需要，对自己关心的网络数据选择合适的图表形式来帮助查看网络数据的现状和走势情况。

6.2.1 我的图表

我的图表如图 6-36 所示。

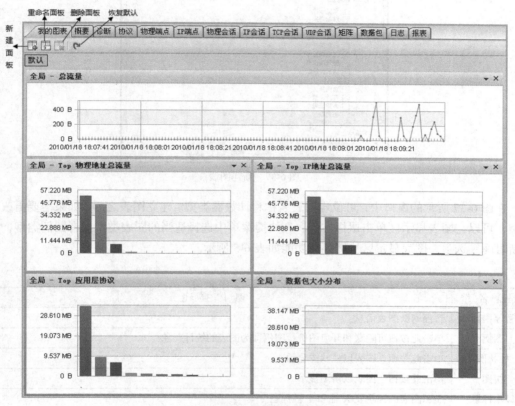

图 6-36 我的图表

图 6-36 所示的图表中的标签栏下面有个图标工具栏，从左至右 4 个按钮的功能分别是：新建面板、重命名面板、删除面板、恢复默认。其功能如表 6-4 所示。

表 6-4   我的图表工具栏功能描述

按 钮 名 称	功 能 描 述
新建面板	在图表视图中新建图标面板，可以自定义新建的图表布局显示以及选择图表类型
重命名面板	重命名新建的图表面板

续表

按 钮 名 称	功 能 描 述
删除面板	删除图表面板
恢复默认	删除新建的图表面板及视图，恢复系统初始的图表视图

单击图表视图工具栏中的"新建面板"按钮，输入面板标题，指定图标布局方式，可新建一个图表面板。在新建的图表面板中，可以创建各种类型的图表，如图 6-37 所示。

图 6-37　新建图表

在图 6-37 所示的窗口中，可设定图表名称和计数器类型。建立图表之后，如果需要更改图表类型，可以在图表显示区单击鼠标右键，在快捷菜单中选择适当的图表类型或者图例类型，以及刷新时间等选项。图表显示区快捷菜单功能如表 6-5 所示。

表 6-5　　　　　　　　　　　　　　快捷菜单功能

功 能 名 称	具 体 描 述
暂停刷新	暂停刷新图表信息
图例	单击此按钮可隐藏和开启图例，图例即为图表的统计对象
柱状图	单击此按钮，图表以柱状图显示
饼图	单击此按钮，图表以饼图显示
显示标题	显示图表的标题及 X 轴和 Y 轴标题
Top 数量	选择图表显示的 TOP N 数量，系统默认为 TOP 10
采样值	选择图表显示的采样值类型，有统计值和最后一秒值两种类型
刷新时间	选择期望的采样间隔，分别为 1 秒、5 秒、10 秒、30 秒、1 分钟、10 分钟、30 分钟、1 小时
保存图表	导出图表显示区的所有数据，以 *.emp、*.bmp、*.png 格式保存到本地磁盘，方便作为历史记录查看和保存

针对网络中不同节点的性质，图表功能为不同的网络节点提供了多种数据类型的统计。其具体图表功能如表 6-6 所示。

表 6-6　　　　　　　　　　　　　　　　　图表功能

图　表	功　能
采样图表	包括：警报统计、诊断统计、流量统计、数据包大小分布、地址统计、协议统计、数据流统计、TCP 分析、DNS 分析、HTTP 分析、FTP 分析等多种采样图表类型。通过这些信息，可以直观地看出网络的工作状态是否合理、网络流量是否过大、网络广播流量是否异常、是否存在广播风暴、网络中数据包的大小分布是否合理、是否存在碎片攻击等可疑行为
TOP 图表	针对网络中的物理地址总流量、物理地址接收流量、物理地址发送流量、IP 地址总流量、IP 地址发送流量、IP 地址接收流量、远程 IP 地址总流量、远程 IP 地址发送流量、远程 IP 地址接收流量以及物理地址组、IP 地址组等流量参数建立 TOP N 统计图表，并且可分别按数据包及字节数两种单位统计，系统默认统计值为 TOP 10，可以自定义统计的 TOP 数量 通过这些信息，可以确定网络中排名 TOP 10 的主机的工作状态是否处于异常或繁忙状态

在"我的图表"中，提供了概要视图、诊断视图、协议视图、物理端点视图、IP 端点视图、物理会话视图、IP 会话视图、TCP 会话视图、UDP 会话视图、端口视图、矩阵视图、数据包视图、日志视图和报表视图等 18 个视图查看方式。可从不同的方面分析当前捕获的网络数据。下面简要介绍主要的几个视图。

6.2.2　诊断视图

诊断视图主要提供专家诊断功能，系统将诊断的网络事件按 OSI 模型分层显示，实时报告网络中出现的错误和故障，并分析故障原因，准确定位故障点的位置，提供有关故障的专家建议。通过查看诊断视图，用户不必了解数据包的详细内容，便可以从专家诊断模块中获得网络内部的错误和故障分析结果。

系统提供的诊断视图分隔成 3 个子窗口，包括诊断分层、诊断发生的地址以及详细的事件描述窗口，如图 6-38 所示。如果在诊断分层窗口中选择了某个事件，系统自动过滤出触发该事件的主机地址，在事件窗口中显示该事件的详细描述。用户可以直观地看到每个诊断信息是由哪些主机触发的，从而快速分析各种网络故障的原因。

图 6-38　诊断视图

　　诊断模块可以分别按照 OSI 七层协议和类型对错误信息进行分组，目前的产品支持 4 个层次的故障诊断：应用层、传输层、网络层和数据链路层；故障信息按类型分为故障、性能和安全 3 种，用户可以分别查看不同协议层或不同类型下的网络故障。

　　网络错误和故障都有安全级别的划分，有的是普通信息通知，有的是严重的错误警告，当前划分了 4 种安全级别，如表 6-7 所示。

表 6-7　　　　　　　　　　　　　　　　安全级别

安全级别	图标	描述
信息	(i)	普通信息通知，只是用来记录某个事件，并没有网络错误
注意	(!)	提示网络事件或特定事件，用户需引起重视
警告	⚠	对错误或故障进行警告提示，用户应该及时处理
错误	✖	提示严重错误或严重故障，用户需及时处理

6.2.3　协议视图

　　科来网络分析系统将捕获的所有网络通信协议按实际封装顺序层次化地展现给用户，不同的协议赋予不同的色彩。除了全局的协议统计，还提供每个网络对象的协议统计数据。通过协议视图对各协议占用的网络流量进行统计。用户可以看出当前网络中占用流量最多的协议，即占用流量最多的服务类型，这样就可以帮助用户排查网络速度慢、邮件蠕虫病毒攻击、网络时断时续，以及用户无法上网等网络故障。

　　协议统计视图采用树状层级方式显示网络中使用的全部协议。系统提供详细的协议参数统计，包括通信流量、数据包个数、每秒字节数、每秒比特数等多种参数。有线网络数据捕获分析的协议视图界面如图 6-39 所示。

图 6-39　有线网络协议视图

协议视图工具栏的按钮从左至右的功能分别是导出、细节显示、添加到过滤器、定位到节点浏览器、刷新、过滤、全部和全字节匹配。其具体功能描述如表 6-8 所示。

表 6-8　　　　　　　　　　　　　　视图工具栏按钮的功能

按　钮	功　能
导出	导出协议列表显示区的所有数据，以 csv 保存到本地磁盘，方便作为历史记录查看和保存
细节显示	IP/MAC 端点分隔窗口显示的开关按钮，单击此按钮可显示/隐藏协议的详细端点信息
添加到过滤器	选中某个具体的协议将其添加到过滤器，生成新的过滤器
定位到节点浏览器	选中某个具体协议，单击此按钮，直接定位到节点浏览器中，查看该协议的其他详细信息
刷新	根据选择的浏览器类型和协议刷新
过滤	输入任意过滤条件快速查找数据
全部	可在此下拉菜单中指定具体的参数有利于更快地查找数据，提高搜索效率
全字匹配	只有在遇到与搜索条件完全匹配的词时，才会作为搜索结果显示，使搜索结果更加准确。系统默认未启用全字匹配

无线网络数据捕获分析的协议视图界面如图 6-40 所示。

图 6-40　无线网络协议视图

在图 6-39 和图 6-40 中，所有的列表字段均可以按照大小排序，单击字段名可根据该字段从小到大进行数据排序，方便查看。

6.2.4　端口视图

在端口视图中，对捕获的数据包进行详细分析，展示网络中的端口信息，如图 6-41 所示。每个端口，都列出了端口号、协议类型、数据包数量、字节数等多种参数，并在下方的窗口中显示与当前选定端口关联的 TCP 会话或者 UDP 会话。

图 6-41　端口视图

6.2.5　数据包视图

数据包视图主要用于查看数据包解码的相关内容。数据包解码是网络分析的高级应用，主要用于快速定位可疑的网络数据包。

数据包解码由概要解码、字段解码、十六进制解码组成。概要解码是自动进行的，用户也可以选择概要解码的协议层，快速定位可疑的网络数据包，还可以选择单个数据包进行详细解码，详细解码字段可以和数据包原始数据互动，即便是精心伪造的网络攻击、欺骗数据包，在这种模式下也无所遁形。数据包视图如图 6-42 所示。

通过数据包解码，可以了解以下信息。

- 数据包的概要信息（作用以及提取的重要值）。
- 网络中数据包的类型。
- 网络中传输的数据包是否正确。
- 网络中 IP 数据包的版本。
- 目标主机是否在运行客户端主机请求的服务。
- 源主机到目标主机间的路由时间（即链路长度）。
- 目标主机对客户端主机请求的服务的响应时间。
- 网络中传输的数据是否为紧急数据。
- 数据包在网络中经过的路由跳数。
- 网络中是否存在环路现象。

工具栏　　　　　　　　　逐行显示捕获到的数据包概要信息

| 我的图表 | 概要 | 诊断 | 协议 | 物理端点 | IP端点 | 物理会话 | IP会话 | TCP会话 | UDP会话 | 矩阵 | 数据包 | 日志 | 报表 |

全面分析\数据包： 45,618

编号	绝对时间	源	目标	协议	大小	概要
4	09:46:51.223952	192.168.5.158:1039	222.73.10.102:80	HTTP	66	序列号=0453408331, 确认号=0000000000, 标志…
5	09:46:51.224214	192.168.5.158:1039	222.73.10.102:80	HTTP	66	序列号=0453408331, 确认号=0000000000, 标志…
6	09:46:51.233354	192.168.5.158:1040	222.73.10.102:80	HTTP	66	序列号=0098877688, 确认号=0000000000, 标志…
7	09:46:51.233817	192.168.5.158:1040	222.73.10.102:80	HTTP	66	序列号=0098877688, 确认号=0000000000, 标志…
8	09:46:51.241656	192.168.5.158:1041	222.73.10.102:80	HTTP	66	序列号=3532062737, 确认号=0000000000, 标志…
9	09:46:51.242185	192.168.5.158:1041	222.73.10.102:80	HTTP	66	序列号=3532062737, 确认号=0000000000, 标志…
10	09:46:51.278391	222.73.10.102:80	192.168.5.158:1039	HTTP	66	序列号=2976082213, 确认号=0453408332, 标志…
11	09:46:51.279895	192.168.5.158:1039	222.73.10.102:80	HTTP	58	序列号=0453408332, 确认号=2976082214, 标志…
12	09:46:51.280397	192.168.5.158:1039	222.73.10.102:80	HTTP	64	序列号=0453408332, 确认号=2976082214, 标志…
13	09:46:51.282893	192.168.5.158:1039	222.73.10.102:80	HTTP	671	C: GET /OnlineResource.css HTTP/1.1
14	09:46:51.283153	192.168.5.158:1039	222.73.10.102:80	HTTP	671	C: GET /OnlineResource.css HTTP/1.1
15	09:46:51.286681	192.168.5.158:1042	222.73.10.102:80	HTTP	66	序列号=2978412009, 确认号=0000000000, 标志…
16	09:46:51.287105	192.168.5.158:1042	222.73.10.102:80	HTTP	66	序列号=2978412009, 确认号=0000000000, 标志…
17	09:46:51.287722	222.73.10.102:80	192.168.5.158:1040	HTTP	66	序列号=2964840671, 确认号=0098877689, 标志…

```
Packet Info:
    Packet Number:                                  1
    Packet Length:                                  58
    Captured Length:                                54
    Timestamp:                                      2010/01/21 09:46:50.838165
以太网 - II[Ethernet Type II]:                       [0/14]
    目标地址:[Destination Address:]:                 00:21:9B:BC:C7:C6      [0/6]
    源地址:[Source Address:]:                        00:0C:29:FD:85:BD      (VMware)  [6/6]
    协议类型:[Protocol:]:                            0x0800                (Internet IP(IPv4)) []
IP - 因特网协议[IP - Internet Protocol]:             [14/20]
    版本:[Version:]:                                 4         [14/1]  0xF0
```

```
0000  00 21 9B BC C7 C6 00 0C 29 FD 85 BD 08 00 45 00 00 28 5B 10 40 00 80 06 F0 C9 C0   .!......)......E..([.@.
001B  A8 05 9E DE 49 0A 66 04 0E 00 50 41 0C 3B 10 B1 19 8E E8 50 11 FA 88 45 D8 00 00   ....I.f...PA.;......P...E...
0036
```

数据包详细字段解码　　　　　　　十六进制解码　　　　　　　　　　　　　　ASCII 解码

图 6-42　数据包视图

- 用户访问目标主机某服务的原始步骤。
- 是否存在伪造数据包，即不正常的数据通信。

6.3　TCP 数据流分析

TCP 数据流分析是根据 TCP 会话的特征和通信状态，详细分析 TCP 的传输性能。当网络发生传输性能下降或基于 TCP 的网络应用发生故障时，这个功能可以起到非常关键的诊断作用。

双击 TCP 会话视图中的任意一条 TCP 会话，将弹出新的 TCP 数据流分析窗口。TCP 数据流分析包括 TCP 交易时序图和 TCP 交易统计图两种。

6.3.1　TCP 交易时序图

双击 TCP 会话中的某条会话，或单击鼠标右键，选择"在新窗口中查看数据流信息"，弹出新的 TCP 数据流分析窗口，如图 6-43 所示。

TCP 流分析对话框包括 TCP 交易列表、交易时序图以及数据包解码 3 部分。

图 6-43　TCP 交易时序图

1. TCP 交易列表

以客户端或服务器的一次交易为一行显示，一次交易由一个或多个数据包组成。统计字段包括：数据流名称、数据包数、字节数、持续时间（交易时间）、重传次数等。

2. 交易时序图

在交易列表中选择相应的交易时，时序图将以阴影部分显示此次交易的时序图。在交易时序图下方有一个交易时序图工具栏，其功能如表 6-9 所示。

表 6-9　　　　　　　　　　　　　交易时序图工具栏的功能

按钮或图标	名　　称	功　　能
显示序列号	单击此按钮，时序图中显示每一次交易的序列号
显示下一个序列号	单击此按钮，显示交易的下一个序列号
显示确认号	按此按钮，将显示流中每个每一次交易的确认号
显示流负载	单击此按钮，将显示流中每一个数据包所承载的数据净载荷
查找	查找数据包内容，可以按 ASCII 码或十六进制等方式查找
设定相对时间	可以设置数据流中任意一个数据包的时间为相对时间点
数据包序号/原始编号	单击此按钮，时序图以原始数据包编号和数据包序号切换显示

6.3.2　TCP 交易统计

TCP 交易统计详细统计出一次 TCP 交易的通信数据，并以图形显示关键交易参数的时间比例，帮助用户快速分析网络传输性能及网络应用故障，如图 6-44 所示。

图 6-44　TCP 交易统计视图

6.4　网络工具的使用

科来网络分析工具提供了 4 个网络管理和分析的工具：ping 工具、MAC 地址扫描器、数据包播放器、数据包生成器。

6.4.1　ping 工具

ping 工具是科来网络分析系统免费提供的一个 Windows 界面的 ping 工具，单击工具栏的"科来 ping 工具"按钮来打开该工具，还可以在开始菜单中选择科来网络分析系统工具集来启动该工具。

科来 ping 工具既可以对一个 IP 地址，或者一个域名进行 ping 操作，也可以同时对多个 IP 地址、多个域名进行 ping 操作。当输入多个 IP 地址或者域名时，需使用空格分开，然后单击输入框右侧的"开始 ping"按钮开始进行 ping 操作。科来 ping 工具默认初始界面如图 6-45 所示。

图 6-45　科来 ping 工具初始界面

当使用科来 ping 工具对单个 IP 或者域名进行 ping 操作时，其界面如图 6-46 所示。

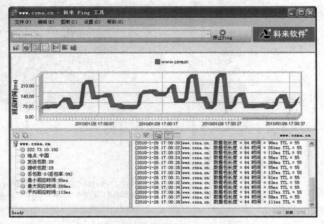

图 6-46　ping 单个目标

当使用科来 ping 工具对多个 IP 地址或者域名进行 ping 操作时，视图中采用不同的颜色分别标示出不同的数据包，其界面如图 6-47 所示。

图 6-47　ping 多个目标

科来 ping 工具允许打开设置对话框，对各种参数进行修改，如图 6-48 所示。

图 6-48　ping 参数设置对话框

6.4.2　MAC 地址扫描器

MAC 地址扫描器是自动检测网络中 IP 与 MAC 地址对应关系的扫描工具，单击工具栏的"MAC 地址扫描器"进入其操作界面。还可以在开始菜单中选择 Colasoft MAC Scanner Pro→"科来 MAC 地址扫描器专业版"来运行该工具。

科来物理地址扫描器的设计完全遵循 Windows 界面风格，其主界面如图 6-49 所示。界面分为扫描视图和数据库视图两个视图。

图 6-49　MAC 地址扫描器

扫描视图包括 IP 地址、MAC 地址、主机名、网卡厂商、比较结果 6 列选项，如果扫描结果中存在一个 MAC 地址对应多个 IP 地址的情况，物理地址扫描器会自动识别并按照其对应关系正确显示。在底部的状态栏中可以显示此次共扫描到多少台主机。

根据不同的网络分析需求，可以自定义扫描的并发数。单击设置按钮，在弹出的对话框中可调整扫描并发数量，如图 6-50 所示。

拖动滑块，可以修改 MAC 地址扫描的并发数量，范围为 1～100，默认使用最大并发数量 20。

调整好扫描线程数后，在网段右边的下拉列表框中选择一个需要扫描的网段，单击开始按钮，系统开始扫描目标网段中的 MAC 地址。可在扫描过程中单击暂停和终止按钮来控制扫描过程的进度。

图 6-50　设置 MAC 地址扫描并发数

6.4.3　数据包播放器

数据包播放器是科来网络分析系统提供的数据包回放工具，它可以回放科来网络分析系统的数据包文件和原始数据包文件，以重现网络的通信情况。可以在开始菜单中选择科来网络分析系统程序菜单→科来网络分析系统工具集→科来数据包播放器，也可以选择开始→运行→输入"pktplayer"命令并回车，开始运行数据包播放器。科来数据包播放器的界面如图 6-51 所示。

图 6-51　科来数据包播放器界面

在图 6-51 所示的播放界面中，可以选择播放的网卡，单击最右边的"选择"按钮弹出选择网卡的对话框，从中选择要使用的网络适配器。

单击"添加文件"按钮，添加播放的数据包文件。科来网络分析系统可以支持 14 种数据包格式。

6.4.4　数据包生成器

数据包生成器是科来网络分析系统提供的一个强大的数据包生成工具，它可以对科来网络分析系统捕获的数据包进行编辑以及生成新的数据包文件。当需要对网络中的指定部位和指定功能/性能进行查看、检测、调试时，可使用该工具生成一个特殊的数据包。

启动数据包生成器后，其界面如图 6-52 所示。

图 6-52　科来数据包生成器

图 6-52 所示的科来数据包生成器界面由数据包列表窗口、字段解码窗口和十六进制解码窗口 3 个部分构成。用户可以在数据包列表窗口中选择一个或多个数据包文件通过下面的两个编辑窗口进行详细编辑。3 个窗口的大小可以任意调整。

1．添加数据包

使用数据包生成器，可以完成以下操作。

（1）添加和插入新数据包：可以在数据包列表窗口导入已捕获的数据包，也可以使用数据包生成器提供的模板生成新的数据包（目前提供了 4 种数据包模板：ARP、IP、TCP、UDP）。

（2）编辑数据包：可以在字段解码窗口和十六进制解码窗口编辑数据包。

（3）发送数据包：数据包生成器可以将编辑好的数据包文件通过指定的网卡发送到网络。

可单击工具栏中的"添加"和"插入"按钮，在数据包列表窗口中添加新的数据包。使用"添加"按钮，新建的数据包会出现在数据列表最后的位置，使用"插入"按钮，新建的数据包会出现在当前选定的数据包前面。"添加数据包"对话框如图 6-53 所示。

"选择模板"下拉列表提供了 ARP、IP、TCP、UDP 四种常见的数据包模板，用户可以在新建数据包时选择，"时间差"用于设置新添加的数据包的 delt 时间。

图 6-53　"添加数据包"对话框

除了使用数据包模板添加新的数据包以外，还可以向数据包生成器直接导入网络中捕获的数据包。数据包生成器也可以导入外部的数据包文件。

2. 编辑数据包

在科来数据包生成器中，可以在字段解码或者十六进制解码两个编辑窗口中编辑数据包。在字段解码窗口，数据包生成器已经将所选数据包文件进行解码，可以在字段解码窗口中直接编辑，如图 6-54 所示。

图 6-54　编辑数据包

在字段解码窗口编辑数据包时，必须根据数据包中字段的标准来编辑，若输入错误的值，可使用 Esc 键取消，否则该字段编辑无效。

3. 发送数据包

可以在数据包生成器的数据包列表窗口选择部分或者全部数据包，通过指定的网卡发送到网络。单击"发送数据包"按钮，弹出"发送选择的数据包"对话框，如图 6-55 所示。

发送数据包时，需选择相应的网卡来发送数据包。发送数据包有突发模式（忽略数据包之间的 delt 时间，快速发送）和循环发送模式（设置循环次数和循环之间的间隔）两种。

在"发送选择的数据包"对话框下方，可以清楚了解发送数据包的信息，如总共发送的数据包数、已发送的数据包数以及发送进度，如图 6-56 所示。

图 6-55　发送数据包窗口

图 6-56　发送选择的数据包

从图 6-56 可以看出，总共发送 480 个数据包，8*60 表示 8 个数据包循环发送了 60 次；已发送数据包 200 个，发送进度以进度条表示。

6.5　网络故障案例分析

可以利用科来网络分析系统检查网络故障原因，进而排除故障。

6.5.1　Ping 数据包丢失故障

1．故障描述

公司网络拓扑结构如图 6-57 所示，部门 A 和部门 B 之间通过光电转换器用光纤连接，部门 B 还连接着一台防火墙。在部门 B 进行网络测试时，在路由器上 ping 部门 A 的出口路由器，较大的包出现丢包现象，但较小的包能正常传送。

图 6-57　公司网络拓扑结构

2．故障分析

在部门 B 的光电转换器和路由器之间部署科来网络分析系统，通过端口镜像对流经的数据包进行捕获和分析。

在路由器接口上进行 ping 测试，并捕获数据包，获得的数据包如图 6-58 所示。

192.168.0.2	192.168.0.1	ICMP	1,518	回显请求 192.168.0.1
192.168.0.2	192.168.0.1	IP Fragment	1,518	版本=4,头长=5,总长=1500,标识=50842
192.168.0.2	192.168.0.1	IP Fragment	86	版本=4,头长=5,总长=1500,标识=50842
192.168.0.1	192.168.0.2	ICMP	74	超时

图 6-58　数据包捕获

可以看到，在发送大的 ping 数据包时，最终返回来的结果是超时。为了弄清楚产生这个结果的原因，使用科来网络分析系统查看超时数据包的具体内容，如图 6-59 所示。

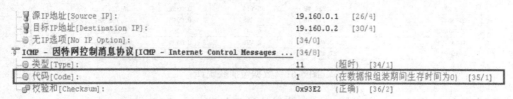

图 6-59　数据包内容

图 6-59 方框中标识的内容显示："在数据包组装期间生存时间为 0"。

分析该故障出现的原因可能是：传送大数据包时，由于网络中"最大传输单元"的限制，对超大数据包会进行分片操作。而当每一个数据分片到达目标端时，又要对其进行重装配，如果有一个数据分片丢失，重装配就会失败，这样就出现了发送数据包超时的结果。

3. 分析小结

在本案例中，数据包经过的是一组光电转换设备，最有可能的是在经过光电转换时造成了数据包的丢失，从而导致最终数据包发送超时。

当网络中出现异常数据包时，需要通过抓包来对异常数据包进行分析和查看，弄清楚是何种数据包，以及传输过程中对数据包做了哪些处理。通过对异常数据包的检查和分析，一般可以快速、准确地找到网络故障的原因，并将其排除。

6.5.2　不定期出现网络延迟故障

1. 故障描述

某单位的局域网总会不定期地出现网络速度非常低下的问题，持续时间少则几秒，多则几十秒甚至数分钟。经过对实际情况的调查并排查了有问题的主机之后，网速低下的问题依然存在。该网络的拓扑结构如图 6-60 所示。

2. 故障分析

为了能够对网络中的故障进行准确的定位，管理员在核心交换机上利用端口镜像功能，将 ISP1 和 ISP2 端口的进出流量镜像到一个空闲端口上，并连接科来网络分析系统，对流经核心交换机的所有数据包进行捕获。

3. 故障重现

在对数据包进行一段时间的捕获后，得到的结果如图 6-61 所示。从捕获的数据包统计结果来看，网络中的数据流量并不是很大，总流量只有 850.376kb/s，这样的流量并不会对网络造成很大的影响。

图 6-60　某单位网络拓扑图

流量统计	字节数	数据包数	利用率	每秒位	每秒包数
总流量	49.092 MB	204,424	0.850%	850.376 Kbps	264
广播流量	4.000 MB	52,461	0.033%	33.024 Kbps	52
多播流量	1.020 MB	5,536	0.006%	5.856 Kbps	9
平均包长					251.815 字节
数据包大小分布	字节数	数据包数	利用率	每秒位	每秒包数
<=64	4.544 MB	74,449	0.044%	43.520 Kbps	85
65-127	6.016 MB	74,060	0.058%	57.992 Kbps	88
128-255	3.736 MB	25,919	0.036%	36.024 Kbps	30
256-511	1.177 MB	3,265	0.004%	3.752 Kbps	1
512-1023	3.397 MB	5,447	0.005%	5.088 Kbps	1
1024-1517	2.734 MB	2,296	0.060%	60.368 Kbps	6
>=1518	27.489 MB	18,988	0.644%	643.632 Kbps	53

图 6-61　数据包捕获统计

然而在持续捕获较长一段时间之后，获得的结果如图 6-62 所示。

流量统计	字节数	数据包数	利用率	每秒位	每秒包数
总流量	79.721 MB	328,578	22.484%	22.484 Mbps	25,112
广播流量	5.925 MB	77,593	0.078%	77.696 Kbps	134
多播流量	1.495 MB	8,171	0.007%	7.424 Kbps	11
平均包长					254.410 字节
数据包大小分布	字节数	数据包数	利用率	每秒位	每秒包数
<=64	6.745 MB	110,514	0.060%	59.904 Kbps	117
65-127	11.584 MB	134,241	22.364%	22.364 Mbps	24,976
128-255	5.321 MB	36,744	0.016%	15.608 Kbps	13
256-511	1.813 MB	4,959	0.008%	7.768 Kbps	3
512-1023	4.571 MB	7,234	0.000%	0 bps	0
1024-1517	3.812 MB	3,198	0.000%	0 bps	0
>=1518	45.875 MB	31,689	0.036%	36.432 Kbps	3

图 6-62　数据包捕获统计

从捕获结果来看，数据流量达到了 22.484Mbit/s，而每秒的数据包数量达到了 2.5 万个。网络不定期地出现速度低下、性能降低、数据包转发严重延迟现象的原因可能就是这个了。在科来网络分析系统的数据包视图中查看，发现当前数据包均来自 UDP、源主机地址为 72.20.96.73:2425，目标主机则是不同网段的 2425 端口，并且时间间隔只有 0.000002s，大小也都是固定的 112 字节，如图 6-63 所示。

编号	绝对时间	时间差	相对时间	源	目标	协议	大小	解	概要
30...	10:50:39.500217		00:20:44...	72.20.96.73:2425	72.20.43.6:2425	UDP	112		源端口=2425;目标端口=2425;长度=74;检验和=0
30...	10:50:39.500219	0.000002	00:20:44...	72.20.96.73:2425	72.20.42.252:2425	UDP	112		源端口=2425;目标端口=2425;长度=74;检验和=0
30...	10:50:39.500222	0.000003	00:20:44...	72.20.96.73:2425	72.20.42.227:2425	UDP	112		源端口=2425;目标端口=2425;长度=74;检验和=0
30...	10:50:39.500224	0.000002	00:20:44...	72.20.96.73:2425	72.20.42.202:2425	UDP	112		源端口=2425;目标端口=2425;长度=74;检验和=0
30...	10:50:39.500227	0.000003	00:20:44...	72.20.96.73:2425	72.20.42.177:2425	UDP	112		源端口=2425;目标端口=2425;长度=74;检验和=0
30...	10:50:39.500229	0.000002	00:20:44...	72.20.96.73:2425	72.20.42.152:2425	UDP	112		源端口=2425;目标端口=2425;长度=74;检验和=0
30...	10:50:39.500231	0.000002	00:20:44...	72.20.96.73:2425	72.20.42.127:2425	UDP	112		源端口=2425;目标端口=2425;长度=74;检验和=0
30...	10:50:39.500233	0.000002	00:20:44...	72.20.96.73:2425	72.20.42.102:2425	UDP	112		源端口=2425;目标端口=2425;长度=74;检验和=0
30...	10:50:39.500236	0.000003	00:20:44...	72.20.96.73:2425	72.20.42.77:2425	UDP	112		源端口=2425;目标端口=2425;长度=74;检验和=0
30...	10:50:39.500238	0.000002	00:20:44...	72.20.96.73:2425	72.20.42.52:2425	UDP	112		源端口=2425;目标端口=2425;长度=74;检验和=0
30...	10:50:39.500240	0.000002	00:20:44...	72.20.96.73:2425	72.20.42.27:2425	UDP	112		源端口=2425;目标端口=2425;长度=74;检验和=0
30...	10:50:39.500243	0.000003	00:20:44...	72.20.96.73:2425	72.20.42.2:2425	UDP	112		源端口=2425;目标端口=2425;长度=74;检验和=0
30...	10:50:39.500245	0.000002	00:20:44...	72.20.96.73:2425	72.20.41.248:2425	UDP	112		源端口=2425;目标端口=2425;长度=74;检验和=0

图 6-63　数据包视图

在随后的数据包捕获中，又出现了几乎相同的情况，只是时间间隔稍有变化。

4. 故障分析

通过以上的数据包捕获可以发现，网络中在短时间内出现了大量的数据流量和大量的数据包，每个数据包的大小固定，来源相同，发送的目的地虽然偶有不同，但是基本方向一致。因此根据这个特点，判断是源节点上的计算机感染了病毒，导致不断向外发送数据包，从而引起网络性能下降。

在对相应的主机查杀病毒后，网络流量发生突然变化的现象再未发生。

5. 故障排除小结

网络突然出现性能低下网速变慢，一般都是由于网络中的流量突然增加引起的。而导致网络流量突然增加的原因又是多种多样的，其中病毒是一种常见的原因。

具体的故障原因和故障节点，需要捕获实际网络中的数据包，并对数据包的特点进行分析之后才能确定。科来网络分析系统提供的数据包捕获和数据包分析工具是检测和定位网络故障的有力工具。

6.5.3 ARP 欺骗故障

1. 网络基本情况及故障描述

某单位的网络拓扑结构如图 6-64 所示。网络中的内网用户均为办公室中的办公用机，使用的

IP 地址段属于 192.168.200.0/24 网段。网关地址为 192.168.200.254，该地址部署在三层交换机上，服务器的地址段为 10.10.20.0/24。

2. 故障描述

为了简化办公室的网络配置，所有办公用机均使用 DHCP 动态获取 IP 地址。当不能访问网络时，可重新获取 IP 地址，在使用一段时间后，又会出现无法访问网络的情况。

3. 网络分析测试

管理员在办公用机上使用 ping 命令测试服务器，发现无法 ping 通，再 ping 办公网关地址，仍旧无法 ping 通。在一台办公用机上使用 arp-a 命令查看本地的 ARP 表项，发现网关对应的 MAC 地址为全 0 地址，如图 6-65 所示。

图 6-64　某单位网络拓扑图

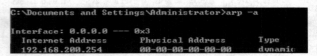

图 6-65　arp-a 命令显示结果

上述测试结果揭示了主机无法 ping 通网关的原因，这种现象导致主机无法学习到网管 MAC 地址，无法与网关通信，也就无法连接服务器。

在正常情况下，主机能够连接服务器，主机 ARP 表项中一定有学习到的网关 MAC 地址。而目前主机不能学习到网关 MAC 地址，造成该故障的原因很可能是网络中存在 ARP 欺骗。为验证猜测的正确性，网络管理员在二层交换机和三层交换机之间部署了科来网络分析系统进行数据包捕获。在分析数据包时，发现网络确实存在大量的 IP 地址冲突，如图 6-66 所示。

图 6-66　数据包分析图示

通过诊断视图中的提示，发现产生 IP 地址冲突的源 IP 地址是故障网段的网关地址，如图 6-67 所示。

通过图 6-67 所示的诊断结果，发现网关地址对应的 MAC 地址有两个，即 00:25:64:A8:74:AD 和 00:1A:A2:87:D1:5A。通过进一步分析发现，MAC 地址 00:25:64:A8:74:AD 对应的 IP 地址为 192.168.200.33，如图 6-68 所示。

然而网关地址 192.168.200.254 对应的实际 MAC 地址是 00:1A:A2:87:D1:5A。当管理员 ping 网关时，所请求的是错误的网关地址，而真正的网关没有收到请求，从而导致主机无法学习到正确的网关 MAC 地址。因此导致网络不能访问的原因是，地址为 192.168.200.33 的主机感染了 ARP 病毒，在局域网中造成了 ARP 欺骗。

源IP地址	源物理地址	目标IP地址	目标物理地址
192.168.200.254	00:25:64:A8:74:AD	192.168.200.22	00:00:00:00:00:00
192.168.200.254	00:25:64:A8:74:AD	192.168.200.35	00:00:00:00:00:00
192.168.200.254	00:25:64:A8:74:AD	192.168.200.37	00:00:00:00:00:00
192.168.200.254	00:25:64:A8:74:AD	192.168.200.22	00:00:00:00:00:00
192.168.200.254	00:1A:A2:87:D1:5A	192.168.200.87	FF:FF:FF:FF:FF:FF
192.168.200.254	00:25:64:A8:74:AD	192.168.200.37	00:00:00:00:00:00
192.168.200.254	00:1A:A2:87:D1:5A	192.168.200.96	FF:FF:FF:FF:FF:FF
192.168.200.254	00:25:64:A8:74:AD	192.168.200.22	00:00:00:00:00:00
192.168.200.254	00:1A:A2:87:D1:5A	192.168.200.104	FF:FF:FF:FF:FF:FF
192.168.200.254	00:25:64:A8:74:AD	192.168.200.22	00:00:00:00:00:00
192.168.200.254	00:25:64:A8:74:AD	192.168.200.35	00:00:00:00:00:00

图 6-67　诊断视图

图 6-68　物理视图

4. 分析结论

通过上面的分析，可见该网络中的故障是由于 192.168.200.33 主机感染了 ARP 病毒，从而将自己的 MAC 地址伪装成了网关的 MAC 地址，以欺骗该网段内的主机。该网段内的主机访问网关时，使用的是学习到的错误的网关地址，导致请求无法到达真正的网关，从而造成网络无法访问。在对感染 ARP 病毒的计算机查杀病毒之后，问题得到了解决。

5. 故障排除小结

在定位到感染 ARP 病毒的计算机后，只需要对感染的主机查杀病毒即可排除故障。关键在于如何定位感染 ARP 病毒的计算机，在这个过程中，科来网络分析系统的物理视图能够为管理员提供帮助。

第7章
网络测试与性能评价

网络测试是了解网络运行状态和检查网络故障的重要技术手段，是传统网络管理系统的有益补充，也是网络工程项目验收和网络设备性能评价的必要步骤。网络性能评价是在网络测试的基础上分析网络系统各种功能满足网络应用需求的程度，对网络的性能指标提供数量描述，为网络系统的建设、维护和升级提供可靠的参考数据。本章简要介绍网络测试和网络性能评价方面的基础知识。

7.1 网络测试概述

7.1.1 网络测试的基本概念

网络测试是利用测试工具检验网络设备或网络系统运行状态、获取性能参数的过程。被测的对象可以分为网络设备和网络系统两大类。

网络设备测试是对联网设备（如路由器、交换机、防火墙等）的功能和技术指标进行测试，在网络产品研制、质量检验和安装调试阶段需要进行这种测试。网络设备测试基本上是按照网络设备实现的协议进行，即根据协议规范对设备施加激励，观察被测设备的外部行为。测试主要分为以下5种。

- 功能测试（functional testing）：检验网络设备能否实现协议规范中定义的各种功能。这种测试可分为积极测试和消极测试。积极测试就是积极发现网络设备的问题，从而为改进这些问题提供依据。消极测试是指利用技术手段给稳定运行的设备造成某种损伤，用以检测设备的抗毁能力。

- 一致性测试（conformance testing）：测试协议实现与协议规范之间匹配的程度，也就是企图发现设备执行协议功能时可能出现的差错。

- 性能测试（performance testing）：测试网络设备在各种不同负载情况下表现的性能，主要有吞吐率（throughput）、传输时延（transit delay）、抖动（jitter）、数据丢失率（data loss rate）等。性能测试通常被认为是一种"压力测试"，其目的是观察设备在不同负载压力下的性能表现，包括空载、正常负载和过压负载下的表现。

- 互操作测试（interoperability testing）：将设备放置在实际的网络运行环境中以测试设备与其他（不同厂家的）同类设备是否可以互联互通、互相操作。

● 健壮性测试（robustness testing）：检测网络设备在各种恶劣环境下（如信道被切断、技术掉电、注入干扰等）运行的能力。

网络系统测试是指对网络系统总体性能的测试，在网络系统验收和网络系统维护阶段需要进行这种测试。这种测试并不注重对单个网络设备的功能进行验证，而主要是对跨网络的端到端节点间的性能指标进行测试，如测试两个远端节点间的带宽、吞吐率、单/双向时延、延迟抖动、误码率、丢包率等。

根据测试实施的过程可以分为手工测试和自动化测试。手工测试就是由网管员一个一个地执行测试用例，然后观察和分析测试结果。这种测试方式效率不高。

自动化测试是通过运行脚本（script）来控制测试仪表和测试设备，自动执行测试用例完成测试过程。与人工通过图形界面控制测试仪表的方式不同，运行脚本测试程序的测试过程更加精准高效，测试工作更易于管理，也排除了人的因素造成测试结果的差异。当测试是一种大量重复测试或者大流量长时间测试时，可以考虑采用自动测试方式。这时测试人员不需要过多参与中间过程，从配置、运行到最后结果分析的全过程可以快速完成，节约大量的人工和测试时间。

7.1.2 网络测试技术的发展

在 20 世纪 90 年代之前，网络测试主要用于检测网络产品性能指标。随着网络技术的发展和 Internet 的广泛应用，在 20 世纪 90 年代初出现了功能强大的网络测试仪表和网络测试软件。在国际上，1990 年到 2003 年这段时间是网络测试技术研究和发展的黄金时期。IETF 成立了 BMWG（Benchmarking Methodology Working Group）工作组，专门研究网络设备测试基准方法；IPPM（IP Performance Metrics）工作组专门研究 IP 网络测量指标体系；RTFM（Realtime Traffic Flow Measurement）工作组专门研究实时通信流量测量体系结构；还有一些工作组则从事与 QoS 相关的研究工作。AMT 论坛和 ITU 也在制定有关网络性能的测量标准。尽管如此，有些网络性能指标的定义和测量标准还处于草案阶段，有待进一步完善并建立正式的测试标准。

这一段时间，美国的一些仪表仪器公司都推出了自己的网络测试设备。例如，20 世纪 90 年代初，美国福禄克公司（Fluke）推出了 F67x 系列网络测试仪，思博伦通信（Spirent）也推出了 SmartBits 200 测试仪。时至今日，网络测试技术领域已经形成了一些著名品牌，如 IXIA、Spirent、Agilent、Fluke 等，网络测试市场几乎被这些测试仪表厂商垄断。

2004 年以后，网络测试市场发展到了一个新的阶段，出现了几个值得注意的新动向。

1. 从三层测试向应用测试过渡

早期的网络测试侧重于单一的性能指标，而且主要集中在三层测试，如丢包率是多少，传输时延有多大等。可是这些测试结果与网络应用的关系有多大，对网络用户的体验有什么影响，则很难建立相应的数量关系。通常是根据简单的测试结果加上网管员的经验来判断网络中的问题，再做出试探性的管理决策。最近十多年来，一些主要的测试设备制造商纷纷开发出新技术，推出了新产品，出现了专门从事网络测试的实验室和评估机构。随着测试手段的日趋丰富，全方位的网络性能监测系统和网络测试基础设施已经建立起来，针对网络应用（如对话音业务、Web 业务）的测试成为研究的热点。

2. 从性能指标测试向用户体验测试过渡

网络服务的对象是用户，但是传统的网络性能指标却是针对网络服务供应商的。带宽、误码率、资源利用率等成为运营商忽悠用户的一堆数字。网络应用的普及，迫使网络服务提供者展开了针对用户体验的网络测试研究工作。所谓体验质量（quality of experience，QoE），是指用户对设备、网络和系统、应用或业务的质量和性能的主观感受。通过 QoE 评分，运营商可以将用户对网络服务质量的综合评介结果用来优化网络。当前这方面研究的方向是如何建立三层性能指标、网络服务质量（QoS）、用户体验三者之间的数量关系。

3. 从传统计算机网络测试向网络综合业务平台测试过渡

三网合一的发展趋势使得传统通信网和无线通信系统都在向 IP 基础架构靠拢，数据、话音、电视、移动 IP、3G/4G 等基础网络技术的融合形成了统一的通信平台，网络综合业务获得了"应用级"的品质。对新的网络基础架构进行完整的测试，对综合网络数据业务的流量、性能、可靠性和安全性特征进行全面的测试和描述成为一种新的技术需求，也是摆在网络测试工作者面前的新课题。

4. 网络安全性测试得到更多重视

历年来的重大网络病毒事件已经为人们敲响了警钟。以前网络的安全性主要是从终端的安全做起的，然后是防火墙，现在要集成进路由器了。这是很好的发展趋势，只有在网络入口设备和中转设备中都具备了安全能力，安全问题才可能得到比较彻底的解决。安全功能的转移给测试工作带来新的课题，如安全和性能之间如何平衡等。这个发展趋势是很有挑战性的。

7.2 网络测试标准

因为制定网络测试标准的有国际组织和国内组织，以及一些行业协会和论坛。所以网络测试标准分为国际标准、国内标准和行业标准。根据我国的实际情况，国内标准往往是参照国际标准制定的，而一些在国际上有影响的行业协会制定的标准也有很重要的市场地位。

7.2.1 国际标准

制定网络测试标准的国际组织有国际标准化组织（ISO）、国际电工委员会（IEC）、国际电信联盟（ITU）和美国电气电子工程师学会（IEEE）等，而最重要是因特网工程任务组（Internet Engineering Task Force，IETF）。IETF 成立了专门的工作组 BMWG 来研究网络测试方面的基准术语和方法，这些成果都包含在下面的 RFC 文档中。

RFC 1242 Benchmarking Terminology for Network Interconnection Devices

RFC 1944 Benchmarking Methodology for Network Interconnect Devices

RFC 2285 Benchmarking Terminology for LAN Switching Devices

RFC 2432 Terminology for IP Multicast Benchmarking

RFC 2544 Benchmarking Methodology for Network Interconnect Devices

RFC 2647 Benchmarking Terminology for Firewall Performance

RFC 2761 Terminology for ATM Benchmarking

RFC 2889 Benchmarking Methodology for LAN Switching Devices

RFC 3116 Methodology for ATM Benchmarking

RFC 3133 Terminology for Frame Relay Benchmarking

RFC 3134 Terminology for ATM ABR Benchmarking

RFC 3222 Terminology for Forwarding Information Base (FIB) based Router Performance

RFC 3511 Benchmarking Methodology for Firewall Performance

RFC 3918 Methodology for IP Multicast Benchmarking

RFC 4061 Benchmarking Basic OSPF Single Router Control Plane Convergence

RFC 4062 OSPF Benchmarking Terminology and Concepts

RFC 4063 Considerations When Using Basic OSPF Convergence Benchmarks

RFC 4098 Terminology for Benchmarking BGP Device Convergence in the Control Plane

RFC 4689 Terminology for Benchmarking Network-layer Traffic Control Mechanisms

RFC 4883 Benchmarking Terminology for Resource Reservation Capable Routers

这些标准适用的协议层如图 7-1 所示，其中最重要的是 RFC 1242、RFC 2544、RFC2285 和 RFC 2889。

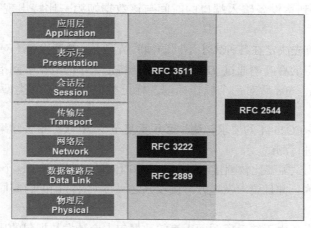

图 7-1　RFC 文档适用的协议层

1. 网络互连设备的测试标准

RFC1242 和 RFC 2544 这两个文档定义了测试网络互连设备的基准术语和基准方法，规定了报告测试结果的文档格式。按照 RFC2544 的规定，网络服务提供商和用户之间可以在同一个基准下对测试的实施和结果达成共识。

RFC2544 标准要求对一系列帧长（64、128、256、512、768、1024、1280、1518 字节）在一定的时间内，按一定的数目进行测试。

RFC 2544 定义的应用于网络互连设备的基准测试有吞吐率（throughput）、时延（latency）、丢包率（frame loss rate）、背靠背（back-to-back frame）、系统恢复（system recovery）和重启时间（reset）等。

（1）吞吐率

吞吐率是描述网络互连设备转发速率的性能指标。根据 RFC 1242 的定义，吞吐率是在设备不丢包的情况下能够进行转发的最大速率。吞吐率的度量单位可以是包/秒（pps），或位/秒（bit/s）。以太网系统绝对的最大吞吐率应该等同于其接口速率。实际上，由于不同的帧长度具有不同的传输效率，这些绝对吞吐率是无法达到的。对于越小的帧，由于前导码和帧间隔的原因，其传输速率就越低。例如100Mbit/s 以太网，对于 64byte 的帧，其最大数据吞吐率是 76.19Mbit/s，每秒可传输 148 809 帧。对于 1518byte 帧，则分别为 98.69Mbit/s 和 8127 帧/s。

测试时间：因为帧吞吐率测量的是恒定负载情况下设备的转发能力，如果时间太短，就不能正确反映设备的吞吐能力。通常测试持续时间应设定为20s。

测试次数：为了克服随机性的影响，每一个测试案例的测试次数一般为20。

（2）时延

时延通常是指一个帧从源点到目的点的总传输时间。这个时间包括网络节点的处理时间和在传输介质上的传播时间。一般的测试方法是发送一个带有时间戳的帧，通过网络后，在接收方比较当时的时间和帧携带的时间戳，从而得出时延。考虑到时钟同步问题，一般采用将发出的帧回送到发送方进行比较，因此也称为双程时延。

设备的处理时延就是从数据帧进入设备到离开设备之间的时间间隔。有两种定义时延的方法：存储转发时延（store and forward latency）是指数据帧最后一比特到达设备输入端口的时间与该数据帧第一比特出现在设备输出端口的时间间隔。直通交换时延（cut through latency）是指数据帧第一比特到达设备输入端口的时间与该数据帧第一比特出现在设备输出端口的时间间隔。

测试持续时间：首先决定在各种大小不同的帧的情况下，被测设备（device under test，DUT）的吞吐率，然后以确定的吞吐率通过 DUT 连续发送特定大小的数据帧到指定目的地。这个发送过程至少要持续120s。60s后对一个帧作标记，标记类型与 DUT 的类型（交换机、路由器）有关。

测试次数：根据 RFC2544 的要求，测试必须重复至少20次，报告结果取其平均值，同时应对不同帧长的数据帧进行测试。

时间同步：时延测试需要比较帧接收时间和发送时间的差别，由于这个时间差的数量级很小，计时过程必须足够精确，并且要求发送方与接收方之间必须有准确的时间同步。

（3）丢包率

丢包率是指交换设备由于缺乏资源而丢弃的数据包占应转发数据包的比例，在不同负荷下，这个比例可能不同。测试时，网络测试仪发送测试帧的速率从传输介质的最大理论值开始，以后每次发送速率递减10%，直到两次测试都没有丢帧为止。

测试次数：因为数据帧丢失是一个随机行为，对每一个测试案例都要重复测量多次，以便获得统计数据，最后给出丢包率的平均值，测试次数可设定为20。

测试帧长：针对不同长度的帧要分别测量其丢包率。

（4）背靠背

背靠背测试属于临界参数测试范畴，是向被测设备连续发送具有最小帧间隔的 N 个帧（以太网标准规定最小帧间隔为0.096ms），并且统计被测设备送出帧的个数，如果和输入的帧个数相等，则增加 N 值。重复上述过程，直到被测设备送出的帧个数小于测试输入的帧个数。反之则减少发送帧数和发包时间，直至没有帧丢失发生。这种测试主要用于衡量被测设备的最大存储转发能力。

测试时间：测试时间必须足够大，要保证出现丢包，对于吞吐率等于物理介质理论速率的被测设备，这种测试没有意义。

重复次数：对于每一个测试案例，测试都要重复至少20次，然后求出帧突发量的平均值。

（5）系统恢复

这个指标用于测试设备在超负载情况下的系统恢复能力。首先要确定设备对于不同大小帧的吞吐率，然后以最大吞吐率1.1倍的速率发送帧序列持续60s。如果传输介质的带宽较小，则以传输介质的最大速率发送。在时间点 A 把帧速率降低 50%，记录下出现帧丢失的最后时间 B。系统恢复时间为 A - B。测试需要重复若干次，求其平均值。

（6）重启时间

用于测试从系统复位到恢复正常工作之间的时间。测试过程为先按最大吞吐率发送最小长度的帧，然后复位被测设备，统计复位前发出的最后一帧的时间和复位后收到的第一帧的时间的差值，即为复位测试时间。

所谓测试结构，就是测试设备与被测设备之间的连接模式。根据 RFC2544，可采用如下几种测试结构。

通常分为单机结构和双机结构。单机结构是 RFC2544 推荐的最理想的测试结构，使用一台同时具有发送和接收端口的高性能测试设备（Tester）来执行测试过程，如图 7-2 所示。

图 7-2　单机测试结构图

在测试过程中，测试设备将测试数据发送到被测设备（DUT）的接收端口，数据经被测设备处理，从发送端口回到测试设备的接收端口。测试设备根据发送和接收的数据情况定量计算被测设备的性能。

双机结构是将单机结构中的测试设备分成两部分：发送端（sender）和接收端（receiver），如图 7-3 所示。通常这种测试结构需要另一台设备来控制进程同步和时间同步，实现较为复杂。

图 7-3　双机测试结构图

在 DUT 连接的介质不同的测试中，可以采用图 7-4 所示的测试结构，在这种情况下，要求测试设备必须同时支持被测设备支持的各种介质类型。通过串联两个完全相同的被测设备，并将串联后的组合与测试设备组成环路来进行测试。

图 7-4　DUT 类型不同测试结构图

2. 局域网交换设备的测试标准

RFC 2285 和 RFC 2889 这两个文档定义了局域网交换设备的基准测试术语和测试方法。主要的测试术语如下。

（1）设备

单独的被测试设备用 DUT（device under test）表示，被测试系统用 SUT（system under test）表示。DUT 表示一台被施加了负载并进行测试的设备，如交换机和网桥。SUT 是一组由网络设备组成的系统，作为单一实体被施加了负载并进行测试。组成被测试系统的设备可以是具有主动转发决策功能的设备，如交换机和路由器，也可以是具有被动转发功能的设备，如信道服务单元和数据服务单元 CSU/DSU。

（2）流量方向

流量分为单向流量和双向流量。**单向流量**（unidirectional traffic）是指由测试设备（tester）向被测试设备（DUT）的输入端口发射流量，经被测试设备处理后再从其输出端口送回测试设备。在这种情况下，被测试设备用不同的端口处理帧的接收和发送，通过这种流量无法对交换机的全双工性能进行测试，所以需要**双向流量**（bidirectional traffic）。在双向流量的情况下，被测试设备的每个端口既具有接收功能，又具有发送功能，从测试设备接收流量的端口也可以向测试设备回送流量。

（3）流量分布

这一组定义适用于由 DUT/SUT 转发的帧的分布。流量分布的模式分为非网状流量、部分网状流量和全网状流量，如图 7-5 所示。在**非网状流量**（non-meshed traffic）结构中，DUT 的端口被划分为输入端口和输出端口。输入端口和输出端口被配置成一一对应的收发对，不同收发对之间不会产生流量泄露。

  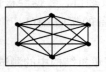

（a）非网状流量　　　（b）部分网状流量　　　（c）全网状流量

图 7-5　3 种流量分布模式

在**部分网状流量**（partially meshed traffic）结构中，数据帧从 DUT 的一个或多个输入端口进入，流向一个或多个输出端口，而输入端口和输出端口被配对成互相排斥的一对多、多对一或多对多关系。也就是说，流量既可以从一组内的一个输入端口进入，然后转发到组内的多个输出端口，也可以从组内的多个输入端口加载后，转发到组内的其他输出端口。

全网状流量（fully meshed traffic）被定义为，向一个指定数量的端口加载的流量可以被其他每一个被测试端口接收。也就是说，DUT 上每个被测试端口既可以向其他所有端口发送流量，也可以接收其他被测试端口发送的流量。

这 3 种流量分布模式可以适应不同的测试目的。例如，对一个具有 24 个快速以太网端口（FE）和 2 个千兆以太网端口（GE）的交换机来说，若要对 FE 端口进行测试，则要采用非网状流量模式，将 24 个 FE 端口配对进行测试；若要对两个 GE 端口的上下行链路的转发性能进行测试，则宜采用部分网状流量模式，将每个 GE 端口与 24 个 FE 端口组成一对多的配对进行测试；若要测试交换机的整体性能，则宜采用全网状流量模式进行测试。

（4）突发性

这一组定义适用于 DUT/SUT 提供的单个帧或一组帧之间的时间间隔。**突发性**是指以最小间隔传输的帧序列。**突发量**是指一个突发的帧序列中包含的帧数。

以太网规定了最小帧间隔。在一段时间内，以最小帧间隔发送的一定长度的帧序列形成了一个突发量。突发量的范围可以从 1 到无限大。在单向流量以及全双工端口网状双向流量中，对突发的长度没有限制。在半双工介质上，当流量是双向或者网状时，突发量是有限的，因为端口需要在发送功能和接收功能之间切换。在实际网络中，突发量通常随着窗口的大小而变化。所以可以通过改变窗口大小来改变突发量的大小。

突发间隔（inter-burst gap，IBG）是指两次突发之间的时间间隔。双向的或网状的流量本质上就是突发性的，因为端口的接收和发送功能共享同一时段。外部源以给定大小的帧提供的突发流量可以通过调整突发间隔的大小来达到规定的平均传输速率。

（5）负载

信道或设备在单位时间内承受的通信流量称为负载（load）。所谓**期望的负载**（intended load，Iload）是指外部信源发送给 DUT/SUT 要求转发到特定端口（或一组端口）的帧/秒数。**提交的负载**（offered load，Oload）是指被观察到的或测量到的由外部信源传送给 DUT/SUT 要求转发的帧/秒数。这两者可能是不同的，因为 CSMA/CD 链路中的冲突或者控制机制会引起拥塞，这可能影响外部信源向 DUT/SUT 发送帧的速率。所以必须区分外部信源企图让 DUT/SUT 转发的负载和实际观察到的或测量到的负载。在以太网中，外部信源必须实现截断的二进制指数后退算法，这样才能有效地访问传输介质。

最大提交负载（maximum offered load，MOL）是外部信源发送给 DUT/SUT 要求转发的最大帧/秒数。在理想情况下，最大提交负载可以达到传输介质的线速率，但通常情况下，这是达不到的。**过载**（overloading）是指企图以超过传输介质允许的最大速率向 DUT/SUT 加载，这会导致网络拥塞和帧丢失。

RFC 2889 把 RFC 2544 中为网络互连设备定义的测试方法扩展到了交换设备。这个文档列出了对局域网交换设备的 10 个基准测试。

- 全网状流量下的吞吐量、丢帧率和转发率。
- 部分网状流量下一对多/多对一的吞吐量和转发率。
- 部分网状多重设备中的吞吐量和转发率。
- 部分网状单向通信中的吞吐量。
- 交换设备的拥塞控制能力。
- 端口超负载情况下的转发压力和最大转发率。
- 地址缓冲能力。
- 地址学习速率。
- 错误帧过滤能力。
- 转发广播帧时的吞吐量和延迟时间。

7.2.2 国内标准

国内与网络测试相关的组织有国家标准化管理委员会和中国通信标准化协会等。下面是原信息产业部颁布的与网络测试有关的规范性文件。

YD/T1156-2001 路由器测试规范——高端路由器。

YD/T1098-2001 路由器测试规范——低端路由器。

YD/T1141-2001 千兆以太网交换机测试方法。

YD/T1142-2001 IP 电话网守设备技术要求及测试方法。

YD/T1072-2000 IP 电话网关设备测试方法。

YD/T1075-2000 网络接入服务器（NAS）测试方法。

YD/T1171-2001 IP 网络技术要求——网络性能参数与指标。

YD/T1251.1-2003 路由协议一致性测试方法——中间系统到中间系统路由协议（IS-IS）。

YD/T1251.2-2003 路由协议一致性测试方法——开放最短路径优先协议（OSPF）。

YD/T1251.3-2003 路由协议一致性测试方法——边界网关协议（BGP4）。

YD/T1260-2003 基于端口的虚拟局域网（VLAN）技术要求和测试方法。

YD/T1033-2000 传输性能的指标系列。

YD/T1091-2000 56kbit/s 调制解调器接口及传输性能技术要求和测试方法。

7.3　网络测试工具

网络测试工具可以是专门开发的网络测试软件，也可以是建立在硬件平台上的网络测试仪表。无论是以硬件为主，还是以软件为主，这些测试工具大多能组成多功能的测试系统，进行全面的网络性能基准测试。软件测试工具的成本较低，容易安装调试，可以满足一般功能测试和一致性测试的需要，但是受用户主机的性能影响，不太适合高强度的压力测试，在这种测试中得到的结果可能误差较大。具有专门硬件平台的网络测试仪表采用 ASIC 或 FPGA 高速电路制造，能满足高强度压力测试的要求，专门的测试公司都使用这些仪器仪表进行网络性能测试和网络分析评估。

7.3.1　网络测试仪表

国际上著名的网络测试仪器公司有 Ixia、思博伦（Spirent）、安捷伦（Agilent）和福禄克（fluke）等。这些公司的产品几乎垄断了当前的网络测试市场。Ixia 公司成立于 1997 年，2000 年在纳斯达克上市，总部位于美国加州。Ixia 在融合型 IP 性能测试系统方面、在对无线和有线网络基础设施和服务的验证测试平台方面是领先的测试服务提供商。下面介绍 Ixia 的两个测试方案。

1. Ixia 2-7 层测试方案

这个测试方案是 Ixia IP 性能测试仪表的基本配置，包括如下测试设备。

Ixia 400T：4 插槽机架，真正的 2～7 层测试平台，如图 7-6 所示。

LM1000STXR4：10/100/1000M 以太网测试模块，提供了完整的 2-3 层网络测试功能，支持线速 2～3 层流量生成和分析，以及高性能、可升级的路由/桥接协议仿真，如图 7-7 所示。

IxNetwork 软件（可选）：包括 2～3 层性能测试应用，支持流量生成和分析。IxNetwork 软件的主要功能如下。

● 主要测试路由器、交换机，以及其他 L2/3 转发设备。

● 提供了灵活的定制功能，可以满足测试复杂网络的各种要求。在拓扑结构中，可以模拟上百万的路由和可到达的主机。

● 可以按照用户的需求产生上百万的数据流量，以测试数据平面在压力下的性能。使用强大的向导和图形用户界面中的栅格控制可以创建复杂的配置。

● 具有强大的实时分析和统计功能，可以报告全面的协议状态和每条数据流的详细流量性能。

这个测试可以实现：

● 2～3 层设备的转发性能测试。

● 2～3 层设备的功能验证测试。

图 7-6　Ixia 400T 机架

图 7-7　LM1000STXR4　10/100/1000M 以太网测试卡

- RFC 2544、2889 的性能测试。
- 基本的路由测试以及组播相关测试。

这种测试方案的主要特点如下。

- 每个 Ixia 测试端口都可以被不同的使用者占用，使用效率高。
- 数据包的构造可以按照使用者的要求编辑和配置，灵活性好。
- 流量的发送可以按照串行或并行方式灵活定义，如图 7-8 所示。
- 可以对海量的 Flow 进行分析。
- "Capture Replay" 功能用来回放任意包类型。

图 7-8　串行、并行流量的定义

2. Ixia 路由交换设备测试方案

路由器和交换机的测试是 2～3 层设备测试的核心，使用 Ixia 的测试方案可以方便地进行相关设备的控制层面、转发平面、业务应用相结合的一体化测试。

Ixia 支持的路由协议包括 BGP、OSPF、ISIS、RIP、L2 MPLS VPN、LDP、RSVP、IGMPv2/v3、L2TP 等各种常用的协议。

转发平面的测试设置非常灵活和方便，包括流量的全网状方式（见图 7-9）、流量的一对一方式（见图 7-10）、路由的全网状方式（见图 7-11）、路由的一对一方式（见图 7-12）。

图 7-9　流量的全网状方式

图 7-10　流量的一对一方式

图 7-11　路由的全网状方式

图 7-12　路由的一对一方式

典型配置如下。

Ixia 400T 或 OptIxia XM12

LM1000STXS4-256 或 LSM1000XMS12

IxNetwork

IxAutomate

OptIxia XM12 是 12 插槽的机架，模块化结构，支持热插拔的 2～7 层测试平台，如图 7-13 所示。

LSM1000XMS12 是 Ixia 的局域网服务模块（LSM），可实现针对 2～7 层网络和应用程序的完整测试，如图 7-14 所示。每个测试端口可实现 2～3 层线速数据流的生成和分析、高性能路由/桥接协议仿真，以及真实的 4～7 层应用程序数据流生成和用户仿真。每个模块都具有 12 个端口，可营造超高密度的以太网测试环境，可以是自协商的 10/100/1000 Mbit/s 电口以太网，也可以是光纤传输的千兆以太网。每个 Optixia XM12 机箱均配备 12 个插槽，单个测试系统可支持多达 144 个千兆以太网测试端口。XMS 模块上的每个端口均含有运行 Linux 的高性能 RISC 处理器，以及经测试优化的 TCP/IP 全堆栈。该架构提供的卓越性能和灵活性，可用于测试路由器、交换机、宽带无线接入设备、Web 服务器、视频服务器、安全网关、防火墙及其他众多网络和应用感知设备。

图 7-13　OptIxia XM12 机架

图 7-14　LSM1000XMS12

IxAutomate 是自动化测试套件，包括 RFC 2544、RFC 2889、RFC 3918 定义的各种基准测试，以及其他高级测试脚本套件（Advanced Tcl Script Suite，ATSS）。

3. 安捷伦 N2620A 手持式网络测试仪（图 7-15）

美国安捷伦科技有限公司（Agilent Technologies）是分析仪器供应商，其产品在化学、环保、食品、医药和生命科学领域中被广泛使用。安捷伦的电子测量业务包括标准的电子测量仪器和系统，通信网络监测、管理和优化工具，以及用于电子设备和通信网络的设计、开发、制造、安装、部署和运营等方面的软件设计工具和相关服务。

FrameScope™ Pro 是安捷伦的手持式千兆以太网部署和故障诊断工具。作为一种快速、高效、低成本的测试解决方案，FrameScope™ Pro 可帮助技术人员测量 1Mbit/s～1Gbit/s 满线速带宽，从而加快在城域网中部署以太网。

FrameScope™ Pro 拥有彩色触摸屏和在线手册，便于用户使用。预定义的性能测试套件使技术人员只需按下一个按钮即可运行测试。

图 7-15 安捷伦 N2620A 网络测试仪

FrameScope™ Pro 的 VoIP 测试套件在平均意见得分（MOS）和 R 因子的基础上，对 VoIP 业务进行独立于运营商的体验质量（QoE）测量，进行高效明确的验证，并使用了服务等级约定（SLA）资料，以减少故障发生，缩短在用户现场花费的时间。

（1）特点和优点

● 支持 802.3z 标准 10/100/1000BASE-T 铜缆和 1000BASE-SX/LX/ZX 千兆以太网 SFP 光接口。

● 支持 RFC2544 性能基准测试，在铜缆和光纤接口上以 1Mbit/s～1Gbit/s 的线速度检验吞吐量。

● 应用性能测试功能可以迅速隔离协议、配置和资源的性能问题。

● 自动网络发现功能简化了使用，并可以记录网络资源和工作站的配置。

● 通过任何网络浏览器实现远程控制，能够从局端对网络进行诊断、监测和生成报告。

● 可以配置 VLAN 和 QoS 的设置。

● 全屏彩色 LCD，清楚全面地显示测量结果。

● 触摸屏接口和在线手册，增强了简便易用性。

（2）主要功能

● 自动网络发现。

FrameScope Pro 可以自动显示交换网络中的所有设备，使支持人员能够立即查看不同子网上的 IP 和 IPX 设备及其 MAC 地址、网络地址和名称。

● 迅速诊断和解决网络问题。

用户只需单击鼠标，FrameScope Pro 就可以确定 10/100/1000Mbit/s 以太网的利用率、广播、碰撞和错误情况，或指出分配不正确的子网掩码、配置错误的服务器和重复的 IP 地址。

● 提供 RFC2544 性能基准测试。

FrameScope Pro 采用 RFC2544 定义的标准化点到点测试方法，能够针对以太网测量吞吐量、时延、背靠背帧和帧丢失情况，测试结果可以存储在 CompactFlash 存储卡上，还可以通过远程界面查看和打印测试结果。

- 自动进行简化的网络服务测试，预先进行质量检查。

FrameScope Pro 采用新型技术，客观地测量网络应用服务器的性能，生成详细的性能指标和相关报告。这种独特的功能适合诊断问题及预先检验网络质量。

- 可以配置的 1Mbit/s～1Gbit/s 的线路速率。

FrameScope Pro 在铜缆和光纤接口上提供了 1Gbit/s 全线速的性能保证。它可以配置链路线路速率，使测试变得更快速、更高效。它为铜缆网络提供了 RJ-45 端口，为光纤网络提供了 SFP 端口。

- 完整的网路诊断工具箱。

从 Ping、Trace Route 到流量生成及业务详细统计分析，FrameScope Pro 提供了一系列诊断工具。

（3）支持的测试

- 自动测试电子邮件、网络、文件、DNS、DHCP、WINS、Novell、打印、FTP、一级 DC 和二级 DC 服务器、交换机和路由器的性能指标。
- Ping、TraceRoute 和 SNMP 查询，检验与用户定义的设备的连接能力。
- 统计分析网络状况。
- 业务发生器，最高可支持 10/100/1000 Mbit/s 全线速。
- RFC2544 测试，1Gbit/s 全线速测量吞吐量、时延、背靠背帧和丢帧情况。
- 可以配置 VLAN 标记和优先权字段。
- 可以配置 Qos、IP TOS 和 DSCP 设置。
- IP 和 MAC 环回测量第二层和第三层精确的双向时延。
- 交换机端口和集线器端口定位功能，定位活动的网络电缆连接。
- 网络数据库存储工作站信息。
- 线图测试，使用线图适配器定位接线错误。

7.3.2　网络测试软件

网络测试软件很多，常见的有 Iperf 和 Netperf 等。Iperf 是由美国应用网络研究国家实验室（National Laboratory for Applied Network Research，NLANR）开发的，其主要目标是帮助系统管理员微调网络应用程序和服务器的 TCP 参数。Netperf 是惠普公司开发的测试各种网络性能的基准工具集，适用于大多数网络类型的 TCP/UDP 端对端性能测试。这里以 Netperf 为例，介绍网络测试软件的功能和使用方法。

Netperf 根据应用的不同，可以测试批量数据传输模式或请求/应答传输模式下的网络性能参数。Netperf 的测试结果反映一个系统能够以多快的速度向另外一个系统发送数据，以及另外一个系统能够以多快的速度接收数据。

Netperf 工具以客户机/服务器方式工作。服务器端是 netserver，用于侦听来自客户端的连接请求；客户端是 netperf，用来向服务器端发起网络测试请求。在客户端和服务器端之间首先要建立控制连接，用于传递有关测试的配置信息和测试结果。在控制连接建立后，客户端与服务器之间再建立一个测试连接，用于传递具体的流量模式，以便进行网络测试。具体建立连接和测试的过程如图 7-16 所示。

图 7-16   Netperf 连接建立和测试过程

图 7-16　Netperf 连接建立和测试过程（续）

在 UNIX 系统中，Netperf 通过命令行参数来控制测试类型和测试选项，根据作用范围的不同，Netperf 的命令行参数分为全局命令行参数和测试相关的局部参数，两者之间使用 "--" 分隔。

Netperf 语法格式如下。

`Netperf [global options] --[test-specific options]`

[global options] 可选参数，其中可选的参数有如下几个。

参　　数	说　　明
-H host	指定远端运行 netserver 的 server IP 地址
-l testlen	指定测试的时间长度（s）
-t testname	指定进行的测试类型（TCP_STREAM、UDP_STREAM、TCP_RR、TCP_CRR、UDP_RR）

[test-specific options] 可选参数，其中可选的参数有如下几个。

参　　数	说　　明
-s size	设置本地系统的 socket 发送与接收缓冲大小
-S size	设置远端系统的 socket 发送与接收缓冲大小
-m size	设置本地系统发送测试分组的大小
-M size	设置远端系统接收测试分组的大小
-D	对本地与远端系统的 socket 设置 TCP_NODELAY 选项
-r req,resp	设置 request 和 reponse 分组的大小

1. 批流量的性能测试

典型的批量数据传输例子有 FTP 和其他类似的网络应用（即一次传输整个文件）。根据使用传输协议的不同，批量数据传输又分为 TCP 批量传输和 UDP 批量传输。

（1）TCP_STREAM

Netperf 默认情况下进行 TCP 批量传输，即-t TCP_STREAM。在测试过程中，netperf 向 netserver 发送批量的 TCP 数据分组，以确定数据传输过程中的吞吐率。

```
#./netperf -H 192.168.0.28 -l 60
TCP STREAM TEST to 192.168.0.28
Recv   Send   Send
Socket Socket Message   Elapsed
Size   Size   Size      Time      Throughput
bytes  bytes  bytes     secs.     10^6bits/sec
87380  16384  16384     60.00     88.00
```

从 netperf 的结果输出中，可以知道以下一些信息。

- 远端系统（即 server）使用大小为 87 380 字节的 socket 接收缓冲。
- 本地系统（即 client）使用大小为 16 384 字节的 socket 发送缓冲。
- 向远端系统发送的测试分组大小为 16 384 字节。
- 测试经历的时间为 60s
- 吞吐率的测试结果为 88Mbit/s。

在默认情况下，netperf 把发送的测试分组大小设置为本地系统使用的 socket 发送缓冲区的大小。在 TCP_STREAM 方式下，与测试相关的局部参数如下。

参　　数	说　　明
-s size	设置本地系统的 socket 发送与接收缓冲大小
-S size	设置远端系统的 socket 发送与接收缓冲大小
-m size	设置本地系统发送测试分组的大小
-M size	设置远端系统接收测试分组的大小
-D	对本地与远端系统的 socket 设置 TCP_NODELAY 选项

通过修改以上的参数，并观察结果的变化，可以确定是什么因素影响了连接的吞吐率。例如，如果怀疑路由器由于缺乏足够的缓冲区空间，使得转发大的分组时存在问题，就可以增加测试分组（-m）的大小，以观察吞吐率的变化。

```
#./netperf -H 192.168.0.28 -l 60 --m 2048
TCP STREAM TEST to 192.168.0.28
Recv   Send   Send
Socket Socket Message   Elapsed
Size   Size   Size      Time                Throughput
bytes  bytes  bytes     secs.               10^6bits/sec
87380  16384  2048      60.00               87.62
```

在这里，测试分组的大小减少到 2 048 字节，而吞吐率却没有很大的变化（与前面例子中测试分组大小为 16KB 相比）。相反，如果吞吐率有了较大的提升，则说明在网络中间的路由器确实存在缓冲区的问题。

（2）UDP_STREAM

UDP_STREAM 用来测试进行 UDP 批量传输时的网络性能。需要注意的是，此时测试分组的大小不得大于 socket 的发送与接收缓冲区大小，否则 netperf 会报出错提示。

```
#./netperf -t UDP_STREAM -H 192.168.0.28 -l 60
UDP UNIDIRECTIONAL SEND TEST to 192.168.0.28
udp_send: data send error: Message too long
```

为了避免这样的情况，可以通过命令行参数限定测试分组的大小，或者增加 socket 的发送/接收缓冲大小。UDP_STREAM 方式使用与 TCP_STREAM 方式相同的局部命令行参数，因此，这里可以使用-m 来修改测试中使用分组的大小。

```
#./netperf -t UDP_STREAM -H 192.168.0.28 -- -m 1024
UDP UNIDIRECTIONAL SEND TEST to 192.168.0.28
Socket   Message  Elapsed   Messages
Size     Size     Time      Okay      Errors       Throughput
bytes    bytes    secs      #         #            10^6bits/sec
65535    1024     9.99      114127    0            93.55
65535    1024     9.99      114122                 93.54
```

UDP_STREAM 方式的结果中有两行测试数据，第一行显示的是本地系统的发送统计，这里的吞吐率表示 netperf 向本地 socket 发送分组的能力。但是，UDP 是不可靠的传输协议，发送出的分组数量不一定等于接收到的分组数量。

第二行显示的就是远端系统接收的情况，由于 client 与 server 直接连接在一起，而且网络中没有其他的流量，所以本地系统发送过去的分组几乎都被远端系统正确接收了，远端系统的吞吐率也几乎等于本地系统的发送吞吐率。但是，在实际环境中，一般远端系统的 socket 缓冲大小不同于本地系统的 socket 缓冲区大小，远端系统的接收吞吐率要远远小于发送出去的吞吐率。

2. 请求/应答流量的性能测试

另一类常见的网络流量类型是应用在客户机/服务器结构中的 request/response 模式。在每次交易（transaction）中，client 向 server 发出小的查询分组，server 接收到请求，经处理后返回大的结果数据。

（1）TCP_RR

TCP_RR 方式的测试对象是多次 TCP request 和 response 的交互过程，但是它们发生在同一个 TCP 连接中，这种模式常常出现在数据库应用中。数据库的客户机与服务器建立一个 TCP 连接以后，就在这个连接中进行多次交易以传递数据。

```
#./netperf -t TCP_RR -H 192.168.0.28
TCP REQUEST/RESPONSE TEST to 192.168.0.28
Local /Remote
Socket Size    Request  Resp.   Elapsed   Trans.
Send   Recv    Size     Size    Time      Rate
bytes  Bytes   bytes    bytes   secs.     per sec
16384  87380   1        1       10.00     9502.73
16384  87380
```

Netperf 输出的结果也是由两行组成。第一行显示本地系统的情况，第二行显示远端系统的信息。平均的交易速率（transaction rate）为 9502.73 次/s。注意到这里每次交易中的 request 和 response 分组的大小都为 1 字节，不具有很大的实际意义。用户可以通过相关参数来改变 request 和 response 分组的大小，TCP_RR 方式下的参数如下表所示。

参　　数	说　　明
-s size	设置本地系统的 socket 发送与接收缓冲大小
-S size	设置远端系统的 socket 发送与接收缓冲大小
-r req,resp	设置 request 和 reponse 分组的大小
-D	对本地与远端系统的 socket 设置 TCP_NODELAY 选项

通过使用-r 参数，可以进行更有实际意义的测试。

```
#./netperf -t TCP_RR -H 192.168.0.28 ---r 32,1024
TCP REQUEST/RESPONSE TEST to 192.168.0.28
Local /Remote
Socket Size    Request Resp.  Elapsed Trans.
Send   Recv    Size    Size   Time    Rate
bytes  Bytes   bytes   bytes  secs.   per sec
16384  87380   32      1024   10.00   4945.97
16384  87380
```

从结果中可以看出，request/reponse 分组的大小增加导致交易速率明显下降。相对于实际的系统，这里交易速率的计算没有充分考虑到交易过程中的应用程序处理时延，因此结果往往会高于实际情况。

（2）TCP_CRR

与 TCP_RR 不同，TCP_CRR 为每次交易建立一个新的 TCP 连接。最典型的应用就是 HTTP，每次 HTTP 交易是在一条单独的 TCP 连接中进行的。由于需要不停地建立新的 TCP 连接，并且在交易结束后拆除 TCP 连接，所以交易速率一定会受到很大的影响。

```
#./netperf -t TCP_CRR -H 192.168.0.28
TCP Connect/Request/Response TEST to 192.168.0.28
Local /Remote
Socket Size    Request Resp.  Elapsed Trans.
Send   Recv    Size    Size   Time    Rate
bytes  Bytes   bytes   bytes  secs.   per sec
131070 131070  1       1      9.99    2662.20
16384  87380
```

即使是使用 1 字节的 request/response 分组，交易速率也明显降低了，只有 2662.20 次/s。TCP_CRR 使用与 TCP_RR 相同的局部参数。

（3）UDP_RR

UDP_RR 方式使用 UDP 分组进行 request/response 的交易过程。由于没有 TCP 连接带来的负担，所以推测交易速率一定会有相应的提升。

```
#./netperf -t UDP_RR -H 192.168.0.28
UDP REQUEST/RESPONSE TEST to 192.168.0.28
Local /Remote
Socket Size    Request Resp.  Elapsed Trans.
Send   Recv    Size    Size   Time    Rate
bytes  Bytes   bytes   bytes  secs.   per sec
65535  65535   1       1      9.99    10141.16
65535  65535
```

结果证实了我们的推测，交易速率为 10141.16 次/s，高过 TCP_RR 的数值。不过，如果出现了相反的结果，即交易速率反而降低了，这也不必担心，因为这说明了在网络中，路由器或其它的网络设备对 UDP 采用了与 TCP 不同的缓冲区空间和处理技术。

7.4　网络测试方法

7.4.1　网络测试和测量

1.　网络测试

网络测试（network test）是一个复杂的过程，至少包括以下 3 个组成部分。

（1）测试框架配置：分析测试需求和建立测试计划、设计测试用例；配置 DUT/SUT、运行控制软件并连接控制仪表、配置端口参数、配置测试参数、配置软件界面参数（如流的设置、包的大小设置等）。

（2）测试执行过程：测试场景的设定、测试执行过程的监控和调度等。

（3）测试结果分析和报告：保存测试结果，分析测试执行日志、测试需求覆盖率、测试趋势图，评估测试结果中出现的问题和缺陷。

完整的测试过程如图 7-17 所示。

2. 网络测量

网络测量（network measurement）是指对网络通信量的测量。测量各种条件下网络通信量的类型和数量是网络测试的中心环节和技术手段。网络测量技术之所以重要是因为以下几点。

图 7-17　网络测试过程

（1）网络测量是及时了解网络运行状态、发现性能瓶颈、进行网络资源动态配置和管理的主要手段。

（2）网络测量是传统网络控制与管理的有益补充，是保证 QoS、实现增值服务的前提。

（3）网络测量是建立网络行为模型的重要技术，为网络设备开发、网络协议设计提供参考数据。

根据网络性能指标测量方法的技术特征可将其分为主动测量和被动测量。

（1）**主动测量**（active measurement）：按照预定策略主动向运行中的网络发送探测数据包，通过分析探测数据包在传输过程中的表现，计算出所要测量的网络功能和性能指标。例如，利用 ping 命令发送 ICMP 数据包测量网络的连通性和时延，或者向网络发送探测流来测量网络两端点之间的可用带宽等。主动测量方法可以按照测试意图灵活地设计和实现测量过程，可以测量从 IP 到应用层面的端到端的网络通信量。

（2）**被动测量**（passive measurement）：这种方法不向网络发送探测数据包，而是按照预定策略在测量地点捕获网络流中的数据包，分析包头信息从而得到网络性能参数。网络中的网元设备如路由器或交换机等存储了部分网络管理数据，通过对这些设备的轮询可以分析和计算出与网络性能相关的信息。例如，周期性读取路由器 MIB 中的数据，可以计算出链路利用率、端口吞吐率等性能指标。有时候，捕获数据包的设备有意安置在网络的特定位置，例如，进行流量监控的设备安置在校园网入口处，可以对校园网中的通信进行流量整形和速率限制。

由于主动测量要向网络发送数据包，所以可能会影响网络的运行。在网络出现拥塞的情况下，探测数据包会使网络通信进一步恶化，造成测量结果失真，这样得到的性能指标就没有意义了。被动测量不需要向网络发送探测数据包，不会影响网络的运行，但是这种方法难以测量网络整体性能指标，如两端点之间的可用带宽就无法用这种方法测量。

在网络测量实践中，趋向于采用主动测量与被动测量相结合的方法。例如，通过主动测量探测网络的整体性能，当网络运行出现问题时，则采用被动测量方法进行故障定位。在美国应用网络研究国家实验室（NLANR）中，网络测量数据被分为 4 类：被动采集的包头数据、主动采集的性能数据、基于 SNMP 收集的网元数据，以及反映网络路由状态与稳定性的数据，其中一个项目组利用安置在不同测量点的流量监测工具捕获网络流量的包头信息，对网络负载状况进行分析；另一个项目组利用安置在各个测量点的测量探针周期性地主动发送探测数据包，测量往返时延、丢包率、网络拓扑和吞吐量。NLANR 把两个项目的工作结合起来，对采集到的数据进行了深入的分析和研究，开发了一系列应用于数据分析的可视化工具。

IPPM 工作组根据测量过程的复杂程度，将测量方法分为以下 4 类（RFC 2330）。

（1）**直接测量法**：采用注入测试流量的方法直接测量一个度量参数。例如，测量给定时间、给定路由、给定长度的 IP 分组的往返时延。

（2）**预测法**：从低层的测量中预测一个度量参数。例如，准确测量出一条通路上每一段链路的传播延迟和带宽，就可以预测出给定长度的 IP 分组在该通路上的总时延。

（3）**分解法**：从一个更聚合的度量中估算出其中的成分参数。例如，准确测量出一段单跳链路对不同长度的 IP 分组的时延，就可以估算出这个单跳链路的传播时延。

（4）**推理法**：从一组相关的其他时间的度量值来估算在某一时刻给定的度量值。例如，给出过去准确测量的流量容量，以及过去和当前准确测量的时延，按照某种流量动力学模型，就可以估算出当前将会观察到的流量容量。

要精确有效地测量网络性能指标，测量方法必须具有可重复性（在相同条件下多次测量的结果应该是一致的）、连续性（测量条件发生微小变化时，测量结果的变化很小）、稳定性（找到不稳定性与出现误差的原因，使其对测量指标的影响最小）、失真度小（测量对网络行为的影响程度要小到可忽略的程度）。

可重复性与连续性是进行网络性能指标测量的前提条件。测量方法的稳定性、测量过程的实时性是有效测量的重要保证。此外，测量方法的可操作性、灵活性、可扩展性也是设计测量方法时需要考虑的因素。

国际上，每年举行一次的被动和主动测量会议（Passive and Active Measurements，PAM）集中于网络测量和分析技术的研究及其实际应用。过去的工作主要是传统的第三层网络性能测量，现在把研究范围扩展到了网络环境、联网应用、内容分发网络、线上社会网络和层叠网络中的各种测量技术。除了传统的网络性能参数外，网络安全、网络故障和网络可靠性的测试也得到越来越多的重视。

7.4.2　全网状转发测试实验

思博伦通信（Spirent Communications）是一家全球领先的通信测试仪器供应商，提供高性能的通信测试解决方案和网络保障解决方案。Spirent TestCenter 是一款功能强大的测试管理工具，由机箱、测试模块和测试软件组成（见图 7-18），适用于 2～7 层网络功能和性能测试，常用于测试高密度的交换机和核心路由器。

图 7-18　Spirent TestCenter

全网状转发测试是测量 DUT 承受复杂通信模式时分组丢失的情况。在这个实验中，通过连续变化源和目标 MAC 地址生成全网状流量模型，迫使 DUT 连续查找地址表来完成分组转发，实验的输出结果反映了 DUT 的分组转发能力。

这个实验需要的设备如下。

（1）一台包含 4 个端口的 Spirent TestCenter 机箱。

（2）一台 2 层交换设备（DUT），其默认 VLAN 中包含 4 个未标记端口。

（3）一台运行 Spirent TestCenter 应用程序的计算机，与 TestCenter 建立 IP 连接。

实验的物理配置如图 7-19 所示，逻辑映象如图 7-20 所示。

图 7-19　全网状帧转发实验物理配置

图 7-20　实验的逻辑映象

1. 建立测试环境

（1）配置端口

① 把计算机连接到 Spirent TestCenter Chassis，为工作站保留 4 个端口。

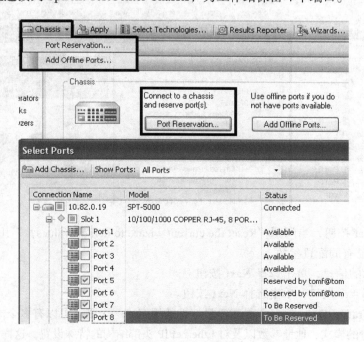

② 选择 All Ports>Main，把端口命名为 Port A—Port D。

③ 选择 All Ports>PortConfig，停用 Auto Negotiation 并设置端口为 **100Mbps**、**Full Duplex**。

（2）配置主机

用测试向导生成主机配置。

（3）运行 RFC 2889 向导

① 单击"向导"按钮 Wizards。

② 选择 Test Wizards>Rfc2889>Forwarding。

③ 单击 **Reset** 按钮，当问题 "Reset the current wizard to default values？" 出现时选择 **Yes**，即清除任何已有的配置参数。

④ 阅读显示的信息，单击选择 **Next** 按钮。

⑤ 选择全部 4 个端口，单击选择 **Next** 按钮。

流量描述（Traffic Descriptors）是对流量特性的规定。一个测试可以有多个流量描述，每一个描述都规定了流量的模式、地址参数以及对 Ethernet/IP 头部结构的特殊设置，这样可以提供灵活性，但是符合 RFC 2889 的测试通常只需要一种流量描述。

⑥ 选择 **Fully meshed**，然后选择全部 4 个端口。注意 Endpoints and Endpoint Mapping 的选择。

⑦ 选择 **Addressing**，停用 IPv4，按照下图配置 MAC 地址。

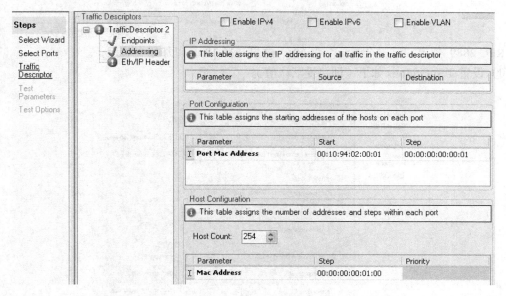

　　端口 MAC 地址的起始值是 00:10:94:0X:00:01，其中 X=你的工作站编号。这一步要按照图中的设置来做。对于主机配置，可以用 MAC 地址的最后两字节来模拟 254 个主机。所以这一步要设置为 00:00:00:00:01:00。

⑧ 加黑 **Eth/IP Header**，出现绿色"√"，否则不能选择 Next。单击 **Next** 按钮，继续。

在这里可以修改 Ethernet 类型，这里保留默认值 IPv4。

⑨ 设置 *Test Parameters* 如下。

RFC 2889 规定"试验全时长"为 60s，这里选择 10s，以加速实验运行。

⑩ 设置 Test Options 如下（即接受默认值）。

⑪ 单击 **Finish** 按钮，完成向导会话。

⑫ 注意在 Command Sequencer 中只能填写一个命令（RFC 2889: Forwarding Test）。

⑬ 存储实验 **RFC2889_Full_Mesh_Lab** 的配置。

2. 实验运行过程

实验进行时，可以用不同的方法查看统计结果。在 Spirent TestCenter 主应用中有一个结果浏览器 Results Browser，它可以显示实时事件和速率。另外还有一个单独的结果报告器 Results Reporter，它可以显示迭代结束和实验结束时的结果。

（1）在 Command Sequencer 窗口中单击 **Start** 按钮。

（2）单击 **Yes** 按钮，接受 Results Reporter Integration。

（3）测试开始时查看记录。

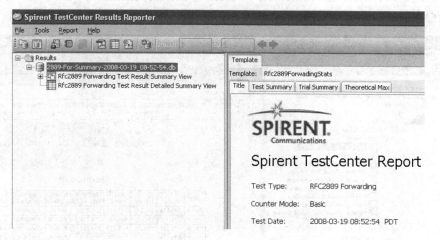

（4）在第一遍迭代结束后，显示 Results Reporter。

（5）使其最小化。

（6）实验进行时，在 Results Browser 中查看实时统计结果。

（7）实验完成后，在 Results Reporter 中查看实验统计结果。在数据库视图顶端，选择 Rfc2889 ForwardingStats 模板（Template），参见下图。

（8）可以在工具条上单击 Adobe 图标，生成一个测试实验报告。

（9）在别的地方还可以发现其他测试结果。

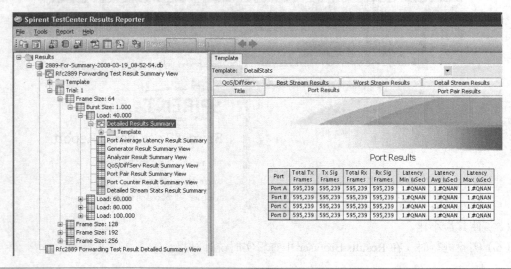

实验完成，写出观察的结果以及发现的问题。

7.5　网络性能评价

7.5.1　网络设备的性能指标

常用的联网设备有集线器、交换机、路由器、防火墙、服务器等。这里主要介绍交换机、路由器和服务器的性能指标。

1. 交换机的技术参数

传统的交换机根据 MAC 地址进行帧转发，称为**二层交换机**。所谓**三层交换机**，就是汇聚了路由器的功能，还可以根据 IP 地址进行转发。三层交换机通常都是千兆或者万兆交换机，交换机速度快，价格高，用作局域网的主交换机，成为网络系统的核心。

交换机的端口类型有下面几种。

（1）双绞线端口：双绞线端口主要有 100Mbit/s 和 1000Mbit/s 两种。百兆端口可连接工作站，千兆端口一般用于级连。

（2）光纤端口：SC 端口（Subscriber Connector）是一种光纤端口，可提供千兆比特数据传输速率，通常用于连接服务器的光纤网卡。这种端口以"100 b FX"标注。交换机的光纤端口一般都是两个，分别是一发一收，光纤跳线也必须是 2 根，否则端口间无法进行全双工通信。

（3）GBIC 端口：交换机上的 GBIC 插槽（Slot）用于安装吉比特端口转换器（Giga Bit-rate Interface Converter）。GBIC 模块是将千兆位电信号转换为光信号的热插拔器件，分为用于级连的 GBIC 模块和用于堆叠的 GBIC 模块。用于级连的 GBIC 模块又分为适用于多模光纤（MMF）或单模光纤（SMF）等不同类型。

（4）SFP 端口：小型机架可插拔设备（Small Form-factor Pluggable，SFP）是 GBIC 的升级版本，其功能基本和 GBIC 一致，但体积减少一半，可以在相同的面板上配置更多的端口。有时也称 SFP 模块为小型化 GBIC（MINI-GBIC）模块。

（5）10GE 插槽：这种端口速度最快、价格最昂贵，主要用于实现重点业务的汇聚层与核心层的互连。10GE 模块主要有 7 种型号：适用于多模光纤的 10Gbase-LX4 和 10GBase-SR，适用于单模光纤的 10Gbase-LR、10Gbase-ER 和 10Gbase-ZR，以及适用于铜缆的 10GBase-CX4 和 10GBase-T。

按交换方式划分，交换机可以分为 3 种类型。

（1）存储转发交换（store and forward）：交换机对输入数据包先进行缓存、CRC 验证、碎片过滤，然后再转发。这种交换方式时延大，但是可以提供差错校验，并支持不同速度输入/输出端口间的交换（非对称交换），是交换机的主流工作方式。

（2）直通交换（cut-through）：类似于采用交叉矩阵的电话交换机，直通交换机在其输入端口扫描到目标地址后立即开始转发。这种交换方式的优点是时延小、交换速度快。其缺点是没有检错能力，不能实现非对称交换，并且当交换机的端口数量增加时，交换矩阵实现起来也比较困难。

（3）碎片过滤式交换（fragment free）：这是介于直通式和存储转发式之间的一种解决方案。交换机在开始转发前先检查数据包的长度是否够 64 字节，如果小于 64 字节，则认为是冲突碎片而丢弃之；如果大于等于 64 字节（包含了目标地址等头部信息）则立即转发。这种转发方式的处理速度介于前两者之间，被广泛应用于中低档交换机中。

采用直通交换方式的交换机的延时是固定，因为直通交换机不管数据包的整体大小，只根据目标地址来决定转发方向，所以它的时延是固定的。采用存储转发技术的交换机由于必须接收完整个数据包后才开始转发，所以数据包大，则时延大；数据包小，则时延小。

有的交换机是固定端口交换机，提供有限数量的固定类型端口，一般都具有 24 个 10M/100M 的端口。另外一种是模块化交换机，这种交换机的机箱中预留了一定数量的插槽，用户可以根据网络扩充的需要选择不同类型的端口模块。这种交换机具有更大的可扩充性。

固定配置不带扩展槽的交换机仅支持一种网络类型，固定配置带扩展槽的交换机和机架式模块化交换机可支持一种以上的网络类型，如以太网、快速以太网、千兆以太网、ATM 网、令牌环网及 FDDI 等。一台交换机支持的网络类型越多，可扩展性就越强。**机架插槽数**是指机架式交换机所能安插的最大模块数，**扩展槽数**是指固定配置带扩展槽的交换机所能安插的最大模块数。

有的交换机是堆叠型交换机，这种交换机具有专门的**堆叠端口**，用堆叠电缆把一台交换机的 UP 口连接到另一台交换机的 DOWN 口，以扩充端口数量。一般交换机能够堆叠 4～9 层，所有交换机可以当作一台交换机来统一管理。

非堆叠型交换机没有堆叠端口，但是可以通过级连方式扩充。级连方式使用以太网端口（FE 端口、GE 端口、或 10GE 端口）进行层次间互连，可以通过统一的网管平台管理全网设备。为了保证网络运行的效率，级连层数一般不超过 4 层。

按管理方式划分，交换机可划分为网管型交换机和非网管型交换机。网管型交换机支持 SNMP、RMON 和管理信息库 MIB-II，可以指定 IP 地址，实现远程配置、监视和管理。非网管型交换机不支持 SNMP 等网管协议，只能根据 MAC 地址交换，无法进行功能配置和管理。还有一种是智能型交换机，这种交换机支持基于 Web 的图形化管理界面和管理信息库，无须使用复杂的命令行管理方式，配置和维护比较容易。更重要的是智能型交换机不仅能转发数据分组，而且提供 QoS、VPN、用户认证管理，以及多媒体传输等复杂的应用功能。

复杂的大型局域网通常被组织成分层结构，被分解为多个层次的小型网络，每一层的交换设备分别实现不同的任务。分层的局域网网络结构如图 7-21 所示。

图 7-21　分层的网络结构

接入层实现用户的访问控制，是工作站连接网络的入口。接入层交换机应该以低成本提供高密度的接入端口。例如，Cisco Catalyst 2950 系列交换机可以提供 12 或 24 个快速以太网端口，适合中小型企业网络使用。

汇聚层将网络划分为多个广播/组播域，可以实现 VLAN 间的路由选择，并通过访问控制列表实现分组过滤。汇聚层交换机的端口数量和交换速率不要求很高，但应提供第三层交换功能，同时提供先进的服务质量（QoS）和速度限制，以及安全访问控制列表、组播管理和高性能的 IP 路由。

核心层应采用可扩展的高性能交换机组成园区网的主干线路，提供链路冗余、路由冗余、VLAN 中继、负载均衡等功能，并且与汇聚层交换机具有兼容的技术，支持相同的协议。

交换机的传输模式分为半双工和**全双工**模式。半双工（half-duplex）是在一段时间内只能有一个动作发生，发送和接收不能同时进行。早期的集线器是半双工产品，随着技术进步，半双工方式逐渐被淘汰。全双工（full-duplex）交换机在发送数据的同时也能接收数据，两者同步进行。全双工传输需要使用两对双绞线或两根光纤，一般双绞线端口和光纤端口都支持全双工传输模式。所谓全双工/半双工自适应是在以上两种方式之间可以自动切换。1000Base-TX 支持自适应，而 1000Base-SX、1000Base-LX、1000Base-LH 和 1000Base-ZX 均不支持自适应，不同速率和传输模式的光纤端口间无法通信，因而要求相互连接的光纤端口必须具有完全相同的传输速率和传输模式，否则将导致连通故障。

交换机把数据包先存储在**内存缓冲区**（memory buffer）中，然后再进行转发。内存缓冲区的大小和管理方法与交换机的转发时延和丢包率有关。内存缓冲区分为以下两种。

基于端口的内存缓冲：为每个端口建立一个缓冲队列，队列中的分组按照先进先出的顺序被转发到目标端口。如果排在队列前面的分组由于目标端口忙而必须等待，则队列中的其他分组都将被延迟发送。

共享内存缓冲：所有等待发送的分组存储在公共内存缓冲区中。分配给各个端口的内存大小由每个端口的需求决定。交换机维护分组与目标端口的映射，当目标端口可用时把分组转发到目标端口，并清除该映射。这种管理方式增强了交换机应对突发通信的能力，在高档交换机中应用较多。

另外，不同的**缓冲区调度算法**，如 RED、WRED 等对各种不同的业务会有不同的影响。

交换机的包转发速率也称**端口吞吐率**，是指交换机进行数据包转发的能力，单位为 pps（package per second）。包转发速率是以单位时间内发送 64 字节数据包的个数作为计算基准的。对于千兆以太网来说，计算方法如下。

$$1000\text{Mbit/s} \div 8\text{bit} \div (64 + 8 + 12) \text{ byte} = 1,488,095\text{pps}$$

当以太网帧为 64 字节时，需考虑 8 字节的帧头和 12 字节的帧间隙开销。据此，整个交换机包转发速率的计算方法如下：

$$包转发率 = 千兆端口数量 \times 1.488\text{Mpps} + 百兆端口数量$$
$$\times 0.1488\text{Mpps} + 其余类型端口数 \times 相应计算方法$$

交换机的**背板带宽**是指交换机端口处理器和数据总线之间单位时间内所能传输的最大数据量。背板带宽标志了交换机总的交换能力，单位为 Gbit/s。一般交换机的背板带宽从几 Gbit/s 到几百 Gbit/s。交换机所有端口能提供的总带宽的计算公式为：

$$总带宽 = 端口数 \times 端口速率 \times 2（全双工模式）$$

如果总带宽小于标称背板带宽，那么可以认为背板带宽是线速的。例如，Catalyst 6500 系列交换机的背板带宽可扩展到256Gbit/s，包转发速率可扩展到150Mpps。

交换机可以识别网络节点的MAC地址，并把它放到MAC地址表中。MAC地址表存放在交换机的缓存中，当需要向目标地址发送数据时，交换机就在MAC地址表中查找相应MAC地址的节点位置，然后直接向这个位置的结点转发。**MAC地址数**是指交换机的MAC地址表中可以存储的MAC地址数量。不同档次的交换机端口所能够支持的MAC地址数量不同。在交换机的每个端口，都需要足够的缓存来记忆这些MAC地址，所以缓存容量的大小决定了交换机所能记忆的MAC地址数。

一个VLAN是一个独立的广播域，划分VLAN可有效防止广播风暴。由于VLAN基于逻辑连接而不是物理连接，因此配置十分灵活。在第三层交换功能的基础上，VLAN之间也可以通信。**最大VLAN数量**反映了一台交换机所能支持的最大VLAN数目。目前交换机VLAN表项数都在1024以上，可以满足一般企业的需要。

链路聚合也叫端口聚合，这种功能是把2个、3个或者4个千兆链路捆绑在一起，使链路带宽成倍增长，让交换机之间、交换机与服务器之间的链路带宽具有可伸缩性。链路聚合技术可以实现不同端口之间的负载均衡，同时也能够互为备份，支持链路冗余性。在这种千兆以太网交换机中，最多可以支持4组链路聚合，每组中最大4个端口。链路聚合一般不允许跨芯片设置。生成树协议和链路聚合结合起来保证了网络的冗余性。在一个网络中设置冗余链路，并用生成树协议让备份链路阻塞，在逻辑上不形成环路，而一旦出现故障，就启用备份链路。

交换机**支持的以太网协议**见表7-1。

表7-1　　　　　　　　　　　　　　　交换机支持的以太网协议

标　准	说　明	规　范
IEEE802.3i	以太网10BASE-T规范	两对UTP，RJ-45连接器，传输距离为100m
IEEE802.3u	快速以太网物理层规范	100BASE-TX：两对5类UTP；支持10Mbit/s、100Mbit/s自动协商 100BASE-T4：四对3类UTP 100BASE-FX：光纤
IEEE 802.3z	千兆以太网物理层规范	1000Base-SX：短波SMF 1000Base-LX：长波SMF或MMF
IEEE 802.3ab	双绞线千兆以太网物理层规范	1000Base-TX
IEEE802.3ad	Link Aggregation Control Protocol (LACP)	链路汇聚技术可以将多个链路绑定在一起，形成一条高速链路，以达到更高的带宽，并实现链路备份和负载均衡
IEEE 802.3ae	万兆以太网物理层规范	10GBASE-SR和10GBASE-SW支持短波（850 nm）多模光纤（MMF），传输距离为2～300 m 10GBASE-LR和10GBASE-LW支持长波（1310nm）单模光纤（SMF），传输距离为2m到10km 10GBASE-ER和10GBASE-EW支持超长波（1550nm）单模光纤（SMF），传输距离为2m～40km
IEEE802.3af	Power over Ethernet（PoE）	以太网供电：通过双绞线为以太网提供48V的交流电源
IEEE802.3x	Flow Control and Back pressure	为交换机提供全双工流控（full-duplex flow control）和后压式半双工流控（back pressure half-duplex flow control.）机制
IEEE802.1d	Spanning Tree Protocol（STP）	利用生成树算法消除以太网中的循环路径，当网络发生故障时，重新协商生成树，并起到链路备份的作用
IEEE802.1q	VLAN标记	定义了以太网MAC帧的VLAN标记。标记分两部分：VLAN ID（12比特）和优先级（3比特）

标　准	说　明	规　范
IEEE802.1p	LAN 第二层 QoS/CoS 协议	定义了交换机对 MAC 帧进行优先级分类，并对组播帧进行过滤的机制。可以根据优先级提供尽力而为（best-effort）的服务质量，是 IEEE 802.1q 的扩充协议
GARP	通用属性注册协议 Generic Attribute Registration Protocol	提供了交换设备之间注册属性的通用机制。属性信息（如 VLAN 标识符）在整个局域网设备中传播开来，并且由相关设备形成一个"可达性"子集。GARP 是 IEEE 802.1p 的扩充部分
GVRP	GARP VLAN 注册协议 GARP VLAN Registration Protocol	GVRP 是 GARP 的应用，提供与 802.1q 兼容的 VLAN 裁剪（VLAN pruning）功能，以及在 802.1q 干线端口（trunk port）建立动态 VLAN 的机制。GVRP 定义在 IEEE 802.1p 中
GMRP	GARP 组播注册协议 GARP Multicast Registration Protocol	为交换机提供根据组播成员的动态信息进行组播树修剪的功能，使交换机可以动态管理组播过程。GMRP 定义在 IEEE 802.1p 中
IEEE 802.1s	Multiple Spanning Tree Protocol (MSTP)	这是 802.1q 的补充协议，为交换机增加了通过多重生成树进行 VLAN 通信的机制
IEEE802.1v	基于协议和端口的 VLAN 划分	这是 802.1q 的补充协议，定义了基于数据链路层协议进行 VLAN 划分的机制
IEEE802.1x	用户认证	在局域网中实现基于端口的访问控制
IEEE802.1w	Rapid Spanning Tree Protocol (RSTP)	当局域网中由于交换机或其他网络元素失效而发生拓扑结构改变时，RSTP 可以快速重新配置生成树，恢复网络的连接。RSTP 对 802.1d 是向后兼容的

以太网技术已经进入万兆时代。以太网不再仅是一种局域网技术，而将会成为从桌面到核心、从企业到电信运营商、从局域网到 Internet 骨干网的一统天下的第二层承载技术。正因为如此，作为网络核心的万兆以太网交换机也面临着前所未有的挑战。过去需要路由器来处理的 Internet 全路由、ACL、sFlow、IPv6 路由、QoS、策略路由、组播路由等都需要以太网交换机来处理。能否线速处理上述业务成为网络核心万兆以太网交换机选型的关键考量。

2. 路由器的技术参数

路由器属于第三层设备，根据第三层路由信息转发分组。从功能、性能和应用方面划分，路由器可分为以下 3 类。

骨干路由器是实现主干网络互连的关键设备，通常采用模块化结构，通过热备份、双电源、双数据通路等冗余技术提高其可靠性，并且采用缓存技术和专用集成电路（ASIC）加快路由表的查找，使背板交换能力达到几十 Gbit/s，它被称为线速路由器。

企业级路由器可以连接许多终端系统，提供通信分类、优先级控制、用户认证、多协议路由和快速自愈等功能，可以实现数据、语音、视频、网络管理和安全应用（VPN、入侵检测、URL 过滤）等增值服务，对这类路由器的要求是实现高密度的 LAN 口，同时支持多种业务。

接入级路由器也叫边缘路由器，主要用于连接小型企业客户群，提供 1～2 个广域网接口卡（WIC），实现简单的信息传输功能，一般采用低档路由器就可以了。

路由器不仅能实现局域网之间的连接，还能实现局域网与广域网、广域网与广域网之间的连接。路由器连接广域网的端口称为 WAN 口，路由器与局域网连接的端口称为 LAN 口。常见的网络端口有以下几种。

（1）RJ-45 端口：这种端口通过双绞线连接以太网。10Base-T 的 RJ-45 端口标识为 "ETH"，而 100Base-TX 的 RJ-45 端口标识为 "10/100bTX"，这是因为快速以太网路由器采用 10/100Mbit/s 自适应电路。

（2）AUI 端口：AUI 端口采用 D 型 15 针连接器，用在令牌环网或总线型以太网中。路由器经 AUI 端口通过粗同轴电缆收发器连接 10Base-5 网络，也可以通过外接的 AUI-to-RJ-45 适配器连接 10Base-T 以太网，还可以借助其他类型的适配器实现与 10Base-2 细同轴电缆或 10Base-F 光缆的连接。

（3）高速同步串口：在路由器与广域网的连接中，应用最多的是高速同步串行口（synchronous serial port），这种端口用于连接 DDN、帧中继、X.25 和 PSTN 等网络。通过这种端口所连接的网络两端要求同步通信，以很高的速率进行数据传输。

（4）ISDN BRI 端口：ISDN BRI 端口通过 ISDN 线路实现路由器与 Internet 或其他网络的远程连接。ISDN BRI 三个通道（2B+D）的总带宽为 144kbit/s，端口采用 RJ-45 标准，与 ISDN NT1 的连接使用 RJ-45-to-RJ-45 直通线。

（5）异步串口：异步串口（ASYNC）主要应用于与 Modem 或 Modem 池的连接，实现远程计算机通过 PSTN 拨号接入互联网。异步端口的速率不是很高，也不要求同步传输，只要求能连续通信就可以了。

（6）Console 端口：Console 端口通过配置专用电缆连接至计算机串口，利用终端仿真程序（如 Windows 中的超级终端）对路由器进行本地配置。路由器的 Console 端口为 RJ-45 口。Console 端口不支持硬件流控。

（7）AUX 端口：对路由器进行远程配置时要使用 AUX 端口（auxiliary prot）。AUX 端口在外观上与 RJ-45 端口一样，只是内部电路不同，实现的功能也不同。通过 AUX 端口与 Modem 进行连接必须借助 RJ-45 to DB9 或 RJ-45 to DB25 适配器进行电路转换。AUX 端口支持硬件流控。

与计算机一样，路由器包含一个中央处理器（CPU）。不同系列和型号的路由器使用的 CPU 也不同。Cisco 路由器一般采用 Motorola 68030 或 Orion/R4600（RISC）处理器。在中低端路由器中，CPU 负责交换路由信息、路由表查找以及数据包转发，CPU 的能力直接影响路由器的吞吐量（路由表查找时间）和路由计算能力（路由收敛时间）。在高端路由器中，包转发和查表由 ASIC 芯片完成，CPU 只实现路由协议、计算路由以及发布路由表。随着技术的发展，路由器中的许多工作都可以由硬件来实现。CPU 的性能并不完全反映路由器的性能。

稍微复杂一点的路由器都有一个操作系统，各个厂家的路由器操作系统不尽相同，但都以 Cisco 的互连网络操作系统（Internetwork Operating System，IOS）作为工作标准。熟悉了 Cisco IOS 的操作，其他路由器操作系统也不难掌握。

每种路由器平台的 IOS 版本都不同，事实上有几百个不同的 IOS 版本，甚至会有一些特定版本的 IOS 提供一些特殊的功能和解决方案，如适合服务提供商的 IOS、适合企业的 IOS、适合 SNA 集成或支持 IPX 的 IOS 等。Cisco IOS 一般有几兆字节大小，运行在路由器或交换机上，为这些交换设备提供一个管理平台，确保网络的连通性、可靠性、安全性、服务质量和可伸缩性等性能指标。

路由器或交换机的操作是由配置文件（configuration file 或 config）控制的。配置文件包含有关设备操作的指令，是由网络管理员创建的，一般大小为几百到几千字节。

IOS 的每个组件都作为独立的文件存放在存储器中，不同类型的存储器见下面介绍。

IOS 命令在所有路由器产品中都是通用的。这意味着只要掌握一个操作界面就可以了，即命令行界面（Command Line Interface，CLI）。所以无论通过控制台端口，或通过一部 Modem，还是通过 Telnet 连接来配置路由器，看到的命令行界面都是相同的。

IOS 有 3 种命令模式，即用户模式（user mode）、特权模式（privileged mode）和配置模式（configuration mode）。在不同的命令模式中可执行的命令集不同，可实现的管理功能也不同，详见下面的解释。

内存用来存储操作系统、配置文件和路由协议程序等软件。在中低端路由器中，路由表可能存储在内存中，要求内存越大越好（不考虑价格）。但是与 CPU 能力类似，内存同样不直接反映路由器的性能。因为高效的算法与优秀的软件能大大节约内存。路由器有以下几种内存组件。

（1）ROM：ROM 中存储加电自检程序（Power On Self Test，POST）、系统引导区代码（bootstrap）和备份的 IOS。由于 ROM 是只读存储器，不能修改其中存放的代码，如要进行升级，则要替换 ROM 芯片。

（2）Flash RAM：闪存是可读写存储器，在系统重启或关机之后仍能保存数据。Flash 中存放当前正在使用的 IOS。事实上，如果 Flash 容量足够大，甚至可以存放多个操作系统映像，这在进行 IOS 升级时十分有用。当不知道新版 IOS 是否稳定时，可在升级后仍保留旧版 IOS，当出现问题时，可迅速退回到旧版操作系统，从而避免长时间的网路故障。在某些高端的系统中，闪存中也可能存储引导程序。

（3）RAM：RAM 的访问速度最快，但存储的内容在系统重启或关机后被清除。和计算机中的 RAM 一样，Cisco 路由器中的 RAM 也是运行期间暂时存放操作系统和数据的存储器，以便路由器能迅速访问这些信息。在运行期间，RAM 中包含路由表项、ARP 缓冲表项、日志项目和队列中排队等待发送的分组。除此之外，还包括运行配置文件（running config）、正在执行的代码、IOS 程序和一些临时数据信息。

（4）NVRAM（Non-volatile RAM）：非易失性 RAM 是可读写的存储器，在系统重新启动或关机之后仍能保存数据。由于 NVRAM 仅用于保存启动配置文件（startup config），故其容量较小，通常在路由器上只配置 32KB～128KB 的 NVRAM。NVRAM 的速度较快，成本也比较高。

路由器的类型不同，IOS 代码的读取方式也不同。例如，Cisco 2500 系列路由器只在需要时，才从 Flash 中读入部分 IOS；而 Cisco 4000 系列路由器的整个 IOS 必须全部装入 RAM 才能运行。因此，前者称为 Flash 运行设备（Run from Flash），后者称为 RAM 运行设备（Run from RAM）。一种 Cisco 路由器的体系结构如图 7-22 所示。

图 7-22　Cisco 4000 系列路由器的体系结构

全面的网络管理是网管人员孜孜以求的目标，精准掌握传输流量、带宽需求、性能指标、安全威胁和分类计费管理等都是具有挑战性的任务。传统的网络流量监控办法是通过 SNMP，或者使用 RMON 探针、端口镜像、旁路监测技术等。这些网络监视解决方案对 IP 数据流很难进行特征分析和流量测量，其数据处理的强度让人望而却步。然而 1996 年思科公司提出的 NetFlow 协议为解决这个难题打开了一扇窗户。

NetFlow 是嵌入路由器中的一种功能，这种机制分析流入路由器的分组头，以下 7 个字段相同的分组被认为属于同一网络流。

（1）源 IP 地址（source IP address）。

（2）目标 IP 地址（destination IP address）。

（3）源端口号（source port number）。

（4）目标端口号（destination port number）。

（5）协议类型（protocol type）。

（6）服务类型（type of service）。

（7）输入/输出端口（input/output interface）。

路由器鉴别出一个网络流后，就赋予该网络流一个特征标志，对属于同一网络流的分组进行同样的处理，提供同样的转发服务。所有这些功能都在路由器（或交换机）内部独立完成，不涉及路由器之间的数据交换。

如果要把这些网络流信息收集起来，用于更多的用途（如网络监控、应用分析、安全防护、ISP 计费等），则可以根据需要设计不同的采样方案和汇总模式（aggregation scheme），把网络流信息组织成出口分组（export packets），用 UDP（或其他协议）传送给网络流收集器（collector），经过收集器做进一步的数据处理后，这些信息就可以派上更大的用场。整个过程如图 7-23 所示。

图 7-23　NetFlow 工作原理

NetFlow 最初被用于加速数据交换，并同步测量和统计 IP 数据流。这项技术经过多年的演进，原来的加速数据交换的功能已经由网络设备中的 ASIC 芯片实现，而对流经网络设备的 IP 数据流进行特征分析和性能指标测量的功能也更加完善，成为互联网领域公认的 IP/MPLS 流量分析和计量的行业标准。利用 NetFlow 对 IP/MPLS 网络的通信流量进行详细的行为模式分析和计量，并提供网络运行的准确统计数据，都是运营商进行网络安全管理时必需的基础支撑技术。

Cisco 和 3Com 等制造商支持 NetFlow 技术，而其他更多的公司则支持 sFlow 技术。sFlow 也是一种监控数据网络通信量的技术，但是它定义了由 sFlow 代理（agents）实现的通信量取样机制、配置 sFlow 代理的管理信息库（MIB），以及把测量通信量得到的数据从 sFlow 代理传送到 sFlow 收集器（collector）的 sFlow 报文的格式。这些都写进了定义 sFlow 协议标准的文档 RFC 3176 中。

sFlow 技术已经嵌入路由器和交换机的 ASIC 芯片中，使拥有千兆和万兆高速端口的现代网络能够得到精确的监视，如图 7-23 所示。sFlow 已经成为一项线速运行的"一直在线"技术。采用这种技术，用户不需要购买额外的探针和旁路器，就可以实现面向每一个端口的全网监视解决方案。

图 7-24　sFlow 解决方案

3. 服务器的性能评价

（1）服务器选型指南

服务器属于应用层设备，不同的服务器有不同的应用领域。例如，FTP 服务器、Web 服务器、数据库服务器，它们的应用领域不同，性能指标也不同。

服务器的性能指标与其运行的环境有关，同一厂商生产的服务器，在不同的网络环境中表现出的性能会有很大差别，用户应该结合自己的应用环境选购合适的服务器，而不是单纯追求表面上的高性能指标。

服务器作为应用系统中的重要设备，其可靠性、安全性和工作稳定性都是需要考虑的因素，特别是环保/绿色特性。在当今数据中心能耗不断攀升的情况下，考虑服务器的能耗需求会减少企业的运行成本。

性能高的服务器价格也贵，在满足应用需求的前提下，追求较好的性价比乃是选购设备的正道。

购买服务器不仅是选购一台硬件设备，而且要购买配套的应用软件，还要为系统维护付出昂贵的人工成本。所以一台总拥有成本较低而投资回报更高的服务器才是用户的首选。

对于应用层设备，它们的服务对象是网络用户而不是上层协议。所以对应用层设备的评价也应该考虑用户的使用体验，而不是仅仅着眼于生产厂商罗列出的诱人的性能指标。

（2）服务器的类型

服务器通常分为塔式、机架式、刀片式三种类型。

① **塔式服务器**一般是大家见得最多的，它的外形及结构都与普通 PC 差不多，只是个头稍大一些，其外形尺寸并无统一标准。塔式服务器的主板扩展性较强，插槽也很多，而且机箱内部往往会预留很多空间，以便进行硬盘电源等配件的冗余扩展。这种服务器无需额外设备，对放置空间没多少要求，并且具有良好的可扩展性，配置也可以很高，因而应用范围非常广泛，可以满足通常的服务器应用需求。这种类型的服务器尤其适合入门级和工作组级服务器应用，而且成本比较低，性能能满足大部分中小企业用户的要求，市场需求空间很大。但这种类型服务器也有不少局限性，在需要采用多台服务器同时工作，以满足较高应用需求时，由于其体积比较大，占用空间多，也不方便管理，便显得很不适合。

② **机架式服务器**是工业标准化的产品，其外观按照统一标准来设计，配合机柜一起使用，以满足企业的服务器密集部署需求。机架式服务器的主要好处是节省空间，由于能够将多台服务

器安装到一个机柜中，不仅可以占用更小的空间，而且也便于统一管理。机架式服务器的宽度为19英寸，高度以 U 为单位（1U=1.75in=44.45mm），通常有 1U、2U、3U、4U、5U、7U 几种标准。这种服务器的优点是占用空间小，而且便于统一管理，但由于内部空间限制，扩充性受到影响，例如，1U 的服务器只有 1～2 个 PCI 扩充槽。此外，散热性能也是一个需要注意的问题，需要配置机柜等设备，因此这种服务器适合于需要服务器数量较多的大型企业使用。有不少企业采用这种服务器，但将服务器交付给专门的服务器托管机构来管理，很多网站的服务器都采用这种方式运行。这种服务器由于在扩展性和散热问题上受到限制，因而单机性能比较有限，应用范围也受到一定限制，往往只专注于某些方面的应用，如远程存储和网络服务等。在价格方面，机架式服务器一般比同等配置的塔式服务器要贵上二到三成。

③ **刀片式服务器**（blade server）是一种高可用高密度（High Availability High Density，HAHD）低成本服务器平台，是专门为高密度计算机环境设计的，其主要结构为一个大型主体机箱，内部可插上许多"刀片"，其中每一块刀片实际上就是一块系统母板，类似于一个个独立的服务器，它们可以通过本地硬盘启动自己的操作系统。每一块刀片可以运行自己的系统，服务于指定的用户群，相互之间没有关联。也可以用系统软件将这些主板集合成一个服务器集群，在集群模式下，所有刀片可以连接起来提供高速的网络环境，共享资源，为相同的用户群服务。在集群中插入新的刀片，就可以提高整体性能。由于每块刀片都是热插拔的，所以系统可以轻松地进行替换，并且将维护时间减少到最小。刀片服务器比机架式服务器更节省空间，同时散热问题也更突出，往往要在机箱内装上大型强力风扇来散热。这种类型服务器虽然较节省空间，但是其机柜与刀片价格都不低，一般应用于大型数据中心或者需要大规模计算的领域，如银行电信金融行业以及互联网数据中心等。目前，节约空间、便于集中管理、易于扩展和提供不间断服务都成为对下一代服务器的新要求，因而刀片服务器市场需求正不断扩大。

（3）服务器性能的基准测试

目前有多种服务器性能评价体系，都声称能针对服务器给出量化的评价指标。这里选择应用较为广泛的 TPC 和 SPEC 进行简单介绍。

事务处理性能委员会（Transaction processing Performance Council，TPC）是由数十家计算机软硬件厂商共同创建的非盈利组织，其目的是为业界制定商务应用方面的基准测试程序，并提供可信的数据库及事务处理方面的测试结果。已经发布的主要基准测试如下

① **TPC-C**：这是衡量联机事务处理（On-Line Transaction Processing，OLTP）系统的工业标准，通过模拟数据仓库和订单管理系统来测试各种数据库查询和更新功能。TPC-C 模拟 5 种事务处理：新订单（New-Order）、支付（Payment）、发货（Delivery）、订单查询（Order-Status）和库存查询（Stock-Level）等。这些事务处理的内容不同，处理量、读写发生的频率和响应时间各不相同，如表 7-2 所示。通过这些事务处理过程可以模拟真实的用户操作，全面考察系统的事务处理能力。TPC-C 定义了两种性能指标：tpmC（transactions per minute，tpm）表示每分钟处理的交易量（订单数），＄/tpmC 表示性价比（越小越好）。

表 7-2　　　　　　　　　　　　　tpmC 测试指标与硬件的关联度

交易类型	复杂程度	发生频率	访问表数量（内存、磁盘 IO 相关）	平均逻辑 IO 数目	CPU 负载（%）
新订单	复杂交易	45%	8	46	53
支付	复杂交易	43%	4	8	11
发货		4%	4	70	8

续表

交易类型	复杂程度	发生频率	访问表数量（内存、磁盘 IO 相关）	平均逻辑 IO 数目	CPU 负载（%）
订单查询	简单交易	4%	3	12	1
库存查询	复杂交易	4%	3	401	27

表 7-2 中的 5 种交易，除发货是事后批处理外，其余 4 种皆为联机交易。值得注意的是，在处理新订单的同时，系统还要处理其他 4 类事务请求。通常新订单请求不可能超出全部事务请求的 45%，因此，当一个系统的性能为 1000tpmC 时，它每分钟实际处理的请求数是 2 000 多个。

② **TPC-E**：这个测试基准为经纪公司建立了一个数据库模型，模拟经纪公司的流量和交易模式。该基准测试针对的是与交易所客户账号相关的中央数据库，目的是让客户可以更客观地测量和比较各种 OLTP 系统的性能和价格。TPC-E 的测试结果有两个指标：性能指标 tpsE 是每秒处理的交易数量，性价比$/tpsE 是系统价格与前一指标的比值。

③ **TPC-H**：这是针对数据库决策支持能力的基准测试，通过模拟数据库中与业务相关的复杂查询和并行的数据修改操作，考察数据库的综合处理能力。TPC-H 的性能度量指标是每小时执行的查询数 QphH@Size（Size 为数据规模），这一指标反映了系统处理事务查询的能力，包括针对查询问题选择数据库大小的能力、对流水式提交的单个查询的处理能力，以及对多个并发用户提交查询的吞吐率。TPC-H 的价格/性能度量指标为$/QphH@Size。

④ **TPC-W**：这是一个有关事务处理的 Web 服务器的基准测试。由一个受控的 Internet 环境来扮演工作负载，模拟了面向商业事务处理的 Web 服务器的活动情况。工作负载的执行环境有如下特点：多个联机的浏览器会话、动态生成数据库访问和更新页面、连续出现的 Web 对象、同时执行多种复杂性不同的交易、联机交易模式、数据库由各种大小不同属性和关系各异的表格组成、竞争性数据访问和更新、交易的完整性（即 ACID 属性：Atomicity、Consistency、Isolation、Durability）。TPC-W 选取了最能反映服务器性能的两个主要指标：吞吐率 WIPS（Web Interactions Per Second）和响应时间 WIRT（Web Interaction Response Time）。

美国标准性能评估公司（Standard Performance Evaluation Corporation，SPEC）是成立于 1988 年的非盈利组织，最初由多家工作站厂商发起，后来各主要软硬件供应商均参与其中，成立的目标是为业界提供标准化的基准测试，为市场提供各种公平而有效的度量标准，并在发挥各个厂家优势及严格遵守法则之间取得平衡。SPEC 新发布的各种基准测试如下。

⑤ **SPECjbb2013**（Java Business Benchmark）：这个基准测试模拟三层客户机/服务器架构来测试服务器端 Java 应用的性能。SPECjbb2013 基于最新的 Java 应用特征进行完全彻底的测试。测试结果是每秒完成的业务操作数（Business Operation Per Second，BOPS），同时要求提供完整的测试环境资料，包括服务器名称、处理器内核数量、线程数量、JVM（Java Virtual Machine）名称、JVM 数量、BOPS/JVM 比值等。

⑥ **SPECjEnterprise2010**：这个基准测试用来评估基于 J2EE（Java 2 Enterprise Edition）技术的应用服务器的性能。SPECjEnterprise2010 的测试结果是 EjOPS（Enterprise java Operation Per Second），即每秒完成的企业级 Java 操作数，同时要求公布完整的测试环境资料，包括 Java EE 应用服务器名称、DB 服务器名称、处理器内核数量、J2EE 服务器数量等。

⑦ **SPECweb2009**：这是用来评价 Web 服务器性能的下一代 SPEC 基准测试。作为 SPECweb99 和 SPECweb99_SSL、SPECweb2005 的后继者，SPECweb2009 继承了 SPEC 的传统，继续给 Web 用户以最客观、最有代表性的基准测试来评价 Web 服务器的性能。SPECweb2009 工作负载包括

银行（基于 SSL 的完全安全的工作环境）、电子商务（包含 SSL 和非 SSL 请求）、支持系统（包含大量非 SSL 请求）。在 SPECweb2009 中新引入了对能源负载的度量和新的"性能/能耗"指标，这里对能耗负载的测量还是要按照基准测试 SPECpower 规定的方法进行。

⑧ **SPEC CPU 2006**：这个基准测试把 CPU、存储器和编译程序结合起来进行测试，测试结果可用来比较不同计算机系统在计算密集型负载下的性能。SPEC CPU2006 包含两个基准测试：CINT2006（SPECint）用来测量和比较计算密集型的整数算术，以及编译程序、解释程序、字处理程序、国际象棋程序等应用的性能指标。CFP2006（SPECfp）用来测量和比较计算密集型的浮点运算性能，以及物理仿真、3D 图形、图像处理、计算化学等应用的性能指标。

7.5.2　网络系统的性能评价

1.　网络系统的性能评价方法

对网络系统进行性能评价就是要测试、分析和研究它的各种性能指标，看这些性能指标能否满足应用的要求。所以性能评价应该从需求分析开始，确定应用需求后，再利用各种理论的、数学的、工程的方法来获取网络系统真实的性能指标，两两对照后就可以得出对网络系统的取舍决策（维持现状、更新设备、系统升级或者系统改造和推倒重建）。

这个过程中最核心的问题是如何获得一个实际运行的网络系统的性能指标。从大的方面说，可以采用理论分析、系统仿真与性能测试三种技术手段评价网络系统的性能。

所谓理论分析，就是用数学分析方法来预测网络系统的性能。这种方法要经过以下 3 个步骤。

（1）对系统进行化简：针对要获取的性能指标对运行中的网络系统进行化简，使其能用数学工具描述。这个过程极具挑战性，既挑战分析人员的数学功底，也考验管理人员的网络操作实践经验。

（2）建立数学模型：选择合适的数学工具，建立网络系统的解析模型，这种解析模型通常就是一个数学公式。常用的数学工具有排队论、随机过程和 Petri 网等。

（3）通过数学演算得出网络系统性能指标：给定表示网络负载的输入变量，对数学公式进行求解，得出需要的性能指标。这一步相对简单，前两步做好了，这一步就水到渠成了。

以上三个过程可能要反复做，如果演算结果与经验数值相差过大，则稍作调整从头再来。

系统仿真也是要建立一个网络系统的模型，但不是数学公式表示的模型，而是用计算机程序对网络系统运行过程进行模拟的模型。在这种模型中，网络设备或者子系统变成了一个只具有输入输出特性的黑匣子，对其施加一定的负载，就可以做出确定的反应，对这些反应进行推理，就得到了需要的性能指标。

系统仿真的关键因素要选择适当的仿真工具。已经有许多优秀的网络仿真软件，为网络研究人员提供了很好的网络仿真平台，如 Opnet、NS2、Matlab 等。主流的网络仿真软件都采用了离散事件模拟技术，并提供了丰富的网络仿真模型库和高级语言编程接口，提高了仿真软件的灵活性和使用方便性。

对网络系统进行性能测试是本章的重点内容。这种工程方法一直是网络研究人员关注的领域之一。从 20 世纪 90 年代初开始，IETF 制定了许多有关网络互连设备的基准测试，其中 RFC 2544 定义的基准测试有吞吐率（throughput）、时延（latency）、丢包率（frame loss rate）、背靠背

（back-to-back frame）、系统恢复（system recovery）和重启时间（reset）等。这些性能指标都应用于网络设备，主要针对二三层设备。到了 20 世纪 90 年代末，网络性能度量的研究工作转到了针对网络系统性能指标的度量，于是出现了 IPPM（IP Performance Metrics）工作组发布的 RFC 2330 文档。

2. 网络系统的性能指标

网络性能测量的研究工作从注重运行需求领域的 BMWG 工作组制定的基准术语和基准方法开始，后来又转移到了注重传输领域 IP 性能度量的 IPPM 工作组。IPPM 专门负责制定一套用于衡量 Internet 数据传输质量、性能、可靠性等方面的度量标准，它定义了网络性能指标测量的基本框架，并规范了度量指标的定义，提出了有关测量方法的建议（RFC 2330）。与此同时，IPPM 还标准化了一系列重要的网络性能指标，给出了性能指标的严格定义和有关测量方法的建议。已经标准化的度量指标如下。

● 连通性（connectivity）：连通性是指在某一时刻 t 或某一时段（t，$t+\Delta t$），源和目标地址之间的某种类型数据报的可到达性。连通性是描述网络可用性与可靠性最基本的指标，也是网络提供各种上层服务最基本的前提条件。（RFC 2498 和 RFC 2678）

● 单向延迟（one-way delay）：由于路由的不对称性或应用的不对称性造成对不同方向上延迟指标的要求不同（例如在 FTP 或 VoD 服务中，应用数据主要来自于下行的数据流量），单向延迟指标可以比较准确地反映网络向应用提供服务的实际水平。（RFC 2679）

● 单向丢包率（one-way packet loss）：由于网络拥塞使路由器缓存溢出或数据传输延迟增大，从而导致数据包丢失。丢包进一步造成数据包的重传，网络负载继续增大，使传输性能恶化。因此，单向丢包率是描述网络当前负载状况和进行网络性能预测的重要指标。（RFC 2680）

● 往返延迟（round-trip delay）：往返延迟的测量方法相较单向延迟的测量更加简单，因为无需在发送和接收端系统之间进行时钟同步。端到端往返延迟太大的网络对于交互式应用、对于维持高带宽的传输造成很多困难，所以这一性能指标的测量仍然有许多实际应用。（RFC 2681）

● 块传输能力（bulk transfer capacity，BTC）：这是度量在一个单向拥塞的传输连接（如 TCP）上传送大量数据的网络传输能力。从直观上看，BTC 是指一个完美的 TCP 实现运行在一条有问题的通路上，所能期望得到的长期平均数据速率。由于拥塞控制算法的多样性，不同的 TCP 实现在同样拥塞的通路上表现出的传输能力是不同的。（RFC 3148）

● 单向包丢包模式（one-way loss pattern）：利用基本丢包率指标，这个文档定义了两个导出的度量指标"丢失距离"和"丢失周期"，以及有关的统计指标，这些术语共同构成了 Internet 分组流可能经历的丢包模式。突发性丢包所呈现的丢包分布对某些实时应用（如分组话音和分组视频）是关键的性能参数。同样的丢包率，但是丢包分布不同，对这些应用的影响也不同。（RFC 3357）

● IP 分组的时延变化（IP packet delay variation，IPDV）：IP 分组的时延变化定义为，在给定网络流中数据包之间时延变化的程度。IPDV 对 IP 电话、网络视频会议、远程医疗等实时交互流媒体应用具有重要意义。这类应用对网络服务的基本要求是数据包能够定期到达，较大的 IPDV 意味着可能出现应用停顿或中止。此外，IPDV 也是网络负载特征的重要表征。（RFC 3393）

对网络系统的性能评价，除以上具体的数量指标外，还要测试和评价网络系统的可靠性或可利用性，即计算机系统能够正常工作的时间，其指标可以是持续工作的时间长度，如平均无故障时间，也可以是在一段时间内，能正常工作的时间所占的百分比。另外，网络系统的安全性也得到了越来越多的重视，对网络系统安全性的测试和度量属于另外的研究范畴，本书在第一章中已有所提及。

决定网络系统性能最基本的因素在于系统的配置（即系统中包含的各种软硬件的成分、数量、功能和系统结构、处理和调度策略等）和系统负载（即工作负载和工作方式，如交互方式、批处理方式等）。利用管理手段对网络系统的配置和负载做出调整，是改善网络系统性能的日常工作，也是提高网络系统运行效率的主要技术措施。